钢筋混凝土结构
设计原理

主　编　董吉武

副主编　肖　赟　孙爱琴

主　审　陈长冰

合肥工业大学出版社

图书在版编目(CIP)数据

钢筋混凝土结构设计原理/董吉武主编.—合肥:合肥工业大学出版社,2022.4
ISBN 978-7-5650-5863-9

Ⅰ.①钢…　Ⅱ.①董…　Ⅲ.①钢筋混凝土结构—结构设计—高等学校—教材
Ⅳ.①TU375.04

中国版本图书馆 CIP 数据核字(2022)第 061708 号

钢筋混凝土结构设计原理

主　编　董吉武	责任编辑　张择瑞　赵　娜
出　版　合肥工业大学出版社	版　次　2022 年 4 月第 1 版
地　址　合肥市屯溪路 193 号	印　次　2022 年 4 月第 1 次印刷
邮　编　230009	开　本　787 毫米×1092 毫米　1/16
电　话　理工图书出版中心:0551-62903004	印　张　14.75
营销与储运管理中心:0551-62903198	字　数　341 千字
网　址　www.hfutpress.com.cn	印　刷　安徽昶颉包装印务有限责任公司
E-mail　hfutpress@163.com	发　行　全国新华书店

ISBN 978-7-5650-5863-9　　　　　　　　　　　　定价:38.00 元

如果有影响阅读的印装质量问题,请与出版社营销与储运管理中心联系调换。

前　言

　　"钢筋混凝土结构设计原理"是土木工程及相关专业的核心基础课,具有经验半经验公式多、参数多、验算条件多、构造要求多、涉及规范条文多等特点。本教材基于能力输出导向,更加注重培养学生解决实际问题和自主学习的能力,弱化相关理论的推导推算过程,并力求精简。

　　本教材严格执行现行规范,以《混凝土结构设计规范》(GB 50010—2010)、《建筑结构可靠性设计统一标准》(GB 50068—2018)、《建筑结构荷载规范》(GB 50009—2012)等规范为基础,并根据 2020 年 12 月完成社会公开征求意见的《混凝土结构设计规范(局部修订条文征求意见稿)》和《工程结构通用规范》(GB 55001—2021)、《混凝土结构通用规范》(GB 55008—2021)进行了调整,为遵循学生对复杂工程问题识别和抽象建模的认知规律,部分章节介绍了结构设计内容的整体思路与方法,并结合案例由具体到抽象、建模、内力计算、截面设计、构造要求等全流程的设计方法,使学生建立结构、构件设计的整体思路,规范的综合运用能力。预应力混凝土结构设计部分本教材未作介绍;为适应当前结构设计行业要求,增加了平法制图规则基本知识的介绍,为土木工程相关专业的课程设计及毕业设计奠定基础;增加了最新 BIM 技术应用的初步介绍,便于学生了解最新的行业动态,有利于激发学生的学习兴趣。本教材理论结合实际,设置了实践性较强、体现规范影响的相关例题,以强化学生的工程实践能力。

　　全书共9章,第1章为绪论,介绍混凝土结构的基本概念;第2章介绍混凝土结构设计的基本原则;第3章介绍混凝土结构材料的力学性能;第4～8章主要是混凝土结构构件——受弯构件、受压构件、受拉构件、受扭构件等承载能力极限状态设计;第9章主要介绍正常使用极限状态及耐久性极限状态的设计内容。本教材由合肥学院董吉武(第1～7章、附录)、肖赟(第8章)、孙爱琴(第9章)编写,全书由董吉武统稿,陈长冰教授担任主审,袁静静、苏林林参与校稿工作,安静波教授提出了许多宝贵意见,在此深表感谢!

　　由于编写时间仓促,加之编者水平有限,难免存在疏漏之处,敬请读者批评指正。

编　者

2021 年 12 月

目　　录

第1章 绪 论

本章主要介绍了混凝土结构的一般概念,阐述了性质不同的钢筋和混凝土两种材料协同工作的原因以及混凝土结构的特点;简要介绍了钢筋混凝土结构在工程中的应用及发展现状,对本课程的特点进行了简要介绍,使学生具备基本混凝土结构相关概念的基础能力。

1.1 混凝土结构的基本概念

混凝土,一般是指由胶凝材料(通常为水泥),粗、细骨料(石子、砂粒),水及外加剂等其他材料,按适当比例配制,拌和并硬化而成的具有所需形体、强度和耐久性的人造石材,是当前建筑结构采用的主要材料之一。1953 年著名结构学家蔡方荫教授用"砼"代替"混凝土",一直被沿用至今。

混凝土结构是以混凝土为主要材料制成的结构,包括素混凝土结构、钢筋混凝土结构、预应力混凝土结构、钢骨(劲性)混凝土结构和钢管混凝土结构等。素混凝土结构是指由无筋或不配置受力钢筋的混凝土制成的结构。钢筋混凝土结构是由配置受力的普通钢筋、钢筋网或钢筋骨架的混凝土制成的结构。目前,此类结构在我国普通住宅建筑中大量存在。预应力混凝土结构是充分利用高强度材料改善钢筋混凝土结构的抗裂性能,由配置受力的预应力钢筋通过张拉或其他方法建立预应力的混凝土结构,此类结构通常被用于桥梁工程和大跨度结构中。钢骨混凝土结构是指以工字钢、槽钢等型钢或型钢与钢筋焊接成骨架后外包钢筋混凝土组成的结构。钢管混凝土结构是指钢管内浇筑混凝土的结构,钢管内混凝土处于三向受压状态,其承载力较单向受压有显著提高。

钢筋混凝土结构和预应力混凝土结构常用作土木工程中的主要承重结构,通常所说的混凝土结构一般是指钢筋混凝土结构。混凝土的抗压强度高但其抗拉强度很低,一般后者只有前者的 $1/15 \sim 1/8$,受拉破坏时具有明显的脆性特征,破坏前无明显预兆,因而素混凝土结构一般仅用于以受压为主的基础、柱墩及一些非承重结构,很少用作主要受力构件。将钢筋和混凝土这两种材料按照合理的方式有机结合在一起协同工作,取长补短,使钢筋主要承受拉力,混凝土主要承受压力,充分发挥这两种材料的优点,同时使结构具有良好的变形能力。

将钢筋和混凝土结合在一起做成钢筋混凝土结构和构件,其依据可通过下面的试验看出。图 1-1(a)为一根未配置钢筋的素混凝土简支梁,跨度 2.5 m,截面尺寸 $b \times h = 200 \, \text{mm} \times 300 \, \text{mm}$,混凝土强度等级为 C30,梁的跨中作用一个集中荷载 F。对其进行破坏性试验,结果表明,当荷载较小时,截面上的应变与弹性材料梁相似,沿截面高度近似呈直线分布;当荷载增大使截面受拉区边缘纤维拉应变达到混凝土极限拉应变时,混凝土被拉裂,裂缝沿截面高度方向迅速开展,试件随即发生断裂破坏。这种破坏是突然发生的,没有明显预兆。虽然混凝土的抗压强度明显高于其抗拉强度,但得不到充分利用,因为该试件的破坏主要是由混凝土的抗拉强度控制,破坏荷载值很小,仅为 16.5 kN 左右。如果在该梁的受拉区布置两根直径为 20 mm 的 HRB400 级钢筋,受压区布置两根直径为 12 mm 的架立钢筋和适量的箍筋,再进行同样的荷载试验[图 1-1(b)],则当加载到一定阶段使截面受拉区边缘纤维拉应变达到混凝土极限拉应变时,混凝土虽被拉裂,但裂缝不会沿截面的高度迅速开展,试件也不会立刻发生断裂破坏。混凝土开裂后,裂缝截面的混凝土拉应力由纵向受拉钢筋承受,荷载还可进一步增加。此时变形也可相应发展,裂缝的数量和宽度也将增大,直到受拉钢筋抗拉强度和受压区混凝土抗压强度被充分利用时,试件才发生破坏。试件破坏前,变形和裂缝都发展得很充分,呈现出明显的破坏预兆。虽然试件中纵向受力钢筋的截面面积不是整个截面面积的 1‰,但破坏荷载却可以提高到 98 kN 左右。因此,在混凝土结构中配置一定形状和数量的钢筋,可大幅提高混凝土结构承载能力,同时显著改善结构的受力性能。

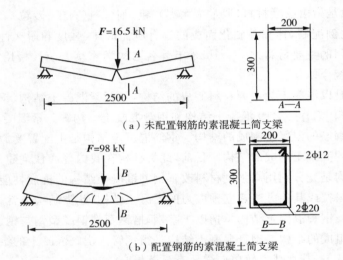

（a）未配置钢筋的素混凝土简支梁

（b）配置钢筋的素混凝土简支梁

图 1-1　素混凝土与钢筋混凝土梁的破坏情况对比

主要承受压力的受压构件——柱,通常也配置钢筋,以协助混凝土承受压力,达到减小柱的截面尺寸,改善柱的受力性能,提高柱的承载能力,增加柱的延性等目的。

1.2　钢筋和混凝土协同工作的基础

钢筋和混凝土两种材料的物理力学性能存在较大差异,但能够协同工作,其主要原因如下:

（1）钢筋与混凝土之间有良好的黏结力,能牢固地形成整体,保证在荷载作用下,钢筋和外围混凝土能够协调变形,共同受力。

（2）钢筋和混凝土两种材料的温度线膨胀系数接近,钢筋为 $1.2 \times 10^{-5}/℃$,混凝土为 $(1.0 \sim 1.5) \times 10^{-5}/℃$。因此,当温度变化时,两者之间不会产生过大的相对变形,从而导致它们之间的黏结力破坏。

（3）质量良好的混凝土可保护钢筋免遭锈蚀。由于受空气中酸性介质的影响,暴露在空气中的钢材很容易锈蚀,而包裹在混凝土中的钢筋,受到呈弱碱性的混凝土保护,只要钢筋至构件边缘间的保护层具有足够的密实度和厚度,同时控制构件裂缝宽度,混凝土即可起到保护钢筋免受锈蚀的作用,从而保证结构具有良好的耐久性,使钢筋和混凝土长期可靠地协同工作。

1.3　混凝土结构的特点

混凝土结构与其他结构相比,主要有如下优点:

（1）用材合理,强度高。能充分合理地利用混凝土(抗压性能好)和钢筋(抗拉性能好)两种材料的受力性能,结构的承载力与其刚度比例合适,基本无局部稳定问题。和砖、木结构相比其强度较高,在某些情况下可以代替钢结构,因而能够节约钢材。

（2）耐久性好,维护费用低。在一般环境下,钢筋受到混凝土保护而不易发生锈蚀,而混凝土的强度随着时间的增长有所提高,因而提高了结构的耐久性,不像钢结构那样需要经常维修和保养。对处于侵蚀性气体或受海水浸泡的钢筋混凝土结构,经过合理地设计,采取特殊的防护措施,一般也可以满足工程需要。

（3）耐火性好。混凝土是不良导热体,遭受火灾时,钢筋混凝土结构不会像木结构那样燃烧,钢筋因有混凝土包裹而不致于很快升温到失去承载力的程度,这是钢、木结构所不能比拟的。

（4）可模性好。混凝土可根据设计需要支模浇筑成各种形状和尺寸的结构,适用于建造形状复杂的结构及空间薄壁结构,这一特点是砌体、钢、木等结构所不具备的。

（5）整体性好。现浇混凝土结构的整体性好,再通过合适的配筋,可获得较好的延性,有利于抗震、防爆;同时防辐射性能好,适用于防护结构;刚度大、阻尼大,有利于结构的变形控制。

（6）易于就地取材。混凝土所用的大量砂、石,产地普遍,易于就地取材。另外,还可有效利用矿渣、粉煤灰等工业废料。

混凝土结构也存在一些缺点:① 钢筋混凝土的重力密度约为 $24 \sim 25 \ kN/m^3$,对于建造大跨度结构和高层建筑结构是较为不利的。② 混凝土抗裂性差,由于混凝土的抗拉强度较低,在正常使用时混凝土结构往往是带裂缝工作的。在长期干燥的环境下,混凝土会发生干缩现象,也会导致混凝土表面开裂。采用预应力混凝土可较好地解决开裂问题。③ 隔热隔声性能较差,施工过程较为复杂,工序多,施工时间长,施工受季节、天气的影响较大。④ 现浇混凝土结构使用模板多,模板材料消耗量大。

1.4　混凝土结构的发展概况及工程应用

混凝土结构自 19 世纪中叶开始采用以来,与砖石结构、木结构和钢结构相比,其历史并不长,但发展极为迅速,已成为现代土木工程建设中应用最广泛的结构之一。为克服混凝土结构的缺点,发挥其优势,以适应社会建设不断发展的需要,对混凝土结构的材料制造与施工技术、结构设计计算理论等方面的研究也在不断发展。

1.4.1 材料方面

1. 混凝土材料

具有高强度、高工作性和高耐久性的高性能混凝土是混凝土的主要发展方向之一。早期混凝土的强度较低,较高强度的混凝土又比较干硬而难以成型。20 世纪 50 年代以来,钢筋混凝土在高层建筑中的应用得到了迅猛发展。高强混凝土的发展,促进了混凝土结构在超高层建筑中的应用。我国已制成 C100 以上的高强混凝土。高强混凝土的诞生为增加建筑物的高度奠定了基础,当前混凝土正在朝着轻质、高强、多功能方向发展。

具有自身诊断、自身控制、自身修复等功能的机敏型高性能混凝土得到广泛关注。如自密实混凝土,可不需机械振捣,而是依靠自身的重量达到密实。混凝土具有高工作性,质量均匀、耐久,钢筋布置较密或构件体型复杂时也易于浇筑,施工速度快,使无噪声混凝土施工成为现实,从而实现了文明施工。再如内养护混凝土,采用部分吸水预湿轻骨料在混凝土内部形成蓄水器,保持混凝土得到持续的内部潮湿养护,与外部潮湿养护相结合,可使混凝土的自生收缩大为降低,减少了微细裂缝。

利用天然轻集料(如浮石、凝灰石等)、工业废料轻集料(如炉渣、粉煤灰陶粒、自燃煤矸石及其轻砂)、人造轻集料(如页岩陶粒、黏土陶粒、膨胀珍珠岩等)制成的轻集料混凝土,以及加气混凝土砌块等,具有重度小(重度仅为 $14 \sim 18 \text{ kN/m}^3$)、相对强度高等特点,同时具有优良的保温和抗冻性能。天然轻集料及工业废料轻集料还具有节约能源,减少堆积废料占用土地,减少厂区或城市污染,保护环境等优点。承重的人造轻集料混凝土,由于弹性模量低于同等级的普通混凝土,吸收冲击能量快,能有效减小地震作用,节约材料,降低造价。

再生骨料混凝土的研究和利用是解决城市改造与拆除重建建筑废料、减少环境建筑垃圾、保护有限资源的途径之一。将拆除建筑物的废料如混凝土、砖块经破碎后得到的再生粗骨料,清洗以后可以代替全部或部分骨料配制混凝土,其强度、变形性能视再生粗骨料代替石子的比率有所不同。我国再生骨料混凝土虽然起步较晚,但已取得了一定成就。

用于大体积混凝土结构(如水工大坝、大型基础)、公路路面与厂房地面的碾压混凝土,其浇筑过程采用先进的机械化施工,浇筑工期可大幅缩短,并能节约大量材料,从而获得较高的经济效益。

针对混凝土的抗拉性能差、延性差等缺点,在混凝土中掺加纤维以改善其性能的研究发展得相当迅速。目前研究较多的有钢纤维、耐碱玻璃纤维、碳纤维、芳纶纤维、聚丙烯纤维或尼龙合成纤维混凝土等。在承重结构中,发展较快、应用较广的是钢纤维混凝土。钢纤维混凝土采用常规施工技术,其纤维掺量一般为混凝土体积的 $0.6\% \sim 2.0\%$。当纤维掺量为 $1.0\% \sim 2.0\%$ 时,与普通混凝土相比,钢纤维混凝土的抗拉强度可提高 $40\% \sim 80\%$;抗弯强度可提高 $50\% \sim 120\%$;抗压强度提高较小,介于 $0\% \sim 25\%$;弹性阶段的变形与基体混凝土性能相比没有显著差别,但可大幅度提高衡量钢纤维混凝土塑性变形性能的韧性。为提高纤维对混凝土的增强效果,先撒布钢纤维再渗浇砂浆或细石混凝土的技术已在公路钢纤维混凝土路面中得到应用。

其他各种特殊性能混凝土,如聚合物混凝土、耐腐蚀混凝土、微膨胀混凝土和水下不分散混凝土等的应用,可提高混凝土的抗裂性、耐磨性、抗渗和抗冻能力等,对提高混凝土的耐久性十分有利。

另外,品种繁多的外加剂也在混凝土工程上得到应用,对改善混凝土的性能起着很大的作用。各种混凝土细掺料如硅粉、磨细矿渣、粉煤灰等的回收利用,不仅改善了混凝土的性能,而且减少了环境污染,具有很好的技术经济效益和社会效益。

2. 配筋材料

工程结构中的钢筋发展方向是高强、防腐、较好的延性和良好的黏结锚固性能。我国用于普通混凝土结构的钢筋强度已达 500 N/mm^2,预应力构件中已采用强度为 1960 N/mm^2 的钢绞线。为提高钢筋的防腐性能,带有环氧树脂涂层的热轧钢筋和钢绞线已开始在某些有特殊防腐要求的工程中应用。

采用纤维筋代替钢筋的研究也取得了较大进展,常用的树脂黏结纤维筋有碳纤维筋、玻璃纤维筋和芳纶纤维筋。这几种纤维筋的突出优点是抗腐蚀、强度高,同时还具有良好的抗疲劳性能、较大的弹性变形能力、高电阻及低磁导性;缺点是断裂应变性能较差、较脆、徐变值和热膨胀系数较大,玻璃纤维筋的抗碱化性能较差。

在钢筋的连接成型方面,正在大力发展各种钢筋成型机械及绑扎机具,以减少大量的手工操作。除了常用的绑扎搭接、焊接连接方式外,套筒连接方式已得到推广应用。

3. 模板材料

模板材料除了目前使用的木模板、钢模板、竹模板、硬塑料模板外,今后将向多功能方向发展。发展薄片、美观、廉价又能与混凝土牢固结合的永久性模板,将使模板可以作为结构的一部分参与受力,还可省去装修工序。透水模板的使用,可以滤去混凝土中多余的水分,大幅提高了混凝土的密实性和耐久性。

1.4.2 结构和施工方面

混凝土结构在土木工程各个领域得到了广泛应用,我国目前混凝土结构的跨度和高度都在不断增大。在城市建筑中,上海外滩附近的上海中心大厦(图 1-2),建筑总高度为 632 m,地下 5 层,地上 124 层,采用巨型框架伸臂核心筒结构体系,沿高度方向共设置了 6 道两层高的伸臂桁架。巨柱混凝土材料采用 C70~C50,其底部最大截面尺寸为 5.3 m× 3.7 m,核心筒底部最大厚度达 1.2 m。大厦基础 $6×10^4$ m^3 混凝土一次浇筑成功,创造了大体积混凝土浇筑的世界纪录。在桥梁工程中,已于 2018 年 10 月正式通车的港珠澳跨海大桥(图 1-3),是全球第一例集桥、隧、岛为一体的跨海大桥。大桥工程全长 49.968 km,其中海中桥隧合计长 35.578 km,海底隧道长 6.753 km,桥面宽 33.1 m,是目前世界最长的跨海大桥,其沉管隧道由 33 个沉管组成,每个沉管由 8 个管节组成,单个管节长 22.5 m,质量超 9000 t,是迄今为止世界上最长、埋深最大、规模最大、单节管道最长的海底公路沉管隧道。首次采用双向 8 车道,超宽钢和混凝土沉管隧道较港珠澳大桥沉管隧道还要长 1.2 km,设计使用寿命 100 年的特长海底沉管隧道的"深中通道"超级工程已在稳步建设中。在水利工程中,位于湖北宜昌的三峡大坝(图 1-4),包括主体建筑物及导流工程两部分,全长约3335 m,坝高185 m,是当今世界最大的水利发电工程。三峡大坝是钢筋混凝土重力坝,一共用了超过1.6×10^7 m³的水泥砂石料,若按1 m³的体积排列,可绕地球赤道三圈多。位于四川凉山雅砻江上的雅砻江锦屏一级水电站大坝已于2013年建成,其混凝土双曲拱坝坝高305 m,为当前世界第一高拱坝。在特种结构中,广州塔由钢筋混凝土内核心筒及钢结构外框筒以及连接两者之间的组合楼层组成,核心筒高度454 m,共88层,是目前世界第二高、我国最高的电视塔(图1-5)。

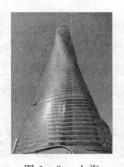

图1-2　上海　　　图1-3　港珠澳跨海大桥　　　图1-4　三峡大坝
　　　中心大厦

　　近年来,钢板与混凝土或钢板与钢筋混凝土、型钢与混凝土组成的钢-混凝土组合结构得到迅速发展应用,如钢板混凝土用于地下结构和混凝土结构加固、压型钢板-混凝土板用于楼板、型钢与混凝土组合而成的组合梁用于楼盖和桥梁、外包钢混凝土柱用于电站主厂房等。以型钢或以型钢和钢筋焊成的骨架做筋材的钢骨混凝土结构,由于其筋材刚度大,施工时可用其来支撑模板和混凝土自重,可以简化支模工作。
　　在钢管内浇筑混凝土形成的钢管混凝土结构,由于管内混凝土在纵向压力作用下处于三向受压状态并起到抑制钢管的局部失稳,因而使构件的承载力和变形能力显著提升;由于钢管可兼作混凝土的模板,施工速度较快。因此,在高层建筑结构的底层、拱桥、桩基海洋平台等工程中得到了逐步推广应用。泸渝高速公路波司登大桥(图1-6)主桥为单跨跨径达530 m的中承式钢管混凝土拱桥,被誉为同类型桥梁"世界第一跨"。

图1-5　广州　　　　　图1-6　泸渝高速
　　　电视塔　　　　　　　公路波司登大桥

这些高性能新型组合结构具有充分利用材料强度,较好的适应变形能力(延性),施工较简单等特点,从而大幅拓宽了钢筋混凝土结构的应用范围,为大跨度结构、高层建筑、高耸结构和具备某种特殊功能的钢筋混凝土结构的建造奠定了基础。

预应力混凝土结构因抗裂性能好、可充分利用高强度材料而发展迅速,特别是在桥梁工程中。当前结合传统预应力工艺和实际结构特点,发展了以增强后张预应力孔道灌浆密实性为目的的真空辅助灌浆技术、以减小张拉力减轻张拉设备为目的的横张预应力技术、以实现筒形断面结构环向预应力为目的的环形后张预应力技术、以减小结构建筑高度为目的的预拉预压双预应力技术等。某些有特殊要求的结构,例如核电站安全壳和压力容器、海上采油平台、大型蓄水池、贮气罐及贮油罐等结构,抗裂及抗腐蚀性能要求较高,采用预应力混凝土结构有其独特的优越性,而非其他材料可比拟。将预应力钢筋(索)布置在混凝土结构体外的预应力技术,因大幅度减小预应力损失,简化结构截面形状,减小截面尺寸,便于再次张拉、锚固、更换或增添新索,已在桥梁工程的修建、补强加固及其他建筑结构的补强加固中得到应用。

基于设计和施工技术的发展,当前我国正积极推广节能降耗效果显著的装配式结构。装配式结构以装配化作业取代手工砌筑作业,能大幅减少施工失误和人为错误,保证施工质量,有效提高产品精度等优势。公开资料表明,相对于传统现浇结构,装配式结构可缩短施工周期 25% ~ 30%,节水约 50%,减少砌筑抹灰砂浆约 60%,降低施工能耗约 20%,减少建筑垃圾 70% 以上,并显著降低施工粉尘和噪声污染。据统计,2020 年我国新开工装配式建筑面积达 6.3 亿平方米,占新建建筑面积的比例约为 20.5%。装配式建筑已成为未来我国建筑业发展的一个主要方向。

1.4.3 设计计算理论方面

从把材料看作弹性体的容许应力古典理论(结构内力和构件截面计算均套用弹性理论,采用容许应力设计方法)发展为考虑材料塑性的极限强度理论,并迅速发展成按极限状态设计的理论体系。目前我国工程结构设计规范已采用基于概率论和数理统计分析的可靠度理论。

混凝土的微观断裂和内部损伤机理、混凝土的强度理论及非线性变形的计算理论、钢筋与混凝土间黏结-滑移理论等方面也取得了显著成果。钢筋混凝土有限元方法和现代测试技术的应用,使得混凝土结构的计算理论和设计方法向更高的阶段发展,并日趋完善。结构分析可以根据结构类型、构件布置、材料性能和受力特点选用线弹性分析方法、考虑塑性内力重分布的分析方法、塑性极限分析方法、非线性分析方法和实验分析方法等。

混凝土结构耐久性设计方面,我国已建立了相关的材料性能劣化计算模型进行结构工作年限的定量计算,并基于混凝土在环境作用(碳化、氯盐、冻蚀、酸腐蚀)下的损伤机理,提出了结构设计应采取的防护措施。

1.4.4 BIM 技术方面

BIM(Building Information Modeling)即建筑信息模型,它是基于数字技术对建筑环境的全生命周期管理，为建筑结构全流程的联合和合作提供了便利。BIM 技术主要是将建筑信息模型视为参数化的建筑 3D 几何模型，所有建筑构件同时具有建筑和结构数据，可进行系统分析计算，自动获取准确信息。

BIM 技术可协助决策者做出准确的判断，同时相比于传统绘图方式，在设计初期能大量地减少设计产生的各类错误以及后续施工过程的错误。同时，可以利用计算机系统实现冲突检测的功能，采用图形表达的方式标明各类构件空间冲突等详细信息。BIM 技术的应用不仅提高了设计、施工技术水平，也较大地提高了建筑的生产效率，对于降低生产成本也具有明显作用。

1.4.5 加固技术方面

建筑结构在服役期间，随着时间的推移，会因劣化、损伤造成使用功能下降，或因技术条件的限制以及使用功能的改变等条件使建设结构无法正常使用。如果能够科学地分析这种劣化、损伤的规律和程度，及时采取有效的处理措施，就可以延缓结构的损伤过程，达到延长结构使用寿命的目的。因此，结构的可靠性评估方法及加固技术已逐渐成为工程界关注的热点。

近年来，混凝土结构的加固技术得到重视和发展，在加固工作程序、补强加固方法、加固材料、裂缝修补方法等方面基本形成了比较成熟的设计体系。碳纤维布等片材黏贴加固混凝土结构技术的应用，使混凝土结构的加固不仅快速简便，而且不增加原结构重量，施工时对使用影响也很小。

随着科学技术的发展和对混凝土结构研究的深入，混凝土结构的缺点正在得到克服和改善，混凝土结构在土木工程领域将得到更为广泛的应用，发展前景更加广阔。

1.5　本课程的特点

本课程是土木工程专业重要的专业基础理论课程。学习本课程的主要目的和任务是掌握钢筋混凝土结构构件设计计算的基本理论和构造知识，为学习相关专业课程和顺利地从事混凝土建筑物的结构设计和研究奠定基础。本课程的主要特点如下。

1. 本课程是研究钢筋混凝土材料的力学理论课程

由于钢筋混凝土是由钢筋和混凝土两种力学性能不同的材料组成的复合材料，钢筋混凝土的力学特性及强度理论较为复杂，难以用力学模型和数学模型严谨地推导建立。目前钢筋混凝土结构的计算公式通常是经大量试验研究结合理论分析建立的半理论半经验公式。学习时必须确定理论和公式的适用范围和条件。本课程与研究单一弹性材料的《材料力学》课程有很大的不同，在学习时应注意它们之间的异同，体会并灵活运用《材料力学》中分析问题的基本原理和基本思路，即由材料的物理关系、变形的几何关系和受力的平衡关系建立的理论分析方法，对学好本课程极为有利。

2. 钢筋和混凝土两种材料的力学性能及其相互作用

结构构件的基本受力性能主要取决于钢筋和混凝土两种材料的力学性能及其相互作用，因此掌握这两种材料的力学性能和它们之间的相互作用机理至关重要。同时，两种材料在数量和强度上的比例关系,会引起结构构件受力性能的改变,当两者的比例关系超过一定界限时,受力性能会有显著差别,这也是钢筋混凝土结构的特点,几乎所有受力形态都有钢筋和混凝土的比例界限,在课程学习过程中应予以重视。

3. 设计验算条件多,结果不唯一

通常情况下,混凝土结构设计基于力学平衡条件,通过半经验半理论公式计算出结构或构件设计结果。在确定最终结果前,需检验适用条件和相关构造要求,即保证钢筋和混凝土两种材料合理的比例,以保证结构或构件破坏时呈延性破坏特征。此外,结构或构件设计,同样的条件,不同设计者做出的设计结果很可能存在差别,但只要符合公式、相应适用条件、构造要求等规范要求,均满足设计要求。

4. 配筋及构造规定等具有重要地位

在不同的结构和构件中,钢筋的位置及形式各不相同,钢筋和混凝土不是任意结合的,而是根据结构和构件的形式和受力特点,主要在其受拉部位(有时也在受压部位)布置。构造是结构设计不可缺少的内容,与计算同样重要,有时甚至是计算方法是否成立的前提条件。因此,必须充分重视对构造知识的学习。学习过程中不必死记硬背构造的具体规定,应注意理解其中的原理,通过强化练习和课程实践环节逐步掌握。

5. 学会运用规范至关重要

规范反映了混凝土结构的研究成果和工程经验,是理论与实践的高度总结,体现了该学科在一个时期的技术水平。对于规范特别是其规定的强制性条文,设计人员一定要遵循,并能熟练应用。因此,要注意在本课程的学习中,有关基本理论的应用最终都要落实到规范的具体规定中。由于土木工程建设领域广泛,不同领域的混凝土结构设计有不同的设计规范(或规程),因此,本课程注重于各规范相通的混凝土结构的基本理论,涉及的具体设计方法以国家标准为主线,主要有《混凝土结构设计规范》(GB 50010—2010)、《混凝土结构通用规范》(GB 55008—2021)、《建筑结构可靠性设计统一标准》(GB 50068—2018)(以下文简称《统一标准》)和《建筑结构荷载规范》(GB 50009—2012)(下文简称《荷载规范》)等。应逐渐树立以"规范"为依据的理念,逐步形成利用"规范"解决实际问题的能力。

科学技术水平和生产实践经验是在不断发展的,设计规范也必然要不断进行修订和补充。因此,要用发展的眼光看待设计规范,在学习和掌握钢筋混凝土结构理论和设计方法的同时,要善于观察和分析,不断进行探索和创新。

6. 实践综合性特征明显

本课程涉及材料的选用、构件的选型、强度和变形的计算、耐久性、配筋构造等问题,是一个多因素的综合问题。需要多查看相关资料、多看实验视频、多联系工程实际,增强工程实践经验,培养综合分析判断能力。

结构设计是一个综合性的问题,包含了结构方案、材料选择、截面形式选择、配筋计算和构造等,需要考虑安全、适用、经济和施工的可行性等各方面的因素。同一构件在给定荷载作用下,可以有不同的截面,需经过分析比较,才能作出合理的选择。因此,要做好工程结构设计,除了形式、尺寸、配筋数量等多种选择,往往需要结合具体情况进行适用性、材料用量、造价、施工等项指标的综合分析,以获得良好的技术经济效益。

1. 什么是混凝土结构?
2. 混凝土结构中配置钢筋的主要作用和要求是什么?
3. 钢筋和混凝土是两种物理、力学性能不相同的材料,它们为什么能结合在一起协同工作?
4. 混凝土结构有哪些主要优点和缺点?
5. 近年来,混凝土结构有哪些发展?
6. 本课程学习的注意事项有哪些?

第2章 混凝土结构设计的基本原则

《统一标准》和《荷载规范》是混凝土结构设计应遵守的基本原则。本章主要介绍结构极限状态的基本概念，近似概率极限状态设计法及极限状态设计法的实用设计表达式，使学生具备结构及结构构件设计整体方法的能力。

2.1 结构设计的功能要求和极限状态

2.1.1 结构的功能要求

结构是指能承受作用并具有适当刚度的由各连接部件有机组合而成的系统。结构设计的根本目的在于利用现有技术使结构在预定的使用期限内满足设计所预期的各种功能要求。结构在规定的设计工作年限内应满足如下的功能要求：

（1）安全性：指结构在正常设计、正常施工和正常使用时，能够承受可能出现的各种作用，且在设计规定的偶然事件（如地震、爆炸、海啸等）发生时或发生后，结构仍能保持必需的整体稳定性。

（2）适用性：指在结构正常使用时具有良好的工作性能，如结构不发生影响使用的过大振动或过宽的裂缝。

（3）耐久性：指结构在正常维护的条件下具有足够的耐久性，即结构在规定的工作环境中，预定的时期内，其材料性能不发生恶化现象（如混凝土不发生风化、钢筋不锈蚀，以免影响结构的使用寿命）。

2.1.2 结构的极限状态

设计任何结构或构件，都必须满足所有的功能要求，如整个结构或结构的一部分超过某一特定状态就不能满足规定的某一功能要求（安全性、适用性和耐久性），此特定状态称为该功能的极限状态。极限状态是区分结构工作状态可靠或失效的标志。根据功能要求，极限状态常可分为三类：承载力极限状态、正常使用极限状态和耐久性极限状态。

1. 承载力极限状态

承载力极限状态是指结构或结构构件达到最大承载力、出现疲劳破坏、发生不适于继续承载的变形或因结构局部破坏而引发的连续倒塌的状态。对应于结构或构件达到最大承载能力或达到不适于继续承载的变形，超过这一状态后，结构或构件就不能满足预定的安全性的要求。当出现下列状态之一时，认为超过了承载能力的极限状态：

（1）结构构件或连接因超过材料强度而破坏，或因过度变形而不适于继续承载；

（2）整个结构或其一部分作为刚体失去平衡，如烟囱在风力作用下发生整体倾覆，或挡土墙在土压力作用下发生整体滑移；

（3）结构转变为机动体系，如当简支板、梁的截面达到极限抗弯强度，结构因成为机动体系而丧失承载能力；

（4）结构或构件丧失稳定，如压屈等；

（5）结构因局部破坏而发生连续倒塌；

（6）地基丧失承载力而破坏，如失稳等；

（7）结构或结构构件的疲劳破坏。

2. 正常使用极限状态

正常使用极限状态是指结构或结构构件达到正常使用的某项规定限值的状态。超过这一状态，结构或构件就不能满足其适用性的要求。当出现下列状态之一时，即认为结构或结构构件超过了正常使用极限状态：

（1）影响正常使用或外观的变形，如吊车梁变形过大致使吊车不能正常行驶；

（2）影响正常使用的局部损坏，如水池池壁开裂漏水不能正常使用等；

（3）影响正常使用的振动；

（4）影响正常使用的其他特定状态。

3. 耐久性极限状态

耐久性极限状态是指对应于结构或结构构件在环境影响下出现的劣化达到耐久性能的某项规定限值或标志的状态。当出现下列状态之一时，即认为结构或结构构件超过了耐久性极限状态：

（1）影响承载能力和正常使用的材料性能劣化；

（2）影响耐久性能的裂缝、变形、缺口、外观、材料削弱等；

（3）影响耐久性能的其他特定状态。

2.1.3 结构的设计状况

结构或结构构件设计时，应根据结构在施工和使用中的环境条件，区分下列四种设计状况：

（1）持久设计状况：在结构使用过程中一定出现，其持续期很长的状况，其持续期一般与设计工作年限为同一数量级，适用于结构使用时的正常情况；

（2）短暂设计状况：在结构施工和使用过程中出现概率较大，而与设计工作年限相比，其持续期很短的设计状况，适用于结构出现的临时情况，包括结构施工和维修时的情况等；

（3）偶然设计状况：在结构使用过程中出现概率很小，且持续期很短的设计状况。适用于结构出现的异常情况，包括结构遭受火灾、爆炸、撞击时的情况等；

（4）地震设计状况：结构遭受地震时的设计状态，适用于结构遭受地震时的情况，在抗震设防地区必须考虑地震设计状况。

对上述四种设计状况，均应进行承载能力极限状态设计；对持久状况，尚应进行正常使

钢筋混凝土结构设计原理

用极限状态设计，并宜进行耐久性极限状态设计；对短暂设计状况和地震设计状况可根据需要进行正常使用极限状态设计；对偶然设计状况，可不进行正常使用极限状态和耐久性极限状态设计。

进行承载能力极限状态设计时，应根据不同的设计状况采用下列作用组合：作用的基本组合用于持久设计状况或短暂设计状况，作用的偶然组合用于偶然设计状况，作用的地震组合用于地震设计状况。

进行正常使用极限状态设计时，可采用下列作用组合：作用的标准组合宜用于不可逆正常使用极限状态设计；作用的频遇组合宜用于可逆正常使用极限状态设计；作用的准永久组合宜用于长期效应是决定性因素的正常使用极限状态设计。

2.1.4　结构上的作用及结构抗力

任何结构或结构构件中都存在对立的两个方面：作用效应 S 和结构抗力 R。这是结构设计中必须解决的两个问题。

1. 结构上的作用

作用是指施加在结构上的集中力或分布力和引起结构外加变形或约束变形的原因。结构上的作用主要按下列原则进行分类。

（1）按作用的形式分

① 直接作用：通常是以集中力或分布力的形式作用于结构上，通常也称为荷载。例如，作用于结构上的集中荷载、均布荷载等。需要注意的是，结构设计时，楼面上不连续分布的实际荷载，一般采用等效均布荷载代替。

② 间接作用：通常是指引起结构外加变形和约束变形的其他作用。例如，混凝土收缩、温度变化、焊接变形、基础沉降、地震等。

（2）按时间的变异分

① 永久作用：指在设计工作年限内始终存在且其量值变化与平均值相比可以忽略不计的作用，或其变化是单调的并趋于某个限值的作用，也称为永久荷载。例如，结构自重、土压力、预加力等。

② 可变作用：在设计工作年限内其量值随时间变化，且其变化与平均值相比不可忽略的作用，也称为可变荷载。例如，楼面活荷载、风荷载、雪荷载、安装荷载、吊车荷载和温度变化等。

③ 偶然作用：在设计适用年限内不一定出现，而一旦出现其量值很大，且持续期很短的作用，也称为偶然荷载。例如，爆炸、撞击、地震等。

2. 作用效应 S

作用效应是指由作用引起的结构或结构构件的反应，包括内力（如弯矩、剪力、轴力、扭矩等）和变形（如挠度、转角、裂缝等）的总称，用 S 表示。通常作用效应与作用的关系可用作用值与作用效应系数表示，即按力学的分析方法计算得到。因结构上的作用均为非确定值，是随机变量，故作用效应也是随机变量。

3. 结构抗力 R

结构的抗力是指结构或结构构件承受作用效应和环境影响的能力，用 R 表示。例如，构件的承载力、构件的刚度和抗裂度等。R 主要与结构构件的材料性能和几何参数以及计算模式的精确性等有关。

2.1.5　作用的代表值

《荷载规范》将荷载分为三类:永久荷载、可变荷载、偶然荷载。在结构设计中,应根据不同的极限状态的要求计算荷载效应。《统一标准》规定极限状态设计所采用的作用值为作用的代表值,它也可以是作用的标准值或可变作用的伴随值。不同的荷载、在不同的极限状态情况下,要求采用不同的作用代表值进行计算。可变作用的伴随值可以为组合值、频遇值或准永久值等。

1. 作用标准值

作用标准值是作用的主要代表值,可根据对观测数据的统计、作用的自然界限或工程经验确定。作用标准值是设计基准期内最大作用统计分布的特征值(如均值、众值、中值或某个分位值),是结构设计时采用的作用基本代表值,也是现行《荷载规范》中对各类荷载规定的设计取值。荷载的其他代表值均为标准值乘以相应系数后得到。标准值可理解为经由标准试件、标准测试方法、标准统计方法等获得的具有一定保证率的值,一般以 k 为下标。

(1)永久作用标准值 G_k:一般可按设计尺寸与材料或结构构件单位体积(或单位面积)的自重标准计算确定的。例如,材料的自重、水压力等。

(2)可变作用标准 Q_k:根据设计要求取用的作用值。例如,人群荷载、风荷载等。各类活荷载标准值可查阅《荷载规范》。

2. 可变作用组合值

结构在同时承受两种或两种以上可变作用时,各可变作用难以同时达到各自的最大值,因此需考虑作用的组合值,使组合后的作用效应的超越概率与该作用单独出现时其标准值作用效应的超越概率趋于一致的作用值;或组合后使结构具有规定可靠指标的作用值。可通过组合值系数对作用标准值的折减表示。

$$可变作用的组合值 = \psi_c \times 可变作用标准值$$

式中:ψ_c——可变作用组合值系数,其值小于 1.0,可直接查询《荷载规范》取得,其中民用建筑楼面均布可变荷载的组合值系数可查询附录 8。

3. 可变作用频遇值

可变作用频遇值是指在设计基准期内被超越的总时间占设计基准期的比率较小的作用值;或被超越的频率限制在规定频率内的作用值。可通过频遇值系数对作用标准值的折减表示。

$$可变作用的频遇值 = \psi_f \times 可变作用标准值$$

式中:ψ_f——可变作用频遇值系数,其值小于 1.0,可直接查询《荷载规范》取得,其中民用建筑楼面均布可变荷载的频遇值系数可查询附录 8。

4. 可变作用准永久值

对可变作用,在设计基准期内被超越的总时间占设计基准期的比率较大的作用值。可变作用准永久值代表结构上经常出现的作用值,它对结构的影响近似永久作用。可通过准永久值系数对作用标准值的折减表示。

$$可变作用的准永久值 = \phi_q \times 可变作用标准值$$

式中:ϕ_q——可变作用准永久值系数,其值小于 1.0,可直接查询《荷载规范》取得,其中民用建筑楼面均布可变荷载的准永久值系数可查询附录 8。

实际上,可变作用的组合值、频遇值和准永久值均由可变作用标准值乘以一小于 1.0 的系数得到,即作用的标准值是作用的基本代表值,其他作用代表值均来源于其标准值。

2.2 结构的可靠度和极限状态方程

2.2.1 结构的可靠性和安全等级

1. 可靠性

结构和结构构件在规定时间内,规定条件下完成预定功能的能力,称为结构的可靠性。规定时间是指设计工作年限,规定的条件为正常设计、正常施工、正常使用、正常维护的条件。结构抗力不小于结构的作用效应时,结构处于可靠工作状态;反之,结构处于不可靠(失效)状态。

作用效应和结构抗力都是随机的,因而结构不满足或满足其功能要求的事件也是随机的。一般把不满足其功能要求的概率称为结构的失效概率,用 P_f 表示;把满足其功能要求的概率称为可靠概率,用 P_s 表示。两者的关系为

$$P_s + P_f = 1 \tag{2-1}$$

结构的可靠概率也称为结构的可靠度,即结构在规定的时间内,规定的条件下,完成预定功能的概率,即结构可靠度是结构可靠性的概率度量。

2. 安全等级

《统一标准》根据建筑物的重要性,即根据结构破坏可能产生的后果的严重性,将建筑物划分为三个安全等级。房屋建筑结构安全等级的划分应符合表 2-1 的要求。

一般情况下,建筑结构中各类结构构件的安全等级宜与结构的安全等级相同,对其中部分结构的安全等级可进行调整,但不得低于三级。

表 2-1 房屋建筑结构的安全等级

安全等级	破坏后果	建筑物类型
一级	很严重:对人的生命、经济、社会或环境影响很大	大型的公共建筑等
二级	严重:对人的生命、经济、社会或环境影响较大	普通的住宅和办公楼等
三级	不严重:对人的生命、经济、社会或环境影响较小	小型的或临时性贮存建筑等

注:房屋建筑结构抗震设计中的甲类建筑和乙类建筑,其安全等级宜规定为一级;丙类建筑,其安全等级宜规定为二级;丁类建筑,其安全等级宜规定为三级。

2.2.2 设计基准期和设计工作年限

1. 设计基准期

为确定可变作用等取值而选用的时间参数。设计中所考虑的基本变量,如荷载(尤其是可变荷载)和材料性能等,大多是随时间而变化的,因此在计算结构可靠度时,必须确定结构的使用期,设计基准期。设计基准期是为确定可变作用及与时间有关的材料性能等取值而选用的时间参数。需要说明的是,当结构的工作年限达到或超过设计基准期后,并不意味着结构立即失效,而是表示结构的可靠度将会逐渐降低。

2. 设计工作年限

设计工作年限是设计规定的结构或结构构件不需进行大修即可按预定目的使用的年限,即在设计工作年限内,结构和结构构件在正常维护下应能保持其使用功能,而不需进行大修加固。

我国普通房屋建筑的结构设计工作年限为 50 年,不同类型建筑结构设计工作年限见表 2-2。若建设单位提出更高要求,也可按建设单位的要求确定。

表 2-2 房屋建筑的结构设计工作年限分类

设计工作年限(年)	类别
5	临时性建筑结构
50	普通房屋和构筑物
100	特别重要的建筑结构

2.2.3 功能函数与极限状态方程

结构的极限状态可用极限状态方程表示。结构设计的目的是保证所设计的结构构件满足一定的功能要求,即荷载效应 S 不应超过结构抗力 R。所谓抗力是指结构或结构构件承受作用效应和环境影响的能力。用来描述结构构件完成预定功能状态的函数 Z 称为功能函数,显然,功能函数可以用结构抗力 R 和荷载效应 S 表达为

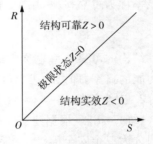

图 2-1 结构所处状态示意图

$$Z = g(R,S) = R - S \tag{2-2}$$

当 $Z > 0(R > S)$ 时,结构能完成预定功能,处于可靠状态。

当 $Z < 0(R < S)$ 时,结构不能完成预定功能,处于失效状态。

当 $Z = 0(R = S)$ 时,结构处于极限功能,处于可靠状态。

相应地,$Z = g(R,S) = 0$ 称为极限状态方程,也可表达为

$$Z = g(x_1, x_2, x_3, \cdots, x_n) = 0 \tag{2-3}$$

式中:$g(\cdots)$—— 函数记号,$x_1, x_2, x_3, \cdots, x_n$ 为影响结构功能的各种因素,如材料强度、

钢筋混凝土结构设计原理

几何参数、荷载等。R、S 均为非确定性的随机变量，因此 $Z = R - S > 0$ 也是非确定性的。

2.3　概率极限状态设计实用表达式

以概率理论为基础的极限状态设计方法简称为概率极限状态设计法，是以结构的失效概率或可靠指标来度量结构的可靠度的设计法。

当荷载的概率分布、统计参数、材料性能、材料的统计参数确定后，结构设计可严格按预先设定的目标可靠度进行。考虑到实用简便和设计人员的习惯，《统一标准》给出了无须进行概率运算，易于工程师接受、理解和应用的实用设计表达式。

2.3.1　承载能力极限状态设计表达式

1. 基本表达式

为保证结构构件的安全，结构或结构构件的破坏或过度变形的承载能力极限状态应符合：

$$\gamma_0 S_d \leqslant R_d \tag{2-4}$$

式中：γ_0——结构重要性系数，其取值不应小于表 2-3 的规定。

S_d——作用组合的效应设计值，按现行国家标准《荷载规范》和《建筑抗震设计规范》（GB 50011—2010）的规定进行计算；

R_d——结构或结构构件的抗力设计值；在抗震设计时，应除以承载力抗震调整系数 γ_{RE}。

对于承载力极限状态，结构构件应按作用效应的基本组合进行计算，必要时尚应按作用效应的偶然组合进行计算。

表 2-3　结构重要性系数 γ_0

对持久设计状况和短暂设计状况			对偶然设计状况和地震设计状况
安全等级			
一级	二级	三级	
1.1	1.0	0.9	1.0

关于承载能力极限状态设计表达式中的作用组合，应符合下列规定：

（1）作用组合应为可能同时出现的作用的组合；

（2）每个作用组合中应包括一个主导可变作用或一个偶然作用或一个地震作用；

（3）当结构中永久作用位置的变异，对静力平衡或类似的极限状态设计结果很敏感时，该永久作用的有利部分和不利部分应分别作为单个作用；

（4）当一种作用产生的几种效应非全相关时，对产生有利效应的作用，其分析系数的取值应予以降低；

（5）对不同设计状况应采用不同的作用组合。

2. 作用效应组合的设计值 S_d

(1) 对持久设计状态和短暂设计状态,应采用作用的基本组合:

$$S_d = \sum_{i=1}^{m} \gamma_{G_i} S_{G_i k} + \gamma_{Q_1} \gamma_{L_1} S_{Q_1 k} + \sum_{j=2}^{n} \gamma_{Q_j} \gamma_{L_j} \psi_{c_j} S_{Q_j k} \qquad (2-5)$$

式中:γ_{Gi}——第 i 个永久作用的分项系数;当对结构不利时,应取 $\geqslant 1.3$;当对结构有利时,其值不应大于 1.0。

γ_{Q1},γ_{Qj}——第 1 个和第 j 个可变作用的分项系数;标准值大于 $4\ kN/m^2$ 的工业房屋楼面活荷载,当对结构不利时不应小于 1.4,当对结构有利时,应取为 0。除此之外的可变作用,当对结构不利时,应取不小于 1.5,对结构有利时,其值取 0。

γ_{L1},γ_{Lj}——第 1 个和第 j 个考虑结构设计工作年限的荷载调整系数,依据结构设计工作年限 5 年、50 年和 100 年,建筑结构考虑结构设计工作年限的荷载调整系数 γ_L 分别取 0.9、1.0 和 1.1;对设计工作年限为 25 年的结构构件,γ_L 应按各种材料结构设计标准的规定采用。

S_{Gik}——第 i 个永久作用标准值的效应。

S_{Q1k},S_{Qjk}——第 1 个和第 j 个可变作用标准值的效应。

ψ_{cj}——第 j 个可变作用的组合值系数,其值不应大于 1.0,按《荷载规范》确定;

m,n——参与组合的永久作用、可变作用个数。

(2) 对偶然设计状态和短暂设计状态,应采用作用的偶然组合:

$$S_d = \sum_{i=1}^{m} S_{G_i k} + S_{Ad} + (\psi_{f1} \text{ 或 } \psi_{q1}) S_{Q_1 k} + \sum_{j=2}^{n} \psi_{q_j} S_{Q_j k} \qquad (2-6)$$

式中:S_{Ad} 为偶然作用设计值的效应。

(3) 对地震设计状态和短暂设计状态,应采用作用的地震组合,地震组合的效应设计值应符合现行国家标准《建筑抗震设计规范》(GB 50011—2010) 的规定,此处不再赘述。

对于基本组合,作用效应组合的设计值 S_d 的分项系数 γ_{Gj} 和 γ_{Qi}。结构抗力 R 取材料的强度设计值为其强度标准值除以大于 1 的材料分项系数(该部分内容将在 2.4 节介绍),可将其视为"安全系数"或"放大系数"。结构承载能力极限状态设计须把"安全性"置于首位,式(2-5) 或式(2-4) 可理解为被缩小的结构或结构构件的材料抵抗能力不小于经放大的荷载作用下的荷载效应组合值,则其承载能力极限状态满足要求。

采用上述公式设计时,应根据结构可能同时承受的可变作用进行作用效应组合,并取其中最不利的组合进行设计。各种作用的具体组合规则,应符合现行《荷载规范》的规定。此外,根据结构的使用条件,必要时还应验算结构的抗倾覆、抗滑移能力等。

2.3.2　正常使用极限状态设计表达式

正常使用极限状态的设计,主要是验算结构构件的变形、抗裂度或裂缝宽度,也验算一些其他的状况,如地基沉降等,以保证结构构件的正常使用。结构如果超过正常使用极限状态,其后果是不能正常使用,但危害程度较承载能力失效轻,一般不会导致结构破坏等严重后果。因此,正常使用极限状态的可靠度较承载能力的可靠度有所降低。计算中,荷载及材料强度取其标准值,不再考虑荷载和材料分项系数及结构的重要性系数 γ_0。

在正常使用的极限状态设计时,与状态有关的荷载水平不一定以设计基准期内的最大荷载为准,应根据所考虑的正常使用的具体条件来考虑。对于正常使用极限状态,结构构件应按荷载的准永久组合并考虑长期作用的影响,采用下列极限状态设计表达式进行验算:

$$S_d \leqslant C \qquad (2-7)$$

式中:S_d—— 正常使用极限状态的荷载(如变形、裂缝和应力等)组合效应值;

　　　C—— 结构或结构构件达到正常使用要求的规定限值,例如变形、裂缝、振幅、加速度和应力等的限值。

1. 荷载效应组合

对于标准组合的效应设计值 S_d 按下式计算:

$$S_d = \sum_{i=1}^{m} S_{Gik} + S_{Q1k} + \sum_{j=2}^{n} \psi_{cj} S_{Qjk} \qquad (2-8)$$

对于频遇组合的效应设计值 S_d 按下式计算:

$$S_d = \sum_{i=1}^{m} S_{Gik} + \psi_{f1} S_{Q1k} + \sum_{j=2}^{n} \psi_{qj} S_{Qjk} \qquad (2-9)$$

对于准永久组合的效应设计值 S_d 按下式计算:

$$S_d = S_{Gik} + \sum_{j=1}^{n} \psi_{q\,j} S_{Qjk} \qquad (2-10)$$

准永久值可以理解为,在结构上经常作用的可变荷载代表值,对于有可能再划分为持久性和临时性两类的可变荷载,可以直接引用荷载的持久性部分,作为荷载准永久值取值的依据。

对正常使用的极限状态,材料性能的分项系数,除各种材料的结构设计标准有专门规定外,应取为 1.0。

2. 验算内容

正常使用极限状态应验算受弯构件的最大挠度和结构构件正截面的抗裂度和裂缝宽度,具体规定如下:

(1)变形验算

根据使用要求应对构件的变形进行验算。如受弯构件在正常使用极限状态下的最大挠度,按荷载效应的标准组合,并考虑荷载长期作用影响计算,控制其小于规范限值,见表9-1。

(2)抗裂度和裂缝宽度

结构构件设计时,应根据所处环境和使用要求,选用相应的裂缝控制等级,见表9-2。

结构构件正截面的裂缝控制等级分为三级,其要求如下:

一级 —— 严格要求不出现裂缝的构件,按荷载标准组合计算时,构件受拉边缘混凝土不应产生拉应力。

二级——一般要求不出现裂缝的构件,按荷载标准组合计算时,构件受拉边缘混凝土拉应力不应大于混凝土抗拉强度的标准值。

三级——允许出现裂缝的构件:对钢筋混凝土构件,按荷载准永久组合并考虑长期作用影响计算时,构件的最大裂缝宽度不应超过表 9-2 规定的限值。对预应力混凝土构件,按荷载标准组合并考虑长期作用的影响计算时,构件的最大裂缝宽度不应超过表 9-2 规定的最大裂缝宽度限值;对二 a 类环境的预应力混凝土构件,尚应按荷载准永久组合计算,且构件受拉边缘混凝土的拉应力不应大于混凝土的抗拉强度标准值。

属于一、二级的构件一般为预应力混凝土构件,对抗裂度要求较高,在工业与民用建筑工程中,普通钢筋混凝土结构的裂缝控制等级通常都属于三级。

【例 2-1】 一教室普通钢筋混凝土楼板两端搁置于砖墙上,板厚为 90 mm,宽度为 2.4 m,总跨度为 $l = 3.95$ m,计算跨度 $l_0 = 3.6$ m。楼板自重标准值为 2.25 kN/m²,采用 20 mm 厚水泥砂浆抹面(重度 20 kN/m³),板底采用 10 mm 厚纸筋石灰粉刷(重度 17 kN/m³)。楼面活荷载标准值为 2.5 kN/m²,安全等级为一级,假定设计工作年限为 100 年。请确定:(1)试按基本组合计算沿板跨度方向的恒荷载、活荷载的均布线荷载标准值;(2)对持久设计状况下承载能力极限状态及正常使用极限状态设计时楼板的弯矩设计值。

【解】 根据题意,可将实际问题简化为计算跨度为 3.6 m 的简支梁问题。

(1)沿板长的均布线荷载标准值的计算

① 均布恒荷载 g_k 的计算:

20 mm 厚水泥砂浆面层:$20 \times 0.020 \times 2.4 = 0.96$(kN/m)

钢筋混凝土楼板:$2.25 \times 2.4 = 5.40$(kN/m)

10 mm 厚纸筋石灰粉刷:$17 \times 0.010 \times 2.4 = 0.408$(kN/m)

$$g_k = 0.96 + 5.4 + 0.408 = 6.768 \text{(kN/m)}$$

② 均布线活荷载 q_k 的计算:

$$q_k = 2.5 \times 2.4 = 6.0 \text{(kN/m)}$$

(2)显然,简支梁跨中弯矩最大,按承载能力极限状态设计时,楼板跨度中点截面弯矩设计值的计算

由于安全等级为一级,重要性系数取 $\gamma_0 = 1.1$,设计工作年限为 100 年,故第 1 个可变作用考虑设计工作年限的调整系数 $\gamma_{L1} = 1.1$。

显然,钢筋混凝土楼板自重及楼面活荷载的作用效应对楼板的承载力不利,故取 $\gamma_G = 1.3$,$\gamma_Q = 1.5$,查《荷载规范》知,荷载组合值系数 $\psi_{c1} = 0.7$

$$M_2 = \gamma_0 \left(\frac{1}{8} \gamma_G g_k + \frac{1}{8} \gamma_{L1} \psi_{c1} \gamma_Q q_k \right) l_0^2$$

$$= 1.1 \times \frac{1}{8} (1.3 \times 6.768 + 1.1 \times 0.7 \times 1.5 \times 6) \times 3.6^2 = 28.028 \text{(kN · m)}$$

即考虑持久设计状况承载能力极限状态下的楼板弯矩设计值应取 $M = 28.028$(kN · m)。

（3）按正常使用极限状态设计时，跨中截面弯矩设计值的计算

按荷载标准组合：

$$M = \frac{1}{8}g_k l_0^2 + \frac{1}{8}q_k l_0^2 = \frac{1}{8}(6.768 + 6) \times 3.6^2 = 20.684(\text{kN} \cdot \text{m})$$

查《荷载规范》可知，频遇值系数 $\psi_{f1} = 0.6$，则按荷载准永久组合为

$$M = \frac{1}{8}g_k l_0^2 + \frac{1}{8}\psi_{f1}q_k l_0^2 = \frac{1}{8}(6.768 + 0.6 \times 6) \times 3.6^2 = 16.796(\text{kN} \cdot \text{m})$$

查《荷载规范》可知，准永久值系数 $\psi_{q1} = 0.5$，则按荷载准永久组合为

$$M = \frac{1}{8}g_k l_0^2 + \frac{1}{8}\psi_{q1}q_k l_0^2 = \frac{1}{8}(6.768 + 0.5 \times 6) \times 3.6^2 = 15.824(\text{kN} \cdot \text{m})$$

2.4　材料强度标准值与设计值

由极限状态设计表达式可知，材料的强度指标有两种：标准值和设计值。

2.4.1　材料强度标准值

材料强度标准值是结构设计时所采用的材料强度的基本代表值，也是生产中控制材料性能质量的主要指标。材料强度标准值 f_k 往往是在多种"标准条件"控制下测得的数值，它是结构设计时采用的材料性能的基本代表值，一般以材料强度概率分布的某一分位值来确定。钢筋和混凝土的强度标准值一般按标准试验方法测得的具有不小于 95% 保证率（其概率分布为 0.05 分位数）的强度值确定，其表达式为

$$f_k = f_m - 1.645\sigma = f_m(1 - 1.645\delta) \qquad (2-11)$$

式中：f_k、f_m——分别为材料强度的标准值和平均值；

σ、δ——分别为材料强度的标准差和变异系数。

对于无明显屈服阶段的高强度钢材，如钢绞线、高强度钢丝，在钢筋标准中一般取 0.002 残余应变所对应的应力作为其条件屈服强度标准值，即其抗拉强度标准值或抗压强度标准值。

混凝土强度的标准值列于附表 1-1，钢筋强度的标准值列于附表 2-1、附表 2-2。

2.4.2　材料分项系数

材料的变异性、几何参数和抗力计算模式的不确定性等均可导致抗力下降，因此采用材料分项系数来考虑这些因素的影响，即由材料强度的标准值除以大于 1 的分项系数，得到材料的强度设计值。

2.4.3　材料的强度设计值

混凝土和各类钢筋的强度设计值为其强度标准值除以对应的材料分项系数（一般均大于 1），其中各类普通热轧钢筋及预应力钢筋的材料分项系数见表 2-4。

表 2-4　钢材的材料分项系数

项次	种类	γ_s
1	HPB300、HRB400、RRB400、HRBF400	1.1
2	HRB500、HRBF500	1.15
3	消除应力钢丝、刻痕钢丝、钢绞线	1.2
4	冷轧带肋钢筋	1.25

$$f_c = \frac{f_{ck}}{\gamma_c} \tag{2-12}$$

$$f_s = \frac{f_{sk}}{\gamma_s} \tag{2-13}$$

式中：f_{ck}、f_{sk}——混凝土、钢筋的强度标准值；

f_c、f_s——混凝土、钢筋的强度设计值；

γ_c、γ_s——混凝土、钢筋的材料强度分项系数。

例如，HRB400 标准值 $f_{yk} = 400$ N/mm^2，其设计值 $f_y = 400$ N/mm^2/1.1 = 363.6 N/mm^2，取整后为 360 N/mm^2。

混凝土强度设计值列于附表 1-2，钢筋强度设计值列于附表 2-3、附表 2-4。

思考题

1. 结构或结构构件设计的整体思路是什么？
2. 结构的设计基准期是多少年？超过这个年限的结构是否不能再使用了？
3. 何谓结构的极限状态？结构的极限状态有几类？主要内容是什么？
4. 何谓结构的可靠性及可靠度？
5. 什么是作用效应？什么是结构抗力？$R > S$、$R = S$、$R < S$ 各表示什么意义？
6. 结构上的作用与荷载是否相同？为什么？恒载与活载有什么区别？对结构上的作用与荷载各举 5 个例子。
7. 试说明材料强度平均值、标准值、设计值之间的关系。
8. 试说明荷载标准值与设计值之间的关系，荷载分项系数如何取值？
9. 承载能力极限状态表达式是什么？试说明表达式中各符号的意义？
10. 何谓荷载效应的基本组合、频遇组合和准永久组合，三者有何不同？
11. 试述在正常使用极限状态计算时，根据不同的设计要求，应采用哪些荷载组合？

习　题

1. 两端简支的钢筋混凝土走道板的宽度为 0.72 m，计算跨度 $l_0 = 4.5$ m。采用 25 mm 厚水泥砂浆抹面，板底采用 15 mm 厚纸筋石灰浆粉刷。楼面活荷载标准值为 2.5 kN/m^2。

　　　　　　　　　　　　　　　　钢筋混凝土结构设计原理

结构重要性系数 $\gamma_0 = 1.0$。试计算沿板长的均布线荷载标准值和按基本组合计算楼板跨度中点截面的弯矩设计值。

2. 一钢筋混凝土简支梁如图 2-2 所示,计算跨度 $l_0 = 4.0$ m,跨中承受集中活荷载标准值 $Q_k = 6.5$ kN,均布活载标准值 $q_k = 4.5$ kN/m,承受均布恒载标准值 $g_k = 8.2$ kN/m,结构的安全等级为一级,环境类别为一类。求(1)承载能力极限状态设计时的跨中最大弯矩设计值;(2)按正常使用极限状态设计时的跨中弯矩的标准组合值和准永久组合值。

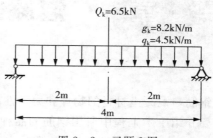

图 2-2 习题 2 图

第3章　混凝土结构材料的力学性能

钢筋与混凝土材料的物理和力学性能是混凝土结构的计算理论、计算公式的基础。本章主要介绍土木工程中所用钢筋的品种、级别及其主要力学性能；混凝土在各种受力状态下的强度与变形性能；钢筋与混凝土的黏结机理、钢筋的锚固与连接构造。使学生形成熟知混凝土、钢筋两种材料的等级、规格、主要物理力学指标，理解两者之间黏结性能的能力，为后续结构构件设计奠定基础。

3.1　钢筋的强度与变形

钢筋在混凝土结构中起到提高其承载能力，改善其工作性能的作用。混凝土结构中使用的钢材不仅要求有较高的强度、良好的变形性能（塑性）和可焊性，而且与混凝土之间应有良好的黏结性能，以保证钢筋与混凝土能协同工作。

3.1.1　钢筋的品种与级别

在钢筋混凝土结构中使用的钢筋品种很多，主要有两大类：一类是有明显屈服点（流幅）的钢筋，如热轧钢筋；另一类是无明显屈服点的钢筋，如钢丝、钢绞线及热处理钢筋。

按外形分，钢筋可分为光面钢筋和变形钢筋两种。变形钢筋有热轧螺纹钢筋、冷轧带肋钢筋等。光面钢筋公称直径为 6 ～ 14 mm，握裹性能稍差；变形钢筋外表面增强了钢筋和混凝土的黏结性能，以充分发挥钢筋的强度，改善构件的受力性能，其公称直径一般不小于 12 mm。

混凝土结构中使用的钢筋，按化学成分可分为碳素钢和普通低合金钢两大类；按生产工艺和强度可分为热轧钢筋、中高强钢丝、钢绞线和冷加工钢筋等。在一些大型、重要的混凝土结构或构件中，也可以将型钢置入混凝土中形成劲性混凝土结构。

《规范》规定混凝土结构中使用的钢筋主要有热轧钢筋、热处理钢筋和钢丝、钢绞线等。

1. 热轧钢筋及热处理钢筋

热轧钢筋主要用于钢筋混凝土结构中，也用于预应力混凝土结构中作为非预应力钢筋使用。常用热轧钢筋按其强度由低到高分为 HPB300、HRB400、RRB400、HRBF400、HRB500、HRBF500，其符号和直径范围见附表 2 - 1。HPB300 级钢筋是经热轧成型，横截面通常为圆形，表面光滑的热轧光圆钢筋；HRB400、HRB500 级钢筋为普通热轧带肋钢筋；RRB400 级钢筋为热轧钢筋经高温淬水、余热处理带肋钢筋，其屈服强度与 HRB400 级钢筋的相同，但热稳定性能不及 HRB400 级钢筋，焊接时在热影响区强度有所降低，其延性、可焊性、机械连接性能及施工适应性也相应降低,一般可用于对变形性能及加工性能要求不高的构件中。HRBF400、HRBF500 级钢筋为热轧过程中通过控轧和控冷工艺形成的细晶粒热轧带肋钢筋,其晶粒度为 9 级或更细。当前,我国将 400 MPa、500 MPa 级高强热轧带肋钢筋作为纵向受力的主导钢筋推广应用,尤其是梁、柱和斜撑构件的纵向受力配筋应优先采用 400 MPa、500 MPa 级高强钢筋。500 MPa 级高强钢筋用于高层建筑的柱、大跨度与重荷载梁的纵向受力配筋更为有利。我国已不再允许应用 HRB335 级钢筋。

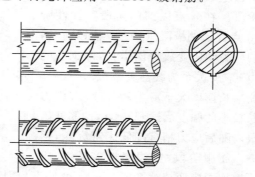

钢筋表面形状的不同意味着其强度存在差异。为使钢筋的强度能够充分地利用,强度越高的钢筋要求与混凝土黏结的强度越大。提高黏结强度的有效措施是将钢筋加工成表面带肋的形式,称为带肋钢筋。HPB300 级钢筋强度低,表面做成光面即可,其余级别的钢筋强度较高,表面均应做成带肋形式。我国目前主要采用月牙肋钢筋(图 3-1)。其特点为横肋的纵截面呈月牙形,且与纵肋不相交,横肋的间距较大,这样可以减缓纵横肋相交处的应力集中现象,钢筋实际的屈服强度和疲劳强度均较好。

图 3-1　热轧月牙肋钢筋外观

2. 消除应力钢丝和钢绞线

消除应力钢丝和钢绞线都是高强钢筋,其符号和直径范围见附表 2-2,主要用于预应力混凝土结构中。消除应力钢丝分光面钢丝和螺旋肋钢丝[图 3-2(a)]两种。钢绞线是由多根高强钢丝捻制在一起经过低温回火处理清除内应力后而制成,有 3 股和 7 股两种[图 3-2(b)]。钢丝和钢绞线不能采用焊接方式连接。

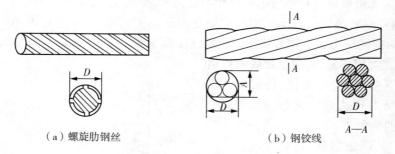

（a）螺旋肋钢丝　　　　　　　　　　（b）钢绞线

图 3-2　消除应力钢丝和钢绞线

3.1.2　钢筋的力学性能

钢筋的力学性能指钢筋的强度和变形性能。钢筋的强度和变形性能可以由钢筋单向拉伸的应力-应变曲线来分析说明,该曲线可以分为两类:一是有明显屈服点和屈服阶段的;二是没有明显屈服点和屈服阶段的。热轧钢筋属于有明显屈服阶段的钢筋,强度相对较低,但变形性能好;热处理钢筋、钢丝和钢绞线等属于无明显屈服点的钢筋,强度高,但变形性能差。钢筋的弹性模量 E_s 与钢筋的品种有关,强度越高,弹性模量越小,取值见附表2-5。

1. 有明显屈服点钢筋单向拉伸的应力-应变曲线

有明显屈服点钢筋单向拉伸的应力-应变曲线如图3-3所示。曲线由三个阶段组成:弹性阶段、屈服阶段和强化阶段。在 a 点以前的阶段称弹性阶段,a 点称比例极限点。在 a 点以前,钢筋的应力随应变成比例增长,即钢筋的应力-应变关系为线性关系;过 a 点后,应变增长速度大于应力增长速度,应力增长较小的幅度后达到 b_h 点,钢筋开始屈服。随后应力稍有降低达到 b_l 点,钢筋进入屈服阶段,曲线接近水平线,应

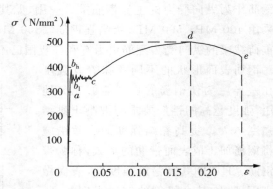

图 3-3　有明显屈服阶段钢筋的应力-应变曲线

力不增加而应变持续增加。b_h 点和 b_l 点分别称为上屈服点和下屈服点。下屈服点一般比较稳定,一般以下屈服点对应的应力作为有明显屈服阶段钢筋的屈服强度[《低合金高强度结构钢》(GB/T1591—2018)将最小上屈服点定义为低合金高强度钢的屈服强度值]。

经过屈服阶段达到 c 点后,钢筋的弹性有部分恢复,钢筋的应力增加达到最大点 d,应变大幅度增加,此阶段为强化阶段,最大点 d 对应的应力称为钢筋的极限强度。达到极限强度后继续加载,钢筋会出现"颈缩"现象,最后在"颈缩"处 e 点钢筋被拉断。

尽管热轧低碳钢和低合金钢都属于有明显屈服阶段的钢筋,但不同强度等级钢筋的屈服阶段的长度有所不同,强度越高,屈服阶段的长度越短,塑性越差。

2. 无明显屈服点钢筋单向拉伸的应力-应变曲线

图3-4为无明显屈服点钢筋单向拉伸的应力-应变曲线,无明显屈服点是其主要特点,钢筋被拉断前,钢筋的应变较小。对于无明显屈服点的钢筋,在钢筋标准中一般取 0.2% 残余应变所对应的应力 $\sigma_{0.2}$ 作为其条件屈服强度标准值。

3. 冷加工对钢筋应力-应变曲线的影响

在常温下采用冷拉、冷拔、冷轧和冷轧扭等方法对热轧钢筋进行加工处理称为钢筋的冷加工,得到的钢筋分别称为冷拉钢筋、冷拔钢筋、冷轧带肋钢筋和冷轧扭钢筋。钢筋经冷加工处理后强度可增加,但同时钢筋的变形性能会显著下降,除冷拉钢筋仍有明显屈服点外,其他冷加工处理钢筋均无明显屈服点。近年来,强度高、性能好的预应力筋(钢丝、钢绞线)已可充分供应,冷加工钢筋已不再列入规范,故不做详细

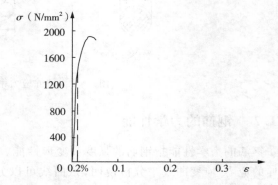

图 3-4　无明显屈服阶段钢筋应力-应变曲线

介绍。

4. 钢筋的力学性能指标

混凝土结构中所使用的钢筋既要有较高的强度,用以提高混凝土结构或构件的承载能力,又要有良好的塑性,以改善混凝土结构或构件的变形性能。衡量钢筋强度的指标有屈服强度和极限强度,衡量钢筋塑性性能的指标有伸长率和冷弯性能。

(1) 屈服强度与极限强度

钢筋的屈服强度是混凝土结构构件设计的重要指标。如上所述,钢筋的屈服强度是钢筋应力-应变曲线下屈服点对应的强度(有明显屈服点的钢筋)或名义屈服点对应的强度(无明显屈服点的钢筋)。达到屈服强度时钢筋的强度仍有富余,目的是保证混凝土结构或构件正常使用状态下的工作性能和偶然作用下(如地震作用)的变形性能。钢筋拉伸应力-应变曲线对应的最大应力为钢筋的极限强度。

(2) 伸长率与冷弯性能

钢筋拉断后的伸长值与原长的比值为钢筋的伸长率。国家标准规定了合格钢筋在给定标距(量测长度)下的最小伸长率,分别用 A_{10} 或 A_5 表示。A 表示断后伸长率,下标分别表示标距为 $10d$ 和 $5d$(d 为被检钢筋直径)。一般 A_5 大于 A_{10},因为残留应变主要集中在"颈缩"区域,而"颈缩"区域与标距无关。

为增强钢筋与混凝土之间的锚固性能,混凝土结构中的钢筋往往需要弯折。有脆化倾向的钢筋在弯折过程中容易发生脆断或裂纹、脱皮等现象,可通过冷弯试验检验其脆化性质。合格的钢筋经绕直径为 D($D = 1d$(HPB300),$D = 3d$(HRB400)的弯芯弯曲到规定的角度 α 后,钢筋应无裂纹、脱皮现象。钢筋塑性越好,钢辊直径 D 可越小,冷弯角 α 就越大(图 3-5)。冷弯检验钢筋弯折加工性能,且更能综合反映钢材性能的优劣。

5. 钢筋的应力松弛

钢筋应力松弛是指受拉钢筋在长度保持不变的情况下,钢筋应力随时间增长而降低的现象。在预应力混凝土结构中因为应力松弛会引起预应力损失,所以在预应力混凝土结构构件设计中应考虑其影响。应力松弛与钢筋中的应力、温度和钢材品种有关,且在施加应力的早期应力松弛大,后期逐渐减小。钢筋中的应力越大,松弛损失越大;温度越高,松弛越大;钢绞线的应力松弛比其他高强钢筋大。

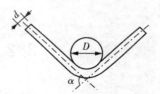

α— 弯曲角度;D— 弯心半径。

图 3-5　钢筋的弯曲试验

3.1.3　钢筋的选用原则

1. 混凝土结构对钢筋性能的要求

混凝土结构对钢筋性能的要求主要有四个方面。

(1) 强度高

使用强度高的钢筋可以节省钢材,取得较好的经济效益。但混凝土结构中,钢筋能否充分发挥其高强度,取决于混凝土构件截面的应变。钢筋混凝土结构中受压钢筋所能达到的最大应力为 400 MPa 左右,若选用设计强度超过 400 MPa 的钢筋,并不能充分发挥其高强度。

(2) 变形性能好

为保证混凝土结构构件具有良好的变形性能,破坏前具有明显预兆,不发生突然的脆性破坏,要求钢筋具有良好的变形性能,并通过伸长率和冷弯试验来检验。HPB300 和 HRB400 级热轧钢筋的延性和冷弯性能较好。

(3) 可焊性好

混凝土结构连接可采用机械连接、焊接和搭接,其中焊接是一种主要的连接形式。可焊性好的钢筋焊接后不产生裂纹及过大的变形,焊接接头有良好的力学性能。钢筋焊接质量除了外观检查外,一般通过直接拉伸试验检验。

(4) 与混凝土有良好的黏结性能

钢筋和混凝土之间必须有良好的黏结性能才能保证钢筋和混凝土协同工作。钢筋的表面形状是影响钢筋和混凝土之间黏结性能的主要因素,详见本章 3.3 节。

2. 钢筋的选用原则

《规范》规定按下述原则选用钢筋:

(1) 纵向受力普通钢筋可采用 HRB400、HRB500、HRBF400、HRBF500、RRB400、HPB300 级钢筋;梁、柱和斜撑构件的纵向受力普通钢筋宜采用 HRB400、HRB500、HRBF400、HRBF500 级钢筋。

(2) 箍筋宜采用 HRB400、HRBF400、HPB300、HRB500、HRBF500 级钢筋。

(3) 预应力筋宜采用预应力钢丝、钢绞线和预应力螺纹钢筋。

上述原则是在我国钢产量的大幅度增加和质优价廉的钢材品种不断增加的情况下确定的,工程用钢的观念已实现了从"节约用钢"到"合理用钢",再到当前的"鼓励用钢"的转变。

3.2 混凝土的强度与变形

3.2.1 混凝土的强度

1. 混凝土的强度等级

普通混凝土是由胶凝材料、骨料和水,必要时掺入化学外加剂和矿物质混合材料,按适当比例配合,拌制成拌合物,经硬化而成的人造石材,是一种复合材料,具有多相特性。混凝土的物理力学性能随着混凝土中水泥胶体的不断硬化而逐渐趋于稳定,整个过程通常需要若干年方能完成,混凝土的强度随之不断增长,后期增长速度逐渐趋缓。

混凝土结构中的绝大部分处于多向受力状态,但受混凝土特点的影响,建立完善的复合应力作用下的强度理论比较困难,故以单向受力状态下的混凝土强度作为研究多轴强度的基础和重要参数。

混凝土抗压强度是混凝土最主要和最基本的力学指标,其中立方体抗压强度标准值是划分混凝土强度等级的依据。它是按标准方法制作、养护(温度 20 ℃ ± 2 ℃,相对湿度不低于 95% 的标准养护室)的边长为 150 mm 的立方体标准试件,在 28 d 或设计规定龄期以标准试验方法测得的具有 95% 保证率的抗压强度值。我国采用立方体标准试件。标准试验方法是指混凝土试件在试验过程中采用恒定的加载速度:混凝土强度等级 < C30 时,取每秒 0.3～0.5 N/mm² ;混凝土强度等级 ≥ C30 且 < C60 时,取每秒 0.5～0.8 N/mm² ;混凝土强度等级 ≥ C60 时,取每秒 0.8～1.0 N/mm²。试验时混凝土试件上下两端面(与试验机的接触面)不涂刷润滑剂,通过这一系列"标准"程序最终得到的立方体抗压强度值称为立方体抗压强度标准值,用 $f_{cu,k}$ 表示。

《规范》根据混凝土立方体抗压强度标准值 $f_{cu,k}$,把混凝土强度划分为 13 个强度等级,分别为 C20,C25,…,C80,其中字母 C 可理解为具有"混凝土"和"立方体"的双重含义,其后的数字以级差 5 递增,表示立方体抗压强度标准值,如 C30 表示 $f_{cu,k} = 30$ N/mm²。

垫板与试件的接触面通过摩擦力限制了试件的横向变形,当试验机施加的压力达到极限压力值时,试件形成两个对角锥形的破坏面,如图 3-6(a)所示。若在试件的上下两端面涂刷润滑剂,试件与试验机垫板间的摩擦将明显减小,因此试件将较自由地产生横向变形,最后试件将在沿着压力作用的方向产生数条大致平行的裂缝而破坏,如图 3-6(b)所示,测得的抗压强度值明显较低。标准的试验方法为不涂润滑剂。

尺寸效应、加载速度等对混凝土立方体抗压强度也有较大的影响。混凝土的立方体抗压强度随着混凝土成型后龄期的增长而提高,而且前期提高的幅度较大,后期逐渐减缓。该过程一般均需延续数年才能完成。如果长期处于潮湿环境,其延续的年限更长。

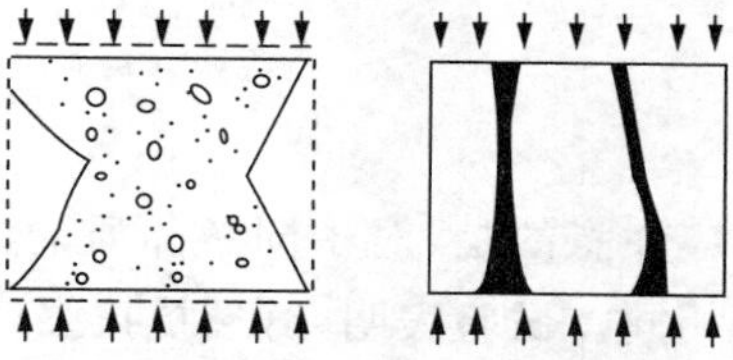

(a)不涂润滑剂　　(b)涂润滑剂

图 3-6　混凝土立方体抗压破坏形态

2. 混凝土的轴心抗压强度

我国采用标准试件尺寸为 150 mm×150 mm×300 mm 的棱柱体进行抗压试验,所测得的强度称为轴心抗压强度。试件在标准条件下养护 28 d 后,采取标准试验方法进行测试,试件上下两端表面均不涂润滑剂。

混凝土棱柱体抗压强度小于立方体抗压强度,两者之间大致呈线性关系。经过大量试验数据统计分析,确定了混凝土轴心抗压强度与立方体抗压强度之间的关系:

$$f_{ck} = 0.88\alpha_{c1}\alpha_{c2}f_{cu,k} \tag{3-1}$$

式中:f_{ck}—— 混凝土轴心抗压强度标准值;

α_{c1}—— 棱柱体抗压强度与立方体抗压强度之比,并随着混凝土强度等级的提高而增大。对不超过 C50 的混凝土,取 $\alpha_{c1} = 0.76$,对 C80 的混凝土,取 $\alpha_{c1} = 0.82$,其间线性插值;

α_{c2}—— 高强度混凝土的脆性折减系数,对不超过 C40 的混凝土,取 $\alpha_{c2} = 1.0$,对 C80 的混凝土,取 $\alpha_{c2} = 0.87$,其间线性插值。

3. 混凝土的轴心抗拉强度

混凝土的轴心抗拉强度也是混凝土的一个基本力学性能指标,可用于分析混凝土构件的开裂、裂缝宽度、变形以及计算混凝土构件的受冲切、受扭、受剪等承载力。由于混凝土内部的不均匀性及安装试件偏差等因素,准确测定混凝土轴心抗拉强度较为困难,通常采用圆柱体或立方体劈裂试验进行间接测定(图 3-7)。在试件的中间截面(除加载垫条附近很小的范围外),存在有均匀分布的拉应力。当拉应力达到混凝土的抗拉强度时,试件被劈裂成两半。劈裂强度试验值 f_t^0 按下列公式计算：

$$f_t^0 = \frac{2F}{\pi dl} \qquad (3-2)$$

式中：F——劈裂试验破坏荷载；

$\quad\quad d$——圆柱体直径或立方体边长；

$\quad\quad l$——圆柱体长度或立方体边长。

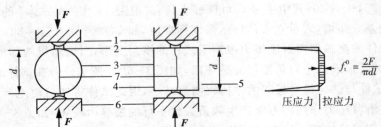

（a）圆柱体劈裂试验　（b）立方体劈裂试验　（c）劈裂面上水平应力分布

1—压力机的上压板；2—弧形垫条及垫层各一条；3—试件；4—浇模顶面；

5—浇模底面；6—压力机的下压板；7—试件破裂线。

图 3-7　劈裂试验测试混凝土抗拉强度

应注意的是，对于同一品质的混凝土，轴心拉伸试验与劈裂试验所测得的抗拉强度值并不相同。试验表明，劈裂抗拉强度值略大于直接拉伸强度值，而且与试件的大小有关。

4. 混凝土复合应力下的强度

混凝土结构构件实际受力状态大多为复合应力状态，故有必要了解一下混凝土复合应力强度下的强度情况。对于双向受力状态，假设双向应力分别为 σ_1 和 σ_2，双向受拉状态时，不同应力比值 σ_1/σ_2，两个方向受拉强度均接近于单向受拉强度；双向受压状态时，一个方向的强度随另一个方向压力的增加而增大，混凝土双向受压强度比单向受压强度最多可提高 27%；对于一个方向受压，另一个方向受拉的拉压受力状态，混凝土的强度均低于单向抗拉或单向抗压强度。

对于混凝土三向受压状态，因受到侧向压力的约束作用，最大主压应力轴的抗压强度有较大程度的增长，其变化规律随两侧向压应力的比值和大小而不同。因此，工程中通常采用设置密排螺旋箍筋或焊接圆环箍筋约束混凝土，改善钢筋混凝土构件的受压性能，该部分内容将在第 6 章中介绍。

3.2.2　混凝土的变形

混凝土的变形包括受力变形和体积变形两种。混凝土的受力变形是指混凝土在一次短期加载、长期荷载作用或多次重复循环荷载作用下产生的变形；而混凝土的体积变形是指混凝土自身在硬化收缩或环境温度改变时引起的变形。

1. 单轴受压应力-应变曲线

对混凝土进行短期单向施加压力所获得的应力-应变关系曲线即为单轴受压应力-应变曲线，它能反映混凝土受力全过程的重要力学特征和基本力学性能，是研究混凝土结构强度理论的必要依据,也是对混凝土进行非线性分析的重要基础。

图 3-8 所示为混凝土单轴受压应力-应变全曲线。从图中可看出:① 曲线包括上升段和下降段两部分,以 C 点为分界点,每部分由三小段组成;② 图中各关键点的表示:A 为比例极限点,B 为临界点,C 为峰点,D 为拐点,E 为收敛点,F 为曲线末梢;③ 各小段的含义:OA 段接近直线,应力较小,应变不大,混凝土的变形为弹性变形,原始裂缝影响很小;AB 段为微曲线段,应变的增长较应力稍快,混凝土处于裂缝稳定扩展阶段,其中 B 点的应力是确定混凝土长期荷载作用下抗压强度的依据;BC 段应变增长明显比应力增长快,混凝土处于裂缝快速不稳定发展阶段,其中 C 点的应力最大,即为混凝土极限抗压强度,相应的应变 $\varepsilon_0 \approx 0.002$ 为峰值应变;CD 段,应力快速下降,应变仍在增长,混凝土中裂缝迅速发展且贯通,出现了主裂缝,内部结构破坏严重;DE 段,应力下降变慢,应力较快增长,混凝土内部结构处于磨合和调整阶段,主裂缝宽度进一步增大,最后只依赖骨料间的咬合力和摩擦力承受荷载;EF 段为收敛段,此时试件中的主裂缝宽度快速增大而完全破坏了混凝土的内部结构。

不同强度等级混凝土的应力-应变曲线如图 3-9 所示。可以看出不同强度混凝土的曲线的基本形状相似,具有相同的特征。混凝土的强度等级越高,上升段越长,峰点越高,峰值应变也有所增大;下降段越陡,单位应力幅度内应变越小,延性越差。这在高强度混凝土中更为明显,最后破坏大多为骨料破坏,脆性明显,变形小。

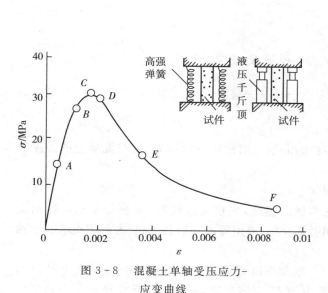

图 3-8 混凝土单轴受压应力-应变曲线

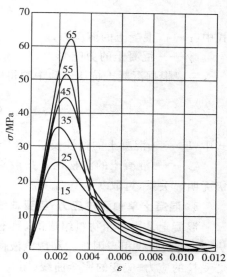

图 3-9 不同强度等级混凝土的应力-应变曲线

在普通试验机上采用等应力速率的加载方式进行试验时,一般只能获得应力-应变曲线的上升段,很难获得其下降段,其原因是试验机刚度不足。当加载至混凝土达到轴心抗压强度时,试验机中积蓄的弹性应变能大于试件所吸收的应变能,此应变能在接近试件破坏时会突然释放,致使试件发生脆性破坏。如果采用伺服试验机,在混凝土达极限强度时能以等应变速率加载;或在试件旁边附加设置高性能弹性元件共同承压,当混凝土达极限强度时能吸收试验机内积聚的应变能,就能获得应力-应变的完全曲线。

2. 混凝土的变形模量

混凝土的变形模量广泛地应用于计算混凝土结构的内力、构件截面的应力和变形以及预应力混凝土构件截面应力分析中。但与弹性材料相比,混凝土的应力-应变关系呈现非线性特征,即在不同应力状态下,应力与应变的比值不为常数。混凝土的变形模量有三种表示方法,即弹性模量、割线模量及切线模量,这里仅介绍弹性模量。

(1) 弹性模量

弹性模量 E_c 也称原点模量,在混凝土轴心受压的应力-应变曲线上,过原点作该曲线的切线,其斜率即为混凝土的原点切线模量,通常称为混凝土的弹性模量 E_c,即

$$E_c = \frac{d\sigma}{d\varepsilon}\Big|_{\sigma=0} = \tan\alpha_0 \tag{3-3}$$

式中:α_0——过原点所作应力-应变曲线的切线与应变轴间的夹角。

混凝土强度等级越高,弹性模量越大,详见附表1-3。需要说明的是,在钢筋混凝土结构受力分析中不能直接采用混凝土的弹性模量分析混凝土的应力。

(2) 剪切模量

混凝土的剪变模量可根据胡克定律确定,即

$$G_c = \frac{\tau}{\gamma} \tag{3-4}$$

式中:τ——混凝土的剪应力;

γ——混凝土的剪应变。

一般根据混凝土抗压试验中测得的弹性模量 E_c 确定,即

$$G_c = \frac{E_c}{2(\nu_c + 1)} \tag{3-5}$$

式中:E_c——混凝土的弹性模量(N/mm^2);

ν_c——混凝土的泊松比。一般结构的混凝土泊松比变化不大,且与混凝土的强度等级无明显关系,可取 $\nu_c = 0.2$。

3. 混凝土单轴受拉应力-应变曲线

混凝土是由多相材料组成的,具有明显的脆性,抗拉强度较低,要获得单轴抗拉的应力-应变全曲线相当困难。利用电液伺服试验机,采用等应变加载方式,方可测得混凝土轴心受拉的应力-应变的完全曲线(图3-10)。

从图中可看出,该曲线有明显的上升段和下降段两部分。混凝土强度越高上升段越长,曲线峰点越高,但对应的变形几乎没有增大,下降越陡,极限变形反而变小。当拉应力达到混凝土的抗拉极限强度时,并取弹性系数 $\nu = 0.5$,对应于曲线峰点的拉应变为

$$\varepsilon_{t0} = \frac{f_t}{E_c'} = \frac{f_t}{\nu E_c} = \frac{2f_t}{E_c} \tag{3-6}$$

受拉时原点的切线模量与受压时基本相同,所以受拉的弹性模量与受压的弹性模量相同。需要注意的是,混凝土受拉断裂发生于拉应变达到极限拉应变 ε_{tu} 时,而不是发生在拉

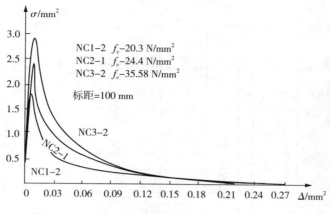

图 3-10   不同强度的混凝土拉伸应力-应变全曲线

应力达到最大拉应力时。混凝土受拉极限应变与其配合比、养护条件和强度紧密相关。

4. 混凝土的收缩与徐变

混凝土硬化过程中体积的改变称为体积变形,包括混凝土的收缩和膨胀两方面。混凝土在空气中结硬时体积会减小,这种现象称为混凝土的收缩。相反地,混凝土在水中结硬时体积会增大,这种现象称为混凝土的膨胀。混凝土的收缩是一种自发的变形,比其膨胀值大许多。因此,当收缩变形不能自由进行时,将在混凝土中产生拉应力,从而有可能导致混凝土开裂;预应力混凝土结构会因混凝土硬化收缩而引起预应力钢筋的预应力损失。混凝土的收缩是由凝胶体的体积凝结缩小和混凝土失水干缩共同引起的,收缩变形随时间的增长而增长,早期发展较快,一个月内可完成收缩总量的 50%,而后发展渐缓,直至两年以上方可完成全部收缩,收缩应变总量约为 $(2 \sim 5) \times 10^{-4}$,它是混凝土开裂时拉应变的 $2 \sim 4$ 倍。

影响混凝土收缩的主要因素:水泥用量(用量越大,收缩越大);水胶比(水胶比越大,收缩越大);水泥强度等级(强度等级越高,收缩越大);水泥品种(不同品种有不同的收缩量);混凝土集料的特性(弹性模量越大,收缩越小);养护条件(温、湿度越高,收缩越小);混凝土成型后的质量(质量好,密实度高,收缩小);构件尺寸(小构件,收缩大)等。显然影响因素很多而且复杂,准确地计算收缩量十分困难,应采取一些技术措施降低因收缩而引起的不利影响。

混凝土构件或材料在不变荷载或应力长期作用下,其变形或应变随时间而不断增长,这种现象称为混凝土的徐变。徐变的特性主要与时间有关,通常表现为前期增长快,以后逐渐减慢,经过 $2 \sim 3$ 年后趋于稳定,图 3-11 所示为 $100\,\text{mm} \times 100\,\text{mm} \times 400\,\text{mm}$ 混凝土柱($f_{cu} = 42.3\,\text{N/mm}^2$,$\sigma = 0.5f_c$)的徐变情况。

徐变主要由两种原因引起,一是混凝土具有黏性流动性质的水泥凝胶体,在荷载长期作用下产生黏性流动;二是混凝土中微裂缝在荷载长期作用下不断发展。当作用的应力较小时,主要由凝胶体引起;当作用的应力较大时,则主要由微裂缝引起。

徐变具有两面性,一方面造成混凝土结构变形增大,导致预应力混凝土发生预应力损失,严重时还会引起结构破坏;另一方面徐变的发生对结构内力重分布有利,可以减小各种外界因素对超静定结构的不利影响,降低附加应力。

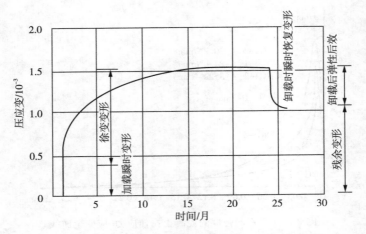

图 3 - 11　混凝土徐变(加载卸载应变与时间关系曲线)

混凝土发生徐变的同时往往也有收缩产生,因此在计算徐变时,应从混凝土的变形总量中扣除收缩变形。

影响混凝土徐变的因素主要为内在因素、外部环境,包括混凝土的组成、配合比、水泥品种、水泥用量、骨料特性、骨料的含量、骨料的级配、水胶比、外加剂、掺合料、混凝土的制作方法、养护条件、加载龄期、构件工作环境、受荷后应力水平、构件截面形状和尺寸、持荷时间等。就内在因素而言,水泥含量少、水胶比小、骨料弹性模量大、骨料含量多,那么徐变小。对于环境因素而言,混凝土养护的温度和湿度越高,徐变越小;受荷龄期越大,徐变越小;工作环境温度越高、湿度越小,徐变越大;构件的体表比越大,徐变越小。

3.2.3　混凝土的选用原则

为保证结构安全可靠、经济耐久,选择混凝土时,要综合考虑材料的力学性能、耐久性能、施工性能和经济性等方面的因素,按照《混凝土结构通用规范》要求进行选用:

(1)素混凝土结构的混凝土强度等级不应低于C20;钢筋混凝土结构的混凝土强度等级不应低于C25;预应力混凝土楼板结构的混凝土强度等级不应低于C30,其他预应力混凝土结构构件的混凝土强度等级不应低于C40;钢-混凝土组合结构构件的混凝土强度等级不应低于C30;

(2)承受重复荷载的钢筋混凝土构件,混凝土强度等级不应低于C30;

(3)抗震等级不低于二级的钢筋混凝土结构构件,混凝土强度等级不应低于C30;

(4)采用强度等级500 MPa及以上的钢筋时,混凝土强度等级不应低于C30。

3.3　钢筋的锚固与连接

3.3.1　钢筋与混凝土之间的黏结机理

1. 钢筋与混凝土黏结的作用

钢筋与混凝土黏结是保证钢筋和混凝土组成混凝土结构或构件并能协同工作的前

提。如果钢筋和混凝土不能良好地黏结在一起,混凝土构件受力变形后,在小变形的情况下,钢筋和混凝土不能协调变形;在大变形的情况下,钢筋就不能很好地锚固在混凝土结构中。

钢筋与混凝土之间的黏结性能可以用两者界面上的黏结应力来说明。当钢筋与混凝土之间有相对变形(滑移)时,其界面上会产生沿钢筋轴线方向的相互作用力,这种作用力称为黏结应力,如图 3-12 所示。

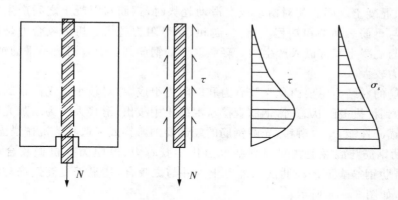

图 3-12　直接拔出实验与应力分布示意图

如图 3-13(a) 所示在钢筋上施加拉力,钢筋与混凝土之间的端部存在黏结力,将钢筋的部分拉力传递给混凝土使其受拉,经过一定的传递长度后,黏结应力为零。当截面上的应变很小,钢筋和混凝土的应变相等,构件上没有裂缝,钢筋和混凝土界面上的黏结应力为零;当混凝土构件上出现裂缝,开裂截面之间存在局部黏结应力,因为开裂截面钢筋的应变大,未开裂截面钢筋的应变小,黏结应力使远离裂缝处钢筋的应变变小,混凝土的应变从零逐渐增大,使裂缝间的混凝土参与工作。

混凝土结构设计中,钢筋伸入支座或在连续梁顶部负弯矩区段的钢筋截断时,应将钢筋延伸一定的长度,这就是钢筋的锚固。只有钢筋具有足够的锚固长度,才能积累足够的黏结力,使钢筋能承受拉力。分布在锚固长度上的黏结应力,称锚固黏结应力,见图 3-13(b)。

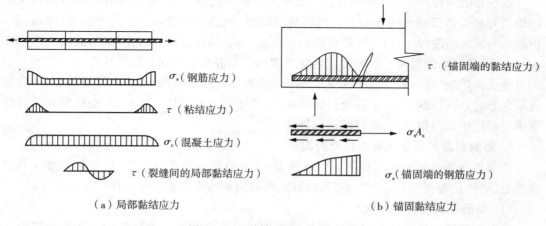

（a）局部黏结应力　　　　　　　　（b）锚固黏结应力

图 3-13　黏结应力机理分析图

2. 黏结力的组成

钢筋与混凝土之间的黏结力与钢筋表面的形状有关。

(1) 光圆钢筋与混凝土之间的黏结作用主要由三部分组成:化学胶着力、摩阻力和机械咬合力。化学胶着力主要是由水泥浆体在硬化前对钢筋氧化层的渗透、硬化过程中晶体的生长等产生的。化学胶着力一般较小,当混凝土和钢筋界面发生相对滑动时,化学胶着力会消失。混凝土硬化会发生收缩,从而对其中的钢筋产生径向的握裹力,在握裹力的作用下,当钢筋和混凝土之间有相对滑动或有滑动趋势时,钢筋与混凝土之间产生摩阻力。摩阻力的大小与钢筋表面的粗糙程度有关,越粗糙,摩阻力越大。机械咬合力是由钢筋凹凸不平的表面与混凝土咬合嵌入产生的。轻微腐蚀的钢筋其表面有凹凸不平的蚀坑,摩阻力和机械咬合力较大。

光圆钢筋的黏结力主要由化学胶着力和摩阻力组成,相对较小。光圆钢筋的直接拔出试验表明,达到抗拔极限状态时,钢筋直接从混凝土中拔出,滑移大。为增加光圆钢筋与混凝土之间的锚固性能,减少滑移,光圆钢筋的端部要加弯钩或采取其他机械锚固措施。

(2) 带肋钢筋与混凝土之间的黏结也由化学胶着力、摩阻力和机械咬合力三部分组成。但是,带肋钢筋表面的横肋嵌入混凝土内并与之咬合,能显著提高钢筋与混凝土之间的黏结性能,如图 3-14 所示。

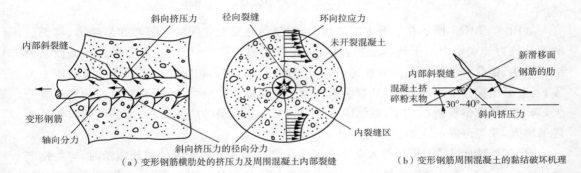

(a) 变形钢筋横肋处的挤压力及周围混凝土内部裂缝　　(b) 变形钢筋周围混凝土的黏结破坏机理

图 3-14　变形钢筋与混凝土的黏结机理

在拉拔力的作用下,钢筋的横肋对混凝土形成斜向挤压力,此力可分解为沿钢筋表面的切向力和沿钢筋径向的环向力。当荷载增加时,钢筋周围的混凝土首先出现斜向裂缝,钢筋横肋前端的混凝土被压碎,形成肋前挤压面。同时,在径向力的作用下,混凝土产生环向拉应力,最终导致混凝土保护层发生劈裂破坏。如混凝土的保护层较大($c/d > 5 \sim 6$,c为混凝土保护层厚度,d 为钢筋直径),混凝土不会在径向力作用下,产生劈裂破坏,达抗拔极限状态时,肋前端的混凝土完全挤碎而拔出,产生剪切型破坏。因此,带肋钢筋的黏结性能明显地优于光圆钢筋,有良好的锚固性能。

3. 影响钢筋和混凝土黏结性能的因素

影响钢筋与混凝土黏结性能的因素很多,主要有钢筋的表面形状、混凝土强度及其组成成分、浇注位置、保护层厚度、钢筋净间距、横向钢筋约束和横向压力作用等。

(1) 钢筋表面形状的影响

一般用单轴拉拔试验得到的锚固强度和黏结滑移曲线表示黏结性能。达抗拔极限状

钢筋混凝土结构设计原理

态时,钢筋与混凝土界面上的平均黏结应力称为锚固强度,用下式表示

$$\tau = \frac{N}{\pi dl} \qquad (3-7)$$

式中:τ—— 锚固强度;

　　　N—— 轴向拉力;

　　　d—— 钢筋直径;

　　　l—— 黏结长度。

拉拔过程中得到的平均黏结应力与钢筋与混凝土之间的滑移关系,称黏结滑移曲线(图 3-15)。从图可见带肋钢筋不仅锚固强度高,而且达极限强度时的变形小。对于带肋钢筋而言,月牙纹钢筋的黏结性能比螺纹钢筋稍差,一般情况下,相对肋面积越大,钢筋与混凝土的黏结性能越好,相对滑移越小。

(2)混凝土强度及其组成成分的影响

混凝土的强度越高,锚固强度越好,相对滑移越小。混凝土的水泥用量越大,水胶比越大,砂率越大,黏结性能越差,锚固强度低,相对滑移量大。

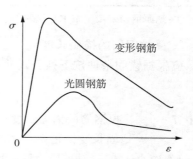

图 3-15　钢筋的黏结滑移曲线

(3)浇注位置的影响

混凝土硬化过程中会发生沉缩和泌水。水平浇注构件(如混凝土梁)的顶部钢筋,受到混凝土沉缩和泌水的影响,钢筋下面与混凝土之间容易形成空隙层,从而削弱钢筋与混凝土之间的黏结性能。浇注位置对黏结性能的影响,取决于构件的浇注高度,混凝土的坍落度、水胶比、水泥用量等。浇注高度越高,坍落度、水胶比和水泥用量越大,影响越大。

(4)混凝土保护层厚度和钢筋净间距的影响

混凝土保护层越厚,对钢筋的约束越大,使混凝土产生劈裂破坏所需要的径向力越大,锚固强度越高。钢筋的净间距越大,锚固强度越大。当钢筋的净间距太小时,水平劈裂可能使整个混凝土保护层脱落,显著地降低锚固强度。

(5)横向钢筋与侧向压力的影响

横向钢筋的约束或侧向压力的作用,可以延缓裂缝的发展和限制劈裂裂缝的宽度,从而提高锚固强度。因此,在较大直径钢筋的锚固或搭接长度范围内,以及当一层并列的钢筋根数较多时,均应设置一定数量的附加箍筋,以防止混凝土保护层的劈裂崩落。

3.3.2　钢筋的锚固

1. 受拉钢筋的基本锚固长度

基于影响钢筋与混凝土之间黏结性能的因素分析,通过大量试验研究并进行可靠度分析,得出考虑主要因素即钢筋的强度、混凝土的强度和钢筋的表面特征,得到当计算中充分利用钢筋的抗拉强度时,受拉钢筋的基本锚固长度计算为

普通钢筋　　　　　　　　　　　$l_{ab} = \alpha \dfrac{f_y}{f_t} d$　　　　　　　　　(3-8)

预应力钢 $$l_{ab} = \alpha \frac{f_{py}}{f_t} d \qquad (3-9)$$

式中：l_{ab}—— 受拉钢筋的基本锚固长度。

f_y、f_{py}—— 普通钢筋、预应力钢筋的抗拉强度设计值，取值见附表 2-1、附表 2-2。

f_t—— 混凝土轴心抗拉强度设计值，取值见附表 1-2。为保证高强混凝土中钢筋的锚固长度，当混凝土强度等级 ＞ C60 时，按 C60 取值。

d—— 锚固钢筋的直径。

α—— 锚固钢筋的外形系数，取值见表 3-1。

表 3-1　锚固钢筋的外形系数 α

光面钢筋	带肋钢筋	螺旋肋钢丝	三股钢绞线	七股钢绞线
0.16	0.14	0.13	0.16	0.17

注：光面钢筋末端应做 180°弯钩，弯后平直段长度不应小于 3d，但作受压钢筋时可不做弯钩。

2. 受拉钢筋的锚固长度

应根据锚固条件按下列公式计算，且不应小于 200 mm：

$$l_a = l_{ab} \zeta_a \qquad (3-10)$$

式中：l_a—— 受拉钢筋的锚固长度；

ζ_a—— 锚固长度修正系数，对普通钢筋按以下规定取用，当多于一项时，可按连乘计算，但不应小于 0.6；对预应力筋，可取 1.0。

当带肋钢筋的公称直径大于 25 mm 时取 $\zeta_a = 1.10$，环氧树脂涂层带肋钢筋取 $\zeta_a = 1.25$，施工过程中易受扰动的钢筋取 $\zeta_a = 1.10$；当纵向受力钢筋的实际配筋面积大于其设计计算面积时，修正系数取设计计算面积与实际配筋面积的比值，但对有抗震设防要求及直接承受动力荷载的结构构件，不应考虑此项修正；锚固钢筋的保护层厚度为 3d 时修正系数可取 $\zeta_a = 0.80$，保护层厚度不小于 0.5d（d 为锚固钢筋的直径）时，修正系数可取 $\zeta_a = 0.70$，中间按内插取值。

当纵向受拉普通钢筋末端采用弯钩或机械锚固措施时，包括弯钩或锚固端头在内的锚固长度（投影长度）可取为基本锚固长度 l_{ab} 的 0.6 倍。弯钩和机械锚固的形式（图 3-16）和技术要求应符合表 3-2 的规定。

表 3-2　钢筋弯钩和机械锚固的形式和技术要求

锚固形式	技术要求
90°弯钩	末端 90°弯钩，弯钩内径 4d，弯后直段长度 12d
135°弯钩	末端 135°弯钩，弯钩内径 4d，弯后直段长度 5d
一侧贴焊锚筋	末端一侧贴焊长 5d 同直径钢筋
两侧贴焊锚筋	末端两侧贴焊长 3d 同直径钢筋
焊端锚板	末端与厚度 d 的锚板穿孔塞焊
螺栓锚头	末端旋入螺栓锚头

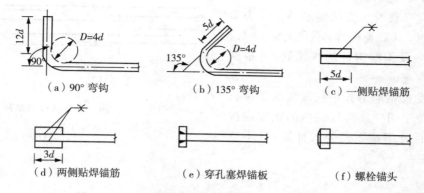

（a）90°弯钩　　　　（b）135°弯钩　　　　（c）一侧贴焊锚筋

（d）两侧贴焊锚筋　　　（e）穿孔塞焊锚板　　　（f）螺栓锚头

图 3-16　钢筋是弯钩和机械锚固的形式和技术要求

当锚固钢筋的保护层厚度不大于 $5d$ 时,锚固长度范围内应配置横向构造钢筋,其直径不应小于 $d/4$;对梁、柱、斜撑等构件间距不应大于 $5d$,对板、墙等平面构件间距不应大于 $10d$,且均不应大于 $100\ \mathrm{mm}$。

3. 受压钢筋的锚固长度

混凝土结构中的纵向受压钢筋,当计算中充分利用其抗压强度时,锚固长度不应小于相应受拉锚固长度的 0.7 倍。受压钢筋不应采用末端弯钩和一侧贴焊锚筋的锚固措施。受压钢筋锚固长度范围内的横向构造钢筋应按受拉钢筋的要求进行配制。

3.3.3　钢筋的连接

1. 钢筋连接的原则

结构中实际配置的钢筋长度与供货长度不一致将产生钢筋的连接问题。钢筋的连接需要满足承载力、刚度、延性等基本要求,以便实现结构对钢筋的整体传力。钢筋的连接形式有绑扎搭接、机械连接和焊接。混凝土结构中受力钢筋的连接接头宜设置在受力较小处。在同一根受力钢筋上宜少设接头。在结构的重要构件和关键传力部位,纵向受力钢筋不宜设置连接接头。

2. 绑扎搭接连接

钢筋的绑扎搭接连接利用了钢筋与混凝土之间的黏结锚固作用,因比较可靠且施工简便而得到广泛应用。但直径较大的受力钢筋绑扎搭接容易产生过宽的裂缝,当受拉钢筋直径大于 25 mm、受压钢筋直径大于 28 mm 时不宜采用绑扎搭接。轴心受拉及小偏心受拉构件的纵向钢筋,因构件截面较小且钢筋拉应力相对较大,为防止连接失效引起结构破坏等严重后果,不得采用绑扎搭接。

同一构件中相邻纵向受力钢筋的绑扎搭接接头宜互相错开。钢筋绑扎搭接接头连接区段的长度为 1.3 倍搭接长度,凡搭接接头中点位于该连接区段长度内的搭接接头均属于同一连接区段(图 3-17)。同一连接区段内纵向受力钢筋搭接接头面积百分率为该区段内有搭接接头的纵向受力钢筋与全部纵向受力钢筋截面面积的比值。当直径不同的钢筋搭接时,按直径较小的钢筋计算。

位于同一连接区段内的受拉钢筋搭接接头面积百分率:对梁类、板类及墙类构件,不宜大于 25%；对柱类构件，不宜大于 50%。当工程中确有必要增大受拉钢筋搭接接头面积百分率时，对梁类构件，不宜大于 50%；对板、墙、柱及预制构件的拼接处，可根据实际情况放宽。

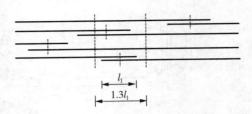

图 3-17　同一连接区段内纵向
受拉钢筋的绑扎搭接接头

纵向受拉钢筋绑扎搭接接头的搭接长度应根据位于同一连接区段内的钢筋搭接接头面积百分率按下列公式计算，且不应小于 300 mm。

$$l_1 = \zeta_1 l_a \qquad\qquad (3-11)$$

式中：l_1 —— 纵向受拉钢筋的搭接长度。

ζ_1 —— 锚固长度修正系数，取值见表 3-3。当纵向搭接钢筋接头面积百分率为表的中间值时，修正系数可按内插取值。

表 3-3　纵向受拉钢筋搭接长度修正系数

纵向搭接钢筋接头面积百分率（%）	≤ 25	50	100
ζ_1	1.2	1.4	1.6

构件中的纵向受压钢筋当采用搭接连接时，其受压搭接长度不应小于式（3-11）计算值，同时不得小于纵向受拉钢筋搭接长度的 0.7 倍，且不应小于 200 mm。

在梁、柱类构件的纵向受力钢筋搭接长度范围内的横向构造钢筋应符合规范要求；当受压钢筋直径大于 25 mm 时，尚应在搭接接头两个端面外 100 mm 的范围内各设置两道箍筋。

3. 机械连接

钢筋的机械连接是通过连贯于两根钢筋外的套筒来实现传力，套筒与钢筋之间通过机械咬合力过渡。主要型式有挤压套筒连接、锥螺纹套筒连接、镦粗直螺纹连接、滚轧直螺纹连接等。

机械连接比较简便，是规范鼓励推广应用的钢筋连接形式，但与整体钢筋相比性能总有削弱，因此应用时应遵循如下规定：

（1）纵向受力钢筋的机械连接接头宜相互错开。钢筋机械连接区段的长度为 $35d$（d 为连接钢筋的较小直径），凡接头中点位于该连接区段长度内的机械连接接头均属于同一连接区段。

（2）位于同一连接区段内的纵向受拉钢筋接头面积百分率不宜大于 50%；但对板、墙、柱及预制构件的拼接处，可根据实际情况放宽。纵向受压钢筋的接头百分率可不受限制。

（3）机械连接套筒的保护层厚度宜满足有关钢筋最小保护层厚度的规定。机械连接套筒的横向净间距不宜小于 25 mm；套筒处箍筋的间距仍应满足相应的构造要求。

（4）直接承受动力荷载结构构件中的机械连接接头，除应满足设计要求的抗疲劳性能外，位于同一连接区段内的纵向受力钢筋接头面积百分率不应大于 50%。

4. 焊接

钢筋焊接是利用电阻、电弧或者燃烧的气体加热钢筋端头使之熔化并用加压或添加熔融的金属焊接材料，使之连成一体的连接方式。有闪光对焊、电弧焊、气压焊、点焊等类型。焊接接头最大的优点是节省钢筋材料、接头成本低、接头尺寸小，基本不影响钢筋间距及施工操作，在质量有保证的情况下是较理想的连接形式。但是，需进行疲劳验算的构件，其纵向受拉钢筋不宜采用焊接接头；直接承受吊车荷载的钢筋混凝土吊车梁、屋面梁及屋架下弦的纵向受拉钢筋必须采用焊接接头时，应符合有关规定。

纵向受力钢筋焊接接头连接区端的长度为 $35d$（d 纵向受力钢筋的较大直径）且不小于 500 mm，凡接头中点位于该连接区段内的焊接接头均属于同一连接区段。位于同一连接区段内纵向受拉钢筋的焊接接头面积百分率不应大于 50%。

思考题

1. 混凝土结构中使用的钢筋主要有哪些种类？根据钢筋的力学性能，钢筋可以分为哪两种类型？其屈服强度如何取值？

2. 有明显屈服点钢筋和没有明显屈服点钢筋的应力-应变曲线有什么不同？

3. 混凝土结构对钢筋性能有什么要求？各项指标要求有何意义？

4. 混凝土的强度等级是如何确定的？立方体抗压强度是怎样确定的？为什么试块在承压面上抹涂润滑剂后测出的抗压强度比不涂润滑剂的低？

5. 混凝土的强度等级是根据什么确定的？《规范》规定的混凝土强度等级有哪些？什么样的混凝土强度等级属于高强混凝土范畴？

6. 单向受力状态下，混凝土的强度与哪些因素有关？双向和三向应力状态下，混凝土的强度有何变化？

7. 什么是混凝土的徐变？徐变对混凝土构件有何影响？通常认为影响徐变的主要因素有哪些？如何减小徐变？

8. 混凝土收缩对钢筋混凝土构件有何影响？收缩与哪些因素有关？如何减小收缩？

9. 影响钢筋与混凝土黏结性能的主要因素有哪些？

10. 为保证钢筋与混凝土之间有足够的黏结力要采取哪些主要措施？在哪些情况下可以对钢筋的基本锚固长度进行修正？

第4章　受弯构件正截面承载力计算

本章介绍受弯构件在弯矩作用下的正截面承载力试验分析的过程,对各个阶段构件截面上的应力-应变关系进行分析,介绍三种受弯构件正截面破坏形态及其特征,给出受弯构件正截面承载力的计算公式及计算方法、验算条件和主要构造要求等。使学生具备受弯构件正截面承载力设计的能力,具备相应验算条件、构造要求等运用能力要求。

4.1　概　述

受弯构件是指截面承受弯矩 M 或同时承受弯矩 M 和剪力 V 为主,沿用材料力学的假设,受弯构件的轴力 N 可以忽略不计(图 4-1)。

梁和板是典型的受弯构件,是土木工程中数量最多、使用最广的一类构件。梁和板的区别在于:梁的截面高度一般大于其宽度,而板的截面高度则远小于其宽度。

受弯构件在荷载等因素作用下,截面有可能发生破坏。试验表明,钢筋混凝土受弯构件可能沿弯矩最大的截面发生破坏,也可能沿剪力最大或弯矩和剪力均较大的截面发生破坏。图 4-2(a)所示为钢筋混凝土简支梁沿弯矩最大截面的破坏情况,此时,破坏的控制截面与构件轴线大致垂直,称为正截面破坏;图 4-2(b)所示为钢筋混凝土

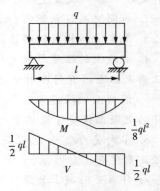

图 4-1　受弯构件示意图

简支梁沿剪力最大或弯矩和剪力均较大的截面破坏的情况,此时,破坏截面与构件的轴线斜交,称为斜截面破坏。

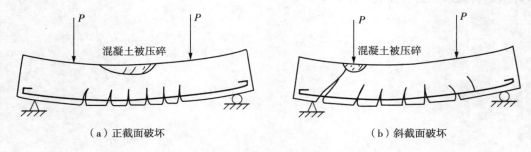

（a）正截面破坏　　　　　　　　　　（b）斜截面破坏

图 4-2　受弯构件破坏型式

与构件轴线相垂直的截面称为正截面。在第 3 章中已介绍过,结构和构件要满足承载

能力极限状态和正常使用状态的要求。梁、板正截面受弯承载力要求满足

$$M \leqslant M_u \tag{4-1}$$

式中：M——受弯构件弯矩设计值，在承载力计算中，M 通常为已知或可经计算得出；

　　　M_u——受弯构件正截面抗弯承载力的设计值，它是由正截面上材料自身所产生的抗力。

进行受弯构件设计时，既要保证构件不沿正截面发生破坏，又要保证构件不沿斜截面发生破坏，因此要进行正截面承载能力和斜截面承载能力的计算。当然尚需保证构件不会产生过大变形或裂缝，即满足正常使用极限状态，该部分内容将在第 9 章介绍。本章只讨论受弯矩构件的正截面承载能力计算方法，斜截面承载能力的计算将在第 5 章介绍。

4.2　受弯构件一般构造要求

结构构件设计时，不仅需要考虑外部荷载的因素，还需要对构件的截面尺寸、形状等进行限定，有时也是为了使用需求和施工上的可能和需要而进行规定，这些多为人们在长期实践经验基础上，总结出的一些构造措施。按照这些构造措施进行设计，可防止因计算中没有考虑的因素的影响而造成结构构件开裂和破坏等。进行钢筋混凝土结构和构件设计时，除了进行计算外，还必须同时满足有关构造要求。

4.2.1　截面形式与尺寸

1. 截面形状

钢筋混凝土梁、板可分为预制梁、板和现浇梁、板两大类。

钢筋混凝土预制板的截面形式很多，最常用的有平板、槽形板和多孔板三种。钢筋混凝土预制梁最常用的截面形式为矩形、T 形和箱形。

建筑工程中有时为降低楼层高度，将梁做成十字形，将板搁置在伸出的翼缘上，使板的顶面与梁的顶面齐平。建筑工程中受弯构件常用的截面形式如图 4-3 所示。

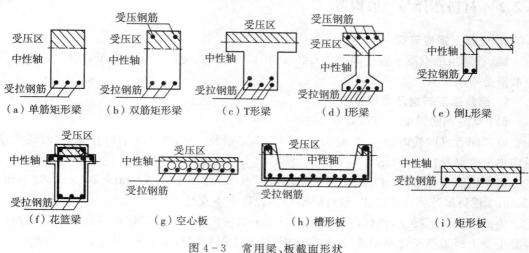

图 4-3　常用梁、板截面形状

2. 梁、板的截面尺寸

(1) 梁的高度 h

根据高跨比（h/l）来估算梁高 h：次梁 $1/20 \sim 1/25$，主梁 $1/12 \sim 1/15$。一般取 h 为 250 mm、300 mm、350 mm、400 mm 等尺寸。800 mm 以下级差为 50 mm，以上为 100 mm。

(2) 梁的宽度 b

一般可根据高宽比（h/b）来估算矩形截面的宽度或 T 形截面的肋宽 b：矩形梁的高宽比 $2.0 \sim 3.5$；T 形梁的高宽比 $2.5 \sim 4.0$（此处 b 为梁肋宽）。通常取 b 为 100 mm、120 mm、150 mm、200 mm、250 mm 和 300 mm，300 mm 以下级差为 50 mm，框架梁截面宽度不宜小于 200 mm。

(3) 现浇板的厚度 h

根据板的跨厚比 l/h 确定：钢筋混凝土单向板不大于 30，双向板不大于 40；无梁支承的有柱帽板不大于 35，无梁支承的无柱帽板不大于 30。预应力板可适当增加；当板的荷载、跨度较大时宜适当减小。

同时，现浇钢筋混凝土板的厚度不应小于表 4-1 规定的数值。

表 4-1　现浇钢筋混凝土板的最小厚度

板的类别		最小厚度（mm）
实心楼板、屋面板		80
密肋楼盖	上、下面板	50
	肋高	250
悬臂板（固定端）	悬臂长度 $\leqslant$ 500 mm	80
	悬臂长度 $>$ 1200 mm	100
无梁楼板		150
现浇空心楼盖		200

4.2.2　材料选择与一般构造

1. 混凝土强度等级

梁、板常用的混凝土强度等级为 C25、C30、C35。提高混凝土强度等级对增大受弯构件正截面受弯承载力的效果不明显。

2. 钢筋强度等级及常用直径

(1) 梁的钢筋强度等级和常用直径

通常配置纵向受力钢筋、弯起钢筋、箍筋、架立钢筋等，构成梁的钢筋骨架，有时还配置纵向构造钢筋及拉筋等（图 4-4）。

梁中钢筋常用直径 d 为 10 mm、12 mm、14 mm、16 mm、18 mm、20 mm、22 mm、25 mm。根数最好不少于 3 根，设计时钢筋直径种类不宜过多。

为便于浇注混凝土，以保证钢筋周围混凝土的密实性，同时，保证包裹在钢筋外表面的混凝土受力时不至于过早剥落，纵筋的净距、混凝土保护层厚度 c 应满足图 4-5 的要求。

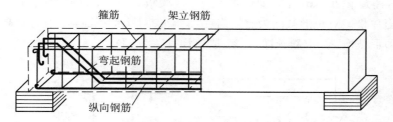

图 4 - 4　梁内普通钢筋布置

① 纵向受力钢筋

伸入梁支座范围内的钢筋不应少于 2 根。梁高 $h \geqslant 300$ mm 时,钢筋直径不应小于 10 mm;梁高 $h < 300$ mm 时,钢筋直径应 $\geqslant 8$ mm。梁上部钢筋水平方向的净间距不应小于 30 mm 和 $1.5d$。

梁下部钢筋水平方向的净间距不应小于 25 mm 和 d(d 为钢筋的最大直径)。当下部钢筋多于 2 层时,2 层以上

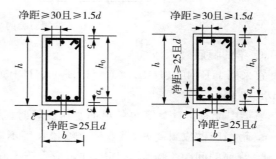

图 4 - 5　净距、保护层及有效高度图

钢筋水平方向的中距应比下面 2 层的中距增大一倍;各层钢筋之间的净间距不应小于 25 mm 和 d。

为解决直径较大钢筋及配筋密集引起设计、施工困难的问题,《规范》规定受力钢筋可采用并筋(钢筋束)的布置方式。相同直径的二并筋等效直径可取为 1.41 倍单根钢筋直径;三并筋等效直径可取为 1.73 倍单根钢筋直径。二并筋可按纵向或横向的方式布置,三并筋宜按品字形布置,并均按并筋的重心作为等效钢筋的重心。

② 梁的上部纵向构造钢筋

当梁端按简支计算但实际受到部分约束时,应在支座区上部设置纵向构造钢筋。其截面面积不应小于梁跨中下部纵向受力钢筋计算所需截面面积的 1/4,且不应少于 2 根。该纵向构造钢筋自支座边缘向跨内伸出的长度不应小于 $l_0/5$(l_0 为梁的计算跨度)。

③ 架立钢筋

对架立钢筋,当梁的跨度小于 4 m 时,架立钢筋的直径不宜小于 8 mm;当梁的跨度为 4～6 m 时,不应小于 10 mm;当梁的跨度大于 6 m 时,不宜小于 12 mm。

④ 弯起钢筋

通常配置纵向受力钢筋、弯起钢筋、箍筋、架立钢筋等构成梁的钢筋骨架,有时还配置纵向构造钢筋及拉筋等。钢筋的弯起角度一般为 45° 或 60°。

⑤ 梁纵向构造钢筋

由于混凝土收缩量较大,梁的侧面可产生收缩裂缝。裂缝一般呈枣核状,两头尖中间宽,向上伸至板底,向下至梁底纵筋处,截面较高的梁,情况更为严重(图 4-6)。《规范》规定,当梁的腹板高度 $h_w \geqslant 450$ mm 时(h_w 为腹板高度),在梁的两个侧面应沿高度配置纵向构造钢筋(腰筋),如图 4-6 所示。每侧纵向构造钢筋(不包括梁上、下部受力钢筋及架立钢

筋)的间距不宜大于 200 mm,截面面积不应小于腹板截面面积 bh_w 的 0.1%,但当梁宽较大时可以适当放松。对矩形截面为有效高度 $h_w=h_0$;对 T 形截面,h_w 取有效高度 h_0 减去翼缘高度;对 I 形截面,h_w 取腹板净高(h_w 取值详见图 5-12)。

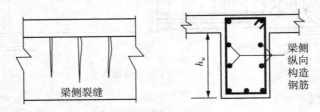

图 4-6 梁侧防裂的纵向构造钢筋

⑥ 梁的箍筋

宜采用 HRB400、HRBF400、HPB300、HRB500、HRBF500 级钢筋,常用直径是 6 mm、8 mm、10 mm。

当梁中配有按计算需要的纵向受压钢筋时,箍筋应符合以下规定:

a. 箍筋应做成封闭式,且弯钩直线段长度不应小于 $5d$(d 为箍筋直径);

b. 箍筋的间距不应大于 $15d$,并不应大于 400 mm。当一层内的纵向受压钢筋多于 5 根且直径大于 18 mm 时,箍筋间距不应大于 $10d$(d 为纵向受压钢筋的最小直径);

c. 当梁的宽度大于 400 mm 且一层内的纵向受压钢筋多于 3 根时,或当梁的宽度不大于 400 mm 但一层内的纵向受压钢筋多于 4 根时,应设置复合箍筋。

(2)板的钢筋强度等级及常用直径

板内钢筋一般有纵向受拉钢筋与分布钢筋两种。

① 板的受拉钢筋

板的纵向受拉钢筋常用 HPB300 级和 HRB400 级钢筋,常用直径是 6 mm、8 mm、10 mm、12 mm,其中现浇板的板面钢筋直径不宜小于 8 mm。

为便于混凝土浇筑,以保证钢筋周围混凝土的密实性,板内钢筋间距不宜太密,为正常地分担内力,也不宜过稀。钢筋的间距一般为 70～200 mm;板中受力钢筋的间距,当板厚不大于 150 mm 时不宜大于 200 mm;当板厚大于 150 mm 时不宜大于板厚的 1.5 倍,且不宜大于 250 mm。

② 板的分布钢筋

当按单向板设计时,除沿受力方向布置受拉钢筋外,还应在受拉钢筋的内侧布置与其垂直的分布钢筋,如图 4-7 所示。

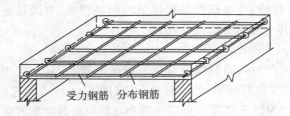

图 4-7 板的配筋

钢筋混凝土结构设计原理

分布钢筋宜采用 HPB300 级钢筋,常用直径是 6、8 mm。单位宽度上的配筋不宜小于单位宽度上的受力钢筋的 15%,且配筋率不宜小于 0.20%;分布钢筋直径不宜小于 6 mm,间距不宜大于 250 mm;当集中荷载较大时,分布钢筋的配筋面积尚应增加,且间距不宜大于 200 mm。

板中分布筋的作用:将荷载传递到板的各受力钢筋上去;承担混凝土收缩及温度变化在垂直于受力钢筋方向所产生的拉应力;固定受力钢筋的位置。

(3)纵向受拉钢筋的配筋百分率

① 截面的有效高度 h_0

设正截面上所有纵向受拉钢筋的合力点至截面受拉边缘的竖向距离为 a_s,则合力点至截面受压区边缘的竖向距离

$$h_0 = h - a_s \qquad (4-2)$$

式中:h—— 截面高度,对正截面受弯承载力起作用的是 h_0,而不是 h,故称 h_0 为截面的有效高度(图 4-8)。

② 纵向受拉钢筋的配筋率

钢筋混凝土构件由钢筋和混凝土两种材料组成,随着两者比例的变化,对其受力性能和破坏形态有很大影响。截面上配置钢筋的多少,通常利用配筋率来衡量。

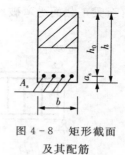

图 4-8 矩形截面及其配筋

对矩形截面受弯构件(图 4-8),纵向受拉钢筋的面积 A_s 与截面有效面积 bh_0 的比值,称为纵向受拉钢筋的配筋率,简称配筋率,用 ρ 表示,即

$$\rho = \frac{A_s}{bh_0} \qquad (4-3)$$

式中:A_s—— 纵向受拉钢筋的总截面面积,单位为 mm²;

bh_0—— 截面的有效面积,b 为截面宽度。

3. 混凝土保护层厚度

结构构件中钢筋外边缘至构件表面范围用于保护钢筋的混凝土的厚度,称为混凝土保护层厚度,用 c 表示。混凝土保护层主要作用为保护纵向钢筋不被锈蚀(防锈);在火灾等情况下,使钢筋的温度上升缓慢(防火);使纵向钢筋与混凝土有较好的黏结力。

钢筋混凝土构件中受力钢筋的保护层最小厚度不应小于钢筋的公称直径 d;梁、板、柱的混凝土保护层最小厚度与环境类别和混凝土强度等级有关,详见附录 4 和附录 5。

4.3 受弯构件正截面的试验研究

4.3.1 适筋梁正截面受弯的三个受力阶段

1. 适筋梁正截面受弯承载力试验

(1)试验梁

受弯构件正截面受弯破坏形态与纵向受拉钢筋配筋率有关。当受弯构件正截面内配

置的纵向受拉钢筋配筋率适中,使其正截面受弯破坏形态表现为延性破坏类型时,称为适筋梁。

图 4-9 为一钢筋混凝土简支梁,混凝土强度等级为 C25,截面的受拉区配置 $3\phi14$ 的受拉钢筋(截面面积为 $A_s=461\,\text{mm}^2$,抗拉强度测试值为 $f_y^0=354\,\text{N/mm}^2$)。为消除剪力对正截面受弯的影响,采用两点对称加载方式,在忽略自重的情况下,两个对称集中力之间的截面只受纯弯矩而无剪力,称为纯弯区段。在纯弯区段内,沿梁高两侧布置测点,用仪表量测梁的纵向变形。在混凝土浇筑前,沿梁跨中部 $l_0/3$ 范围内的纯弯区段布置一系列应变计,量测混凝土的纵向应变沿截面高度的分布。因为量测变形的仪表总是有一定的标距,所测得的数值均可视为此范围内的平均应变。同时,在跨中附近受拉钢筋表面也布置了应变片,以量测钢筋的应变。此外,在梁的跨中和支座处分别安装 3 只千分表,用以量测梁跨中的挠度(也有采用挠度计量测挠度)以观察加载后梁的受力全过程。荷载由零开始逐级加载直至梁正截面受弯破坏。

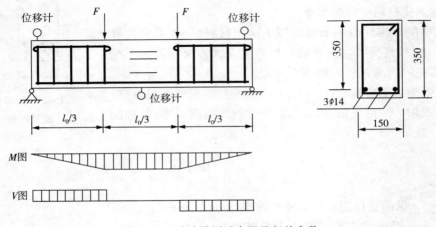

图 4-9　试验梁测试布置及相关参数

(2) 适筋梁正截面受弯的三个阶段

① 第 Ⅰ 阶段:混凝土开裂前的未裂阶段(弹性阶段)

刚开始加载时,由于弯矩 M^0(上标 0 表示试验值,下文同)很小,此时梁尚未出现裂缝,混凝土基本上处于弹性工作阶段,应力与应变成正比,受压区和受拉区混凝土应力分布图形为三角形。该阶段由于梁整个截面受力,截面抗弯刚度较大,梁的挠度 f^0 很小,且与弯矩近似成正比。$M^0 - f^0$ 曲线近似直线变化,如图 4-10(a) 所示。

在弯矩增加到 M_{cr}^0 时,受压区混凝土基本上处于弹性工作阶段,受压区应力图形接近三角形;而受拉区应力图形则呈曲线分布,受拉区边缘纤维的应变即将达到混凝土的极限拉应变值($\varepsilon_t=\varepsilon_{tu}$),截面处于即将开裂状态,称为第 Ⅰ 阶段末,用 I_a 表示,如图 4-11(b) 所示。此时,受压区边缘纤维应变量还很小,受压区混凝土基本上处于弹性工作阶段。

由于受拉区混凝土塑性的发展,I_a 阶段时中性轴的位置较第 Ⅰ 阶段初期略有上升。第 Ⅰ 阶段的特点:① 混凝土未开裂;② 受压区混凝土的应力图形为直线,受拉区混凝土的应力图形在第 Ⅰ 阶段前期是直线,后期是曲线;③ 弯矩与截面曲率基本呈线性

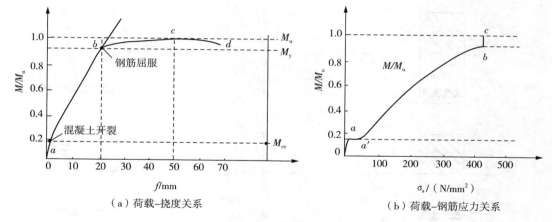

（a）荷载–挠度关系   （b）荷载–钢筋应力关系

图 4-10   适筋梁受弯试验曲线

关系。

    I_a 阶段可作为受弯构件抗裂度的计算依据。

    ② 第 II 阶段（带裂缝工作阶段）：混凝土开裂后至钢筋屈服前的带裂缝工作阶段

    $M^0 > M^0_{cr}$ 时，在纯弯段抗拉能力最薄弱的某一截面处，将出现第一条裂缝，梁进入带裂缝工作阶段，即由第 I 阶段转入第 II 阶段工作。

    此后，随着荷载的增加，梁受拉区还会不断出现一些裂缝，虽然梁中受拉区出现许多裂缝，但如果纵向应变的量测标距有足够的长度（跨过几条裂缝），则平均应变沿截面高度的分布近似直线，即仍可视为符合平截面假定。当弯矩超过开裂弯矩 M_{cr} 后，开裂瞬间，裂缝截面受拉区混凝土退出工作，其开裂前承担的拉力将转移给钢筋，导致裂缝截面钢筋应力突然增加（应力重分布），使中性轴较开裂前有较大上移，弯矩与挠度关系（或弯矩与曲率）曲线出现了第一个明显的转折点，如图 4-10（a）所示。在中性轴以下裂缝尚未延伸到的部位，混凝土仍可承受一小部分拉力，但受拉区的拉力主要由钢筋承担，如图 4-11（c）所示。

    随着弯矩继续增加，受压区混凝土压应变与受拉钢筋的拉应变实测值均不断增长，但其平均应变（标距较大时的量测值）的变化规律仍符合平截面假定。

    弯矩进一步增大，主裂缝宽度逐渐增大，由于受压区混凝土的压应力随荷载的增加而不断增大，其弹塑性特性表现得渐趋明显，受压区应力图形呈曲线变化。当弯矩继续增大到受拉钢筋应力即将达到屈服强度 f_y，弯矩达到屈服弯矩 M_y 时，称为第 II 阶段末，用 II_a 表示［图 4-11（d）］。弯矩与挠度关系曲线出现了第二个明显转折点，如图 4-10（a）所示。

    第 II 阶段是截面混凝土裂缝发生、开展的阶段，在此阶段梁是带裂缝工作的。其受力特点：在裂缝截面处，受拉区大部分混凝土退出工作，拉力主要由纵向受拉钢筋承担，但钢筋没有屈服；受压区混凝土已有塑性变形，但不充分，压应力图形为只有上升段的曲线；弯矩与截面曲率是曲线关系，截面曲率与挠度的增长速度加快。

    阶段 II 相当于梁使用时的应力状态，可作为使用阶段验算变形和裂缝开展宽度的依据。

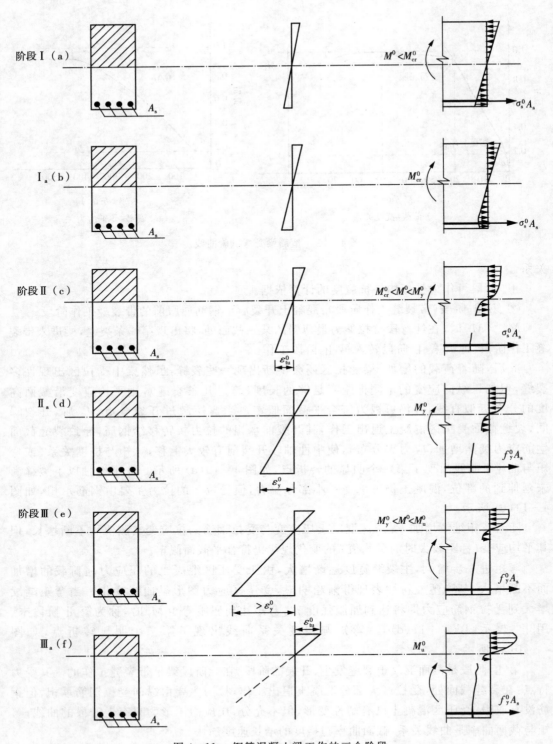

图 4 - 11　钢筋混凝土梁工作的三个阶段

钢筋混凝土结构设计原理

③ 第 Ⅲ 阶段(破坏阶段):钢筋开始屈服至截面破坏的破坏阶段

对于适筋梁,钢筋应力达到屈服强度时,受压区混凝土一般尚未压坏。梁的裂缝急剧开展,挠度急剧增加,而钢筋应变有较大的增长,但其应力基本上维持屈服强度 f_y^0 不变,即钢筋的总拉力 T 保持定值,但钢筋应变 ε_s^0 急剧增大。继续加载,当受压区混凝土达到极限压应变时,梁达到极限弯矩(正截面受弯承载力)M_u^0,此时梁开始破坏,正截面进入第 Ⅲ 阶段工作。

钢筋屈服,中性轴继续上移,受压区高度进一步减小,由于受压区混凝土的总压力 C 与钢筋的总拉力 T 应保持平衡,即 $T=C$,受压区高度 x_c 的减少使混凝土的压应力和压应变迅速增大,混凝土受压的塑性特征更加明显,受压区压应力图形更趋丰满。弯矩再增大直至极限弯矩实验值 M_u^0 时,称为第 Ⅲ 阶段末,用 Ⅲ$_a$ 表示。此时,边缘纤维压应变达到(或接近)混凝土的极限压应变实验值 ε_{cu}^0,标志截面已开始破坏,如图 4-11(f) 所示。

在第 Ⅲ 阶段整个过程中,钢筋所承受的总拉力大致保持不变,但由于中性轴逐渐上移,内力臂 z 略有增加,故截面极限弯矩 M_u^0 略大于屈服弯矩 M_y^0。可见第 Ⅲ 阶段是截面的破坏阶段,破坏始于纵向受拉钢筋屈服,终结于受压区混凝土压碎。其受力特点:纵向受拉钢筋屈服,拉力保持为常值;裂缝截面处,受拉区大部分混凝土已退出工作,受压区混凝土压应力曲线图形比较丰满,有上升段曲线,也有下降段曲线;受压区混凝土合压力作用点上移使内力臂增大,故弯矩还略有增加;受压区边缘混凝土压应变达到其极限压应变实验值 ε_{cu}^0 时,混凝土被压碎,截面破坏;弯矩-曲率关系为接近水平的曲线。

其后,在实验室条件下的一般试验梁虽然仍可继续变形,但所承受的弯矩将有所降低,如图 4-12 所示。最后在破坏区段受压区混凝土被压碎甚至剥落,裂缝宽度较大最终导致完全破坏。

第 Ⅲ 阶段末 Ⅲ$_a$ 可作为正截面受弯承载力计算的依据。

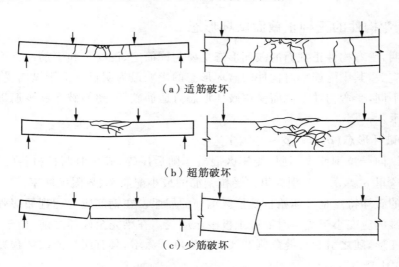

（a）适筋破坏

（b）超筋破坏

（c）少筋破坏

图 4-12　梁的三种正截面破坏形态

2. 适筋梁正截面受弯的三个受力阶段的主要特点

上述试验梁从加载到破坏的整个过程,表4-2列出了适筋梁正截面受弯的三个受力阶段的主要特点。

表 4-2   适筋梁正截面受弯三个受力阶段的主要特点

主要特点		受力阶段		
		第 Ⅰ 阶段	第 Ⅱ 阶段	第 Ⅲ 阶段
工作状态		未裂阶段	带裂缝工作阶段	破坏阶段
外观特征		没有裂缝,挠度很小	有裂缝,挠度不明显	钢筋屈服,裂缝宽,挠度大
弯矩-截面曲率		大致成直线	曲线	接近水平的曲线
混凝土应力图形	受压区	直线	受压区高度减小,混凝土压应力图形为上升段的曲线,应力峰值在受压区边缘	受压区高度进一步减小,混凝土压应力图形为较丰满的曲线;后期为有上升段与下降段的曲线,应力峰值不在受压区边缘而在偏下部分
	受拉区	前期为直线,后期为有上升段的曲线,应力峰值不在受拉区边缘	大部分退出工作	绝大部分退出工作
纵向受拉钢筋应力		$\sigma_s \leqslant (20 \sim 30)$ N/mm^2	$(20 \sim 30)$ N/mm$^2 < \sigma_s < f_y^0$	$\sigma_s = f_y^0$
与设计计算的联系		Ⅰ$_a$ 阶段用于抗裂验算	Ⅱ 用于裂缝宽度及变形验算	Ⅲ$_a$ 阶段用于正截面受弯承载力计算

4.3.2 受弯构件的三种正截面破坏形态

试验表明,受弯构件正截面的破坏形态主要与配筋率、混凝土和钢筋的强度等级、截面形式等因素有关,其中配筋率对构件的破坏形态的影响最为明显。由于纵向受拉钢筋配筋百分率 ρ 的不同,受弯构件正截面受弯破坏形态有适筋破坏、超筋破坏和少筋破坏三种,如图 4-12 所示。

1. 适筋破坏形态($\rho_{min} \leqslant \rho \leqslant \rho_{max}$)

特点是纵向受拉钢筋先屈服,受压区混凝土随后压碎,破坏时两种材料的性能均得到充分发挥。这里 ρ_{min}、ρ_{max} 分别为纵向受拉钢筋的最小配筋率、界限配筋率。

适筋梁的破坏特点是破坏始自受拉区钢筋的屈服。在钢筋应力达到屈服强度之初,受压区边缘纤维的应变小于受弯时混凝土极限压应变。在梁完全破坏之前,由于钢筋要经历较大的塑性变形,随之引起裂缝急剧开展和梁挠度的激增,具有明显的破坏预兆,属于延性破坏类型,如图 4-12(a)所示。

2. 超筋破坏形态($\rho > \rho_{max}$)

特点是混凝土受压区先压碎,纵向受拉钢筋不屈服。破坏始于混凝土受压区压碎,纵向受拉钢筋应力尚小于其屈服强度,但此时梁已告破坏,如图 4-12(b)所示。试验表明,钢筋在梁破坏前仍处于弹性工作阶段,裂缝开展不宽,延伸不高,梁的挠度也不大。属于无明显预兆的情况下由于受压区混凝土被压碎而突然破坏,故属于脆性破坏类型。

超筋梁虽配置过多的受拉钢筋,但由于梁破坏时其应力低于屈服强度,不能充分发挥作用,造成钢材浪费,且破坏前基本没有预兆,故设计中不允许采用超筋梁。

3. 少筋破坏形态($\rho < \rho_{min}$)

特点是受拉区混凝土一裂即坏。破坏始自受拉区混凝土拉裂,梁破坏时的极限弯矩 M_u^0 小于开裂弯矩 M_{cr}。这种情况下,梁一旦开裂钢筋应力立即达到其屈服强度,有时可迅速经历整个屈服阶段而进入强化阶段,个别情况下,钢筋甚至可能会被拉断。

少筋梁破坏时,裂缝通常仅有一条,宽度开展较大,且沿梁高延伸较高,如图 4-12(c) 所示。它的承载力主要取决于混凝土的抗拉强度,属于脆性破坏类型,故在土木工程结构中严禁采用。

4. 适筋破坏形态特例 ——"界限破坏"($\rho = \rho_{max}$)

钢筋应力达到屈服强度的同时受压区边缘纤维应变也恰好达到混凝土受弯时极限压应变值,这种破坏形态叫"界限破坏",即适筋梁与超筋梁的界限。界限破坏也属于延性破坏类型,所以界限配筋的梁也属于适筋梁的范围,即梁的配筋应满足 $\rho_{min} \cdot h/h_0 \leqslant \rho \leqslant \rho_{max}$ 的要求。需要注意的是,这里采用 $\rho_{min} \cdot h/h_0$ 而不用 ρ_{min},ρ_{min} 是按 A_s/bh 来定义的。

"界限破坏"的梁,在实际中是很难做到的。因为尽管严格的控制施工上的质量和应用材料,但实际强度也会与设计预期的有所不同。

4.4　受弯构件正截面承载力计算原理

现简要介绍一下结构构件抗弯承载能力极限状态设计的基本原理。图 4-13(a) 所示为一两端置于砖墙的钢筋混凝土梁,其上方为楼板,假设楼板重量的 1/2 下传由梁承担。显然要设计该实体钢筋混凝土梁,需要首先确定其承受的最大外荷载,梁沿跨度方向截面不变,其上方楼板等厚,梁两端置于砖墙,因此可将其视为长度为其计算跨长的无质量的简支梁(需注意实际跨长与计算跨长的区别),受到均匀加载于整个跨度内的自重及楼板重量 1/2 的作用。这样就将实际工程问题简化为简单的力学模型 —— 承受均布荷载 q(梁自重与 1/2 楼板重量之和与梁计算跨度的比值)作用下的简支梁[图 4-13(b)]。根据材料力学方法,可获得该梁在外部荷载作用下的弯矩图[图 4-13(c)],跨中为最危险截面,最大弯矩值为 $M_{max} = ql^2/8$。显然若能保证梁跨中截面的安全,其他所有截面均按跨中截面配筋,即可确保整个梁的正常承载。因此,可在梁跨中左右各截取一个截面(均无限接近跨中截面),很显然左右两截面的弯矩值均为 M_{max}[图 4-13(d)]。欲使跨中截面承载力满足要求,则必须符合 $M_u \geqslant M_{max}$,M_u 为梁截面材料 —— 钢筋和混凝土产生的抵抗弯矩能力。为方便处理,按临界情况考虑,即 $M_u = M_{max}$[图 4-13(e)]。由于钢筋混凝土结构设计中一般不考虑混凝土的抗拉强度,M_u 显然是由上部混凝土抗压和下部钢筋抗拉共同提供。这样就建立了外部荷载作用下产生的内力与混凝土和钢筋产生的抵抗力的平衡关系[图 4-13(f)],然后可以依据平衡方程,确定钢筋数量、混凝土强度等级等,进而可最终确定所需的混凝土强度等级和钢筋的数量。当然,还需要满足相关适用条件和构造等要求。

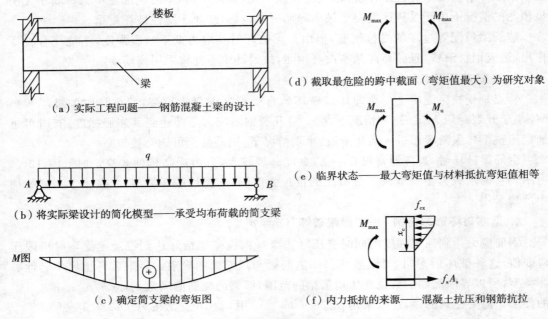

図 4 - 13 (a) 実际工程问题——钢筋混凝土梁の设计
(d) 截取最危险の跨中截面(弯矩值最大)为研究对象
(b) 将实际梁设计の简化模型——承受均布荷载の简支梁
(e) 临界状态——最大弯矩值与材料抵抗弯矩值相等
(c) 确定简支梁の弯矩图
(f) 内力抵抗の来源——混凝土抗压和钢筋抗拉

図 4 - 13　两端搁置于砖墙の梁正截面承载力设计主要过程

4.4.1　受弯构件正截面承载力计算の基本假定

受弯构件正截面承载力计算时,应以图 4-11(f)(Ⅲₐ阶段)の受力状态为依据。为简化计算,《规范》规定包括受弯构件在内の各种混凝土构件の正截面承载力应基于下列四个基本假定:

(1) 截面应变保持平面,即符合平截面假定要求;

(2) 不考虑混凝土の抗拉强度;

(3) 混凝土受压の应力与应变曲线按下列规定取用,其简化の应力-应变曲线如图 4-14(a) 所示。

当 $\varepsilon_c \leqslant \varepsilon_0$ 时(上升段),

$$\sigma_c = f_c \left[1 - \left(1 - \frac{\varepsilon_c}{\varepsilon_0} \right)^n \right] \tag{4-4}$$

当 $\varepsilon_0 < \varepsilon_c \leqslant \varepsilon_{cu}$ 时(水平段),

$$\sigma_c = f_c \tag{4-5}$$

$$n = 2 - \frac{1}{60}(f_{cu,k} - 50) \leqslant 2.0 \tag{4-6}$$

$$\varepsilon_0 = 0.002 + 0.5(f_{cu,k} - 50) \times 10^{-5} \geqslant 0.002 \tag{4-7}$$

$$\varepsilon_{cu} = 0.0033 - (f_{cu,k} - 50) \times 10^{-5} \leqslant 0.0033 \tag{4-8}$$

式中:σ_c——混凝土压应变为 ε_c 时の混凝土压应力;

f_c—— 混凝土轴心抗压强度设计值,按附表 1 - 2 采用;

ε_0—— 混凝土压应力刚达到 f_c 时的混凝土压应变,当计算 $\varepsilon_0 < 0.002$ 时,取 $\varepsilon_0 = 0.002$;

ε_{cu}—— 正截面的混凝土极限压应变,当处于非均匀受压时,按上式计算,如计算 $\varepsilon_{cu} > 0.0033$ 时,取 $\varepsilon_{cu} = 0.0033$;当处于轴心受压时取 ε_0;

$f_{cu,k}$—— 混凝土立方体抗压强度标准值;

n—— 系数,当计算 $n > 2.0$ 时,取 $n = 2.0$。

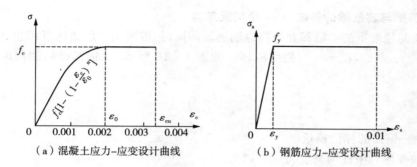

（a）混凝土应力-应变设计曲线　　（b）钢筋应力-应变设计曲线

图 4 - 14　混凝土与钢筋的应力-应变设计曲线

（4）纵向受拉钢筋的极限拉应变取为 0.01,其简化的应力-应变曲线如图 4 - 14(b) 所示。纵向钢筋的应力-应变关系方程为

$$\sigma_s = f_s \cdot \varepsilon_s \leqslant f_y \qquad (4 - 9)$$

4.4.2　等效矩形应力图

混凝土受压区合力 C 和作用位置较复杂,为简化计算,采用等效应力图形代换受压区混凝土的理论应力图形,如图 4 - 15 所示。

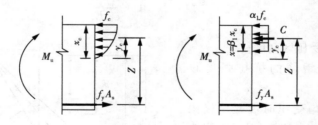

图 4 - 15　等效矩形应力图

系数 α_1 和 β_1 仅与混凝土应力-应变曲线有关,称为等效矩形应力图系数。系数 α_1 是受压区混凝土矩形应力图的应力值与混凝土轴心抗压强度设计值的比值;系数 β_1 是矩形应力图受压区高度 x 与中性轴高度 x_c 的比值。当混凝土强度等级不超过 C50 时,α_1 和 β_1 分别取 1.0 和 0.80,当混凝土强度等级为 C80 时,α_1 和 β_1 分别取 0.94 和 0.74,其间按线性内插法确定。

采用等效矩形应力图,受弯承载力设计值的计算公式可写成:

$$M_u = \alpha_1 f_c b x \left(h_0 - \frac{x}{2}\right) \qquad (4-10)$$

等效矩形应力图受压区高度 x 与截面有效高度 h_0 的比值记为 $\xi = x/h_0$，称为相对受压区高度。则式(4-10)可写成：

$$M_u = \alpha_1 f_c b h_0^2 \xi (1 - 0.5\xi) \qquad (4-11)$$

4.4.3 适筋梁与超筋梁的界限及界限配筋率

1. 适筋梁与超筋梁的界限 —— 平衡配筋梁

适筋梁与超筋梁的界限即在受拉纵筋屈服的同时，混凝土受压边缘纤维也达到其极限压应变值 ε_{cu}（$\varepsilon_s = \varepsilon_y$，$\varepsilon_c = \varepsilon_{cu}$），截面破坏。如图 4-16 所示，设钢筋开始屈服时的应变为 ε_y，则

$$\varepsilon_y = f_y / E_s$$

式中：E_s —— 钢筋的弹性模量。

设界限破坏时中性轴高度为 x_{ab}，则有

$$\frac{x_{cb}}{h_0} = \frac{\varepsilon_{cu}}{\varepsilon_{cu} + \varepsilon_y} \qquad (4-12)$$

把 $x_b = \beta_1 \cdot x_{cb}$ 代入式(4-12)，得

$$\frac{x_b}{\beta_1 h_0} = \frac{\varepsilon_{cu}}{\varepsilon_{cu} + \varepsilon_y} \qquad (4-13)$$

设 $\xi_b = x_b / h_0$，称为界限相对受压区高度：

$$\xi_b = \frac{\beta_1 \varepsilon_{cu}}{\varepsilon_{cu} + \varepsilon_y} = \frac{\beta_1}{1 + \dfrac{f_y}{\varepsilon_{cu} E_s}} \qquad (4-14)$$

式中：x_b —— 界限受压区高度；

f_y —— 纵向钢筋的抗拉强度设计值；

ε_{cu} —— 非均匀受压时混凝土极限压应变值，按式(4-8)计算，混凝土强度等级不大于 C50 时，$\varepsilon_{cu} = 0.0033$。

由式(4-14)算得到的 ξ_b 值见表 4-3，可供设计时查询。界限破坏的特征是受拉纵筋应力达到屈服强度的同时，混凝土受压区边缘纤维应变恰好达到受弯时极限压应变 ε_{cu} 值。根据平截面假定，正截面破坏时的相对受压区高度越大，钢

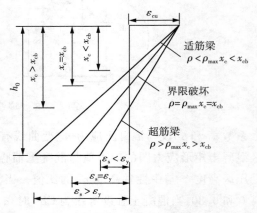

图 4-16 适筋梁、超筋梁、界限配筋梁
破坏时的正截面平均应变图

钢筋混凝土结构设计原理

筋拉应变越小。

表 4-3　相对界限受压区高度 ξ_b 和截面最大抵抗矩系数 $\alpha_{s,max}$

钢筋级别	HPB300	HRB400、RBF400、RRB400	HRB500、RBF500
ξ_b	0.576	0.518	0.482
$\alpha_{s,max}$	0.410	0.384	0.366

2. 界限配筋率 ρ_{max}

当 $\xi < \xi_b$ 时,破坏时钢筋拉应变 $\varepsilon_s > \varepsilon_y$,受拉钢筋已经达到屈服,表明发生的破坏为适筋梁破坏或少筋梁破坏。

当 $\xi > \xi_b$ 时,破坏时钢筋拉应变 $\varepsilon_s < \varepsilon_y$,受拉钢筋不屈服,表明发生的破坏为超筋梁破坏。

当 $\xi = \xi_b$ 时,破坏时钢筋拉应变 $\varepsilon_s = \varepsilon_y$,受拉钢筋刚屈服,表明发生的破坏为界限破坏。与此对应的纵向受拉钢筋的配筋率,称为界限配筋率 ρ_{max},即适筋梁的最大配筋率 ρ_{max}。

此时考虑截面上力的平衡条件,有

$$\alpha_1 f_c b x_b = f_y A_s$$

故

$$\rho_b = \rho_{max} = \frac{A_s}{bh_0} = \alpha_1 \xi_b \frac{f_c}{f_y} \qquad (4-15)$$

3. 超筋梁判别条件

当 $\rho > \rho_{max}$ 或 $\xi > \xi_b$ 或 $x > x_b = \xi_b h_0$ 时,属于超筋梁。

由以上所述可知,当满足以下任一条件时,为适筋梁:

$$\xi \leqslant \xi_b, x \leqslant x_b = \xi_b h_0$$

$$\rho \leqslant \rho_{max}$$

$$M \leqslant M_{u,max} = \alpha_{s,max} \cdot \alpha_1 f_c b h_0^2$$

上述三个判别条件是等价的,在设计计算中根据需要任选其一即可。

4.4.4　最小配筋率 ρ_{min}

1.《规范》规定的最小配筋率 ρ_{min} 值

考虑到混凝土抗拉强度的离散性以及收缩等因素的影响,最小配筋率 ρ_{min} 往往是根据经验给出。《规范》规定的最小配筋率值见表4-4。为防止梁"一裂即坏",要求适筋梁的配筋率 $\rho \geqslant \rho_{min}$。

表 4 - 4　受弯构件最小配筋率 ρ_{min} 值(%)

ρ_{min}	C20	C25	C30	C35	C40	C45	C50
HPB300	0.200	0.212	0.238	0.262	0.285	0.300	0.315
HRB400 HRBF400 RRB400	0.200	0.200	0.200	0.200	0.214	0.225	0.236
HRB500 HRBF500	0.200	0.200	0.200	0.200	0.200	0.200	0.200
ρ_{min}	C55	C60	C65	C70	C75	C80	
HPB300	0.327	0.340	0.348	0.357	0.363	0.370	
HRB400 HRBF400 RRB400	0.245	0.255	0.261	0.268	0.273	0.278	
HRB500 HRBF500	0.203	0.211	0.216	0.221	0.226	0.230	

2.《规范》对 ρ_{min} 的有关规定

(1) 受弯构件、偏心受拉、轴心受拉构件,其一侧纵向受拉钢筋的配筋不应小于 $Max(0.2\%, 0.45f_t/f_y)$;

(2) 卧置于地基上的混凝土板,受拉钢筋的最小配筋百分率可适当降低,但不应小于 0.15%。因此,为防止少筋破坏,对矩形截面,截面配筋面积 A_s 应满足下式要求:

$$A_s \geqslant A_{s,min} = \rho_{min}bh \qquad (4-16)$$

$$\rho_1 = \frac{A_s}{bh} \geqslant \rho_{min} \qquad (4-17)$$

式中:ρ_1 —— 纵向受拉钢筋的最小配筋率,以百分数计量;

必须注意,计算最小配筋率 ρ_1 和计算配筋率 $\rho = A_s/(bh_0)$ 的方法是不同的。《规范》规定,计算受弯构件受拉钢筋的最小配筋率应按全截面面积扣除受压翼缘面积 $(b_f' - b) \cdot h_f'$ 后的截面面积计算。

4.5　单筋矩形截面受弯构件正截面承载力计算

4.5.1　基本计算公式及其适用条件

1. 基本计算公式

单筋矩形截面受弯构件正截面承载力计算简图如图 4 - 17 所示。

由力的平衡条件 $\sum X = 0$,得

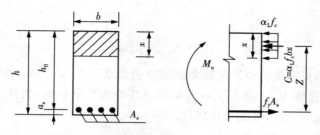

图 4-17　单筋矩形截面受弯构件正截面承载力计算简图

$$\alpha_1 f_c b x = f_y A_s \qquad (4-18)$$

由力矩平衡条件 $\sum M = 0$，得

$$M \leqslant M_u = \alpha_1 f_c b x (h_0 - 0.5x) \qquad (4-19)$$

或

$$M \leqslant M_u = f_y A_s (h_0 - 0.5x) \qquad (4-20)$$

式中：f_y—— 钢筋抗拉强度设计值；

　　f_c—— 混凝土抗压强度设计值；

　　M—— 弯矩设计值，通常取计算截面（最大弯矩截面）的弯矩效应组合。

采用相对受压区高度 $\xi = x/h_0$，式（4-18）～ 式（4-20）可写成：

$$f_y A_s = \alpha_1 f_c b h_0 \xi \qquad (4-21a)$$

$$M \leqslant M_u = \alpha_1 f_c b h_0^2 \xi (1 - 0.5\xi) \qquad (4-21b)$$

或

$$M \leqslant M_u = f_y A_s h_0 (1 - 0.5\xi) \qquad (4-21c)$$

2. 适用条件

（1）为防止超筋破坏，配筋率需满足：

$$\rho \leqslant \rho_b = \alpha_1 \xi_b \frac{f_b}{f_y} \qquad (4-22a)$$

或

$$\xi \leqslant \xi_b \qquad (4-22b)$$

或

$$x \leqslant \xi_b h_0 \qquad (4-22c)$$

界限破坏时的受弯承载力为适筋梁 M_u 的上限，由式（4-21b），可得

$$M_{u,\max} = \alpha_1 f_c b h_0^2 \xi_b (1 - 0.5\xi_b) = \alpha_{s,\max} \cdot f_c b h_0^2 \qquad (4-23)$$

（2）为防止少筋破坏，配筋率需满足：

$$\rho \geqslant \rho_{\min} = \mathrm{Max}(0.2\%, 0.45 f_t / f_y) \qquad (4-24)$$

即

$$A_s \geqslant A_{s,\min} = \rho_{\min} bh \qquad (4-25)$$

设计经验表明,板和梁的经济配筋率范围分别为 $0.3\% \sim 0.8\%$ 和 $0.6\% \sim 1.5\%$,T 形梁的经济配筋率范围为 $\rho = 0.9\% \sim 1.8\%$,采用经济配筋率时,构件的用钢量和造价均较经济,施工较为便利,受力性能也比较好。

4.5.2 截面承载力计算的两类问题

在受弯构件设计中,通常会遇见下列两类问题:一类是截面设计问题,即假定构件的截面尺寸、混凝土的强度等级、钢筋的品种以及构件上作用的荷载或截面上的内力等均为已知(或各种因素虽暂时未知,但可根据实际情况和设计经验假定或估算),要求计算受拉区纵向受力钢筋的面积,选择钢筋的根数和直径,同时需要满足构造要求。另一类是承载能力校核问题,即构件的尺寸、混凝土的强度等级、钢筋的品种、数量和配筋方式等均已确定,要求验算截面是否能够承受某一已知的荷载或内力设计值。利用式(4-18)、式(4-19)或式(4-20)以及各自的适用条件,便可解决上述两类问题。

1. 截面设计

截面设计时,假定正截面弯矩设计值 M 与截面受弯承载力设计值 M_u 相等,即 $M = M_u$。

通常已知 M、混凝土强度抗压设计值 f_c 及钢筋抗拉强度设计值 f_y,构件截面尺寸 b 和 h,求所需的受拉钢筋截面面积 A_s。

首先,根据环境类别及混凝土强度等级,由附录 5 查得混凝土保护层最小厚度,再假定 a_s,得 h_0,并按混凝土强度等级确定 α_1,联立方程式求解。然后验算适用条件(1),即要求满足 $\xi \leqslant \xi_b$。若 $\xi > \xi_b$,需加大截面,或提高混凝土强度等级,或改用双筋截面。若 $\xi \leqslant \xi_b$,则计算继续进行,按求出的 A_s 选择钢筋,采用的钢筋截面面积与设计计算所得 A_s 值,一般要求两者相差不超过 5%,并检查实际的 a_s 值与假定的 a_s 是否大致相符,如果相差太大,则需重新计算。最后应以实际采用的钢筋截面面积验算适用条件(2),即要求满足 $\rho \geqslant \rho_{\min} =$ Max$(0.2\%, 0.45 f_t/f_y)$。若不满足,则纵向受拉钢筋应按 $\rho_{\min}$ 配置。

在截面设计中,钢筋直径、数量和排列等无法先行确定,因此受拉钢筋合力点到截面受拉边缘的距离 a_s 往往需要预先估算。当环境类别为一类时(室内干燥环境或无侵蚀性静水浸没环境),一般可假定 a_s 的值:梁内布置一层钢筋时,取 $a_s = 35$ mm;梁内布置两层钢筋时,取 $a_s = (50 \sim 60)$ mm;对于板,取 $a_s = 20$ mm。

2. 截面复核

已知构件截面尺寸 b、h,钢筋截面面积 A_s,弯矩设计值 M,弯矩承载力 M_u,混凝土抗压强度设计值 f_c 及钢筋强度设计值 f_y,复核截面是否安全。

截面复核类问题关键在于求解实际配筋下的受压区高度 x 或相对受压区高度 ξ。可先由力的平衡条件计算出 $\xi = \dfrac{A_s f_y}{\alpha_1 f_c b h_0}$,如果满足 $\xi \leqslant \xi_b$ 和 $\rho \geqslant \rho_{\min} =$ Max$(0.2\%, 0.45 f_t/f_y)$ 两个适用条件,则按式(4-19)或式(4-20)求出

$$M_u = f_y A_s h_0 (1 - 0.5\xi)$$

或

$$M_u = \alpha_1 f_c b h_0^2 \xi (1 - 0.5\xi)$$

当 $M_u \geqslant M$ 时,认为截面受弯承载力满足要求,否则不安全。

需要注意的是,对于正截面承载力复核的问题,均需先计算出混凝土实际的受压区高度 x 值,以确定受弯构件材料本身实际抵抗内力值,从而确定其抗弯承载力是否符合要求。

4.5.3 受弯构件正截面承载力的计算系数与计算方法

1. 计算系数

(1) α_s —— 截面抵抗矩系数

$$M_u = \alpha_1 f_c b h_0^2 \xi (1 - 0.5\xi)$$

令 $\alpha_s = \xi(1 - 0.5\xi)$,则

$$M_u = \alpha_1 f_c b h_0^2 \xi (1 - 0.5\xi) = \alpha_s \alpha_1 f_c b h_0^2$$

$$\alpha_s = \frac{M_u}{\alpha_1 f_c b h_0^2} \tag{4-26}$$

(2) ξ —— 相对受压区高度 $\xi = x/h_0$

令 $\alpha_s = \xi(1 - 0.5\xi)$,则

$$\xi = 1 - \sqrt{1 - 2\alpha_s}$$

(3) γ_s —— 内力矩的力臂系数 $\gamma_s = \dfrac{Z}{h_0}$

$$Z = \gamma_s \cdot h_0 = h_0 - 0.5x = h_0(1 - 0.5\xi)$$

$$\gamma_s = 1 - 0.5\xi$$

则

$$\gamma_s = \frac{1 + \sqrt{1 - 2\alpha_s}}{2} \tag{4-27}$$

系数 α_s、γ_s 仅与相对受压区高度 ξ 有关,可以预先算出,列入表格以便查用(附表 3 − 1 和附表 3 − 2)。

在截面设计中,求出内力臂系数后,便可计算出纵向受拉钢筋截面面积,由

$$M_u = f_y A_s \gamma_s \cdot h_0$$

得

$$A_s = \frac{M_u}{\gamma_s f_y h_0} \tag{4-28}$$

另外,由式(4 − 23)和式(4 − 26)知,单筋矩形截面的最大受弯承载力

$$M_u = \alpha_{s,\max} \cdot \alpha_1 f_c b h_0^2 \tag{4-29}$$

$$\alpha_{s,max} = \xi_b(1 - 0.5\xi_b) \tag{4-30}$$

2. 计算方法

建议按照下列流程进行计算：

$$\alpha_s = \frac{M_u}{\alpha_1 f_c b h_0^2} \rightarrow \xi = 1 - \sqrt{1 - 2\alpha_s} \rightarrow 验算适用条件 \xi \leqslant \xi_b \rightarrow \gamma_s = \frac{1 + \sqrt{1 - 2\alpha_s}}{2} \rightarrow A_s =$$

$$\frac{M_u}{f_y \gamma_s h_0} \rightarrow 配筋 \rightarrow 验算适用条件 \rho \geqslant \rho_{min} = Max(0.2\%, 0.45 f_t/f_y) \rightarrow 符合构造要求$$

【例 4-1】 已知矩形截面钢筋混凝土简支梁，梁的截面尺寸 $b \times h = 300 \text{ mm} \times 600 \text{ mm}$；环境类别为一类，弯矩设计值 $M = 285 \text{ kN·m}$，混凝土强度等级为 C30，钢筋采用 HRB400 级钢筋。试确定纵向受力钢筋截面面积。

【解】 （1）列出已知参数。

由附表 1-2 查得，混凝土的强度等级为 C30 时，$f_c = 14.3 \text{ N/mm}^2$，等效矩形图形系数 $\alpha_1 = 1.0$，由附表 2-3 和表 4-3 查得参数，对应于 HRB400 级钢筋：$f_y = 360 \text{ N/mm}^2$，$\xi_b = 0.518$。环境类别为一类，查附录 5，取混凝土保护层厚度为 25 mm，可取 $a_s = 35 \text{ mm}$，则截面有效高度 $h_0 = h - a_s = 600 - 35 = 565(\text{mm})$。

（2）计算等效矩形图形受压区高度 x。

由 $M = \alpha_1 f_c bx(h_0 - \frac{x}{2})$ 解一元二次方程，得

$$x = h_0\left(1 - \sqrt{1 - \frac{2M}{\alpha_1 f_c b h_0^2}}\right) = 565\left(1 - \sqrt{1 - \frac{2 \times 285 \times 10^6}{1 \times 14.3 \times 300 \times 565^2}}\right) = 133.31 \text{ (mm)}$$

（3）验算适用条件 1。

$x = 133.31 \text{ mm} \leqslant \xi_b h_0 = 0.518 \times 565 = 292.67(\text{mm})$，故满足不超筋要求。

（4）计算纵向受力钢筋所需面积 A_s。

由力的平衡条件 $\alpha_1 f_c bx = A_s f_y$，得

$$A_s = \frac{\alpha_1 f_c bx}{f_y} = \frac{1.0 \times 14.3 \times 300 \times 133.31}{360} = 1589 \text{ (mm}^2)$$

（5）选配钢筋。

选用 5Φ20，$A_s = 1570 \text{ mm}^2$，由于 $\frac{(1589 - 1570)}{1589} \times 100\% = 1.20\% < 5\%$，符合工程要求。

需要说明的是，选配钢筋时应满足有关间距、直径及根数等的构造要求，配筋图如图 4-18 所示。

（6）验算适用条件 2。

$$\rho = \frac{1570}{300 \times 565} = 0.93\% > \rho_{min}$$

$$= Max(0.2\%, 0.45 f_t/f_y)$$

$$= Max\left(0.2\%, 0.45 \times \frac{1.43}{360}\right) = 0.2\%$$

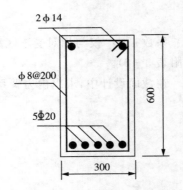

图 4-18 例题 4-1 截面配筋图

故也满足不少筋要求。

【例4-2】 某一矩形截面钢筋混凝土简支梁,计算跨度 $l_0 = 6.5$ m,板传来的永久荷载及梁的自重标准值为 $g_k = 18$ kN/m,板传来的楼面活荷载标准值 $q_k = 12$ kN/m,已知梁的截面为 250 mm$\times 600$ mm,采用强度等级为C30的混凝土,强度等级HRB400钢筋,安全等级为一级,设计工作年限为100年。试确定梁的纵向受力钢筋。

【解】 (1)列出已知参数。

C30混凝土: $\alpha_1 = 1.0$, $f_c = 14.3$ N/mm^2, $f_t = 1.43$ N/mm^2

HRB400钢筋: $f_y = 360$ N/mm^2, $\xi_b = 0.518$

取 $a_s = 35$ mm,则 $h_0 = h - a_s = 600 - 35 = 565$(mm)。

(2)求最大弯矩设计值。

基于持久设计状况,作用效应对承载力不利,故永久荷载的分项系数为1.3,楼面活荷载的分项系数为1.5;安全等级为一级,故结构的重要性系数为 $\gamma_0 = 1.1$;设计工作年限100年,故第1个可变荷载考虑设计工作年限的调整系数 $\gamma_{L1} = 1.1$。

因此,梁的跨中截面的最大弯矩设计值为

$$M = \gamma_0 (\gamma_G M_{GK} + \gamma_{L1} \gamma_Q M_{QK})$$

$$= 1.1 \left(1.3 \times \frac{1}{8} \times 18 \times 6.5^2 + 1.1 \times 1.5 \times \frac{1}{8} \times 12 \times 6.5^2 \right)$$

$$= 250.965 = 250.965 \times 10^6 (\text{N} \cdot \text{mm})$$

(3)计算截面抵抗矩系数 α_s。

$$\alpha_s = \frac{M}{\alpha_1 f_c b h_0^2} = \frac{250.965 \times 10^6}{1.0 \times 14.3 \times 250 \times 565^2} = 0.220$$

(4)求截面相对受压区高度 ξ_b、内力矩的力臂系数 γ_s。

$$\xi = 1 - \sqrt{1 - 2\alpha_s} = 1 - \sqrt{1 - 2 \times 0.220} = 0.252 < \xi_b = 0.518,故满足不超筋要求。$$

$$\gamma_s = \frac{1 + \sqrt{1 - 2\alpha_s}}{2} = \frac{1 + \sqrt{1 - 2 \times 0.220}}{2} = 0.874$$

(5)计算纵向受力钢筋所需面积 A_s。

$$A_s = \frac{M}{\gamma_s f_y h_0} = \frac{250.965 \times 10^6}{0.874 \times 360 \times 565} = 1412 (\text{mm}^2)$$

选用 2Φ25+1Φ22, $A_s = 1362$ mm^2(虽然实配钢筋截面面积略小于计算所需面积,但两者相差在5%以内,故可采用。此外,选用钢筋时应满足有关间距、直径及根数等构造要求),如图4-19所示。

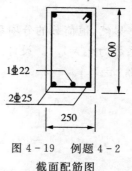

图 4-19 例题 4-2 截面配筋图

(6)验算适用条件2。

$$\rho = \frac{1362}{250 \times 565} = 0.96\% > \rho_{min}$$

$$= \text{Max}(0.2\%, 0.45 f_t / f_y)$$

$$= \text{Max}\left(0.2\%, 0.45 \times \frac{1.43}{360}\right) = 0.2\%$$

故满足不少筋要求。

【例 4 - 3】 某展览厅的内廊为现浇简支在砖墙上的钢混凝土楼板(图 4 - 20),板上作用的均布活荷载标准值为 $q_k = 3.5$ kN/m²。水磨石地面及细石混凝土垫层共 30 mm 厚(重度为 22 kN/m³),板底粉刷白灰砂浆 10 mm 厚(重度为 17 kN/m³)。混凝土强度等级选用 C25,纵向受拉钢筋采用 HPB300 级热轧钢筋,环境类别为一类,安全等级为一级,设计工作年限为 100 年。试确定板厚度和受拉钢筋截面面积。

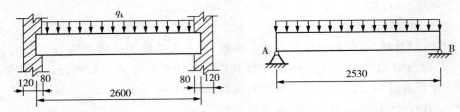

图 4 - 20 例题 4 - 3 板的受力图及其计算模型

【解】 (1)计算单元选取及截面有效高度计算。

内廊虽然很长,但板的厚度和板上的荷载均相等,因此只需计算单位宽度板带的配筋,其余板带均按此板带配筋。取出 1000 mm 宽板带计算,取板厚 $h = 90$ mm,取 $a_s = 20$ mm,则 $h_0 = h - a_s = 90 - 20 = 70$(mm)。

(2)求计算跨度。

单跨板的计算跨度等于板的净跨加板的厚度。因此有 $l_0 = l_n + h = 2600 - 80 \times 2 + 90 = 2530$(mm)。

(3)弯矩设计值。

恒载标准值:

水磨石地面 $0.03 \times 22 = 0.66$(kN/m)

钢筋混凝土板自重(钢筋混凝土重力密度取 25 kN/m³) $0.08 \times 25 = 2.0$(kN/m)

白灰砂浆粉刷 $0.010 \times 17 = 0.17$(kN/m)

$$g_k = 0.66 + 2.0 + 0.17 = 2.83(\text{kN/m})$$

活荷载标准值:

$$q_k = 3.5 \times 1.0/1.0 = 3.5(\text{kN/m})$$

显然,恒荷载的分项系数 $\gamma_G = 1.3$,活荷载分项系数 $\gamma_Q = 1.5$;安全等级为一级,故重要性系数为 $\gamma_0 = 1.1$。设计工作年限为 100 年,故第 1 个可变荷载考虑设计工作年限的调整系数 $\gamma_{L1} = 1.1$。

$$M = \gamma_0\left(\gamma_G \cdot \frac{1}{8}g_k l_0^2 + \gamma_{L1}\gamma_Q \cdot \frac{1}{8}q_k l_0^2\right)$$

$$= 1.1 \times \left(1.3 \times \frac{1}{8} \times 2.83 \times 2.53^2 + 1.1 \times 1.5 \times \frac{1}{8} \times 3.5 \times 2.53^2\right)$$

$$= 8.321(\text{kN} \cdot \text{m})$$

钢筋混凝土结构设计原理

故最大弯矩设计值 $M = 7.564$ kN·m。

（4）查钢筋和混凝土强度设计值。

由附表 1-2、表 4-3 和附表 2-3 查得，C25 混凝土：$f_c = 11.9$ N/mm^2，$\alpha_1 = 1.0$；HPB300 级钢筋：$f_y = 270$ N/mm^2，$\xi_b = 0.576$。

（5）求 ξ 及 A_s 值。

由式（4-26）和式（4-27）得

$$\alpha_s = \frac{M}{\alpha_1 f_c b h_0^2} = \frac{8.321 \times 10^6}{1.0 \times 11.9 \times 1000 \times 70^2} = 0.143$$

$$\xi = 1 - \sqrt{1 - 2\alpha_s} = 1 - \sqrt{1 - 2 \times 0.143} = 0.155 < \xi_b = 0.576，故满足不超筋要求。$$

$$A_s = \frac{\alpha_1 f_c b h_0 \xi}{f_y} = \frac{1.0 \times 11.9 \times 1000 \times 70 \times 0.155}{270} = 478（mm^2）$$

（6）选用钢筋及绘配筋图。

选用 $\phi 8@100$ mm（$A_s = 503$ mm^2），配筋如图 4-21 所示。

（7）验算适用条件。

适用条件 1 前面已经验算满足

$$\rho = \frac{503}{1000 \times 60} = 0.84\% > \rho_{min} = \text{Max}(0.2\%, 0.45 f_t/f_y) = \text{Max}\left(0.2\%, 0.45 \times \frac{1.27}{270}\right) =$$

0.212%，故满足不少筋要求。

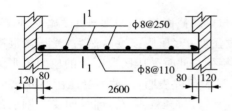 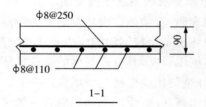

图 4-21　例题 4-3 板截面配筋图

【例 4-4】　已知梁的截面尺寸 $b \times h = 300$ mm $\times 600$ mm，混凝土强度等级为 C30，配有 4Φ20 钢筋（$A_s = 1256$ mm^2），环境类别为一类。若承受弯矩设计值 $M = 220$ kN·m，试验算此梁正截面承载力是否满足要求。

【解】　C30 混凝土：$\alpha_1 = 1.0$，$f_c = 14.3$ N/mm^2，$f_t = 1.43$ N/mm^2

HRB400 级钢筋：$f_y = 360$ N/mm^2，$\xi_b = 0.518$，$A_s = 1256$ mm^2

取 $a_s = 35$ mm，则 $h_0 = h - a_s = 600 - 35 = 565$（mm）。

$$\rho = \frac{A_s}{b h_0} = \frac{1256}{300 \times 565} = 0.74\% > \rho_{min} = \text{Max}(0.2\%, 0.45 f_t/f_y) =$$

$\text{Max}\left(0.2\%, 0.45 \times \frac{1.43}{360}\right) = 0.2\%$，故满足不少筋要求。

由 $A_s f_y = \alpha_1 f_c b x$，得 $x = \dfrac{A_s f_y}{\alpha_1 f_c b} = \dfrac{1256 \times 360}{1.0 \times 14.3 \times 300} = 105.4$（mm），$\xi = x/h_0 =$

$105.4/565 = 0.187 < \xi_b = 0.518$,故满足不超筋要求。

$$M_u = \alpha_1 f_c bx \left(h_0 - \frac{x}{2} \right) = 1.0 \times 14.3 \times 300 \times 105.4 \times \left(565 - \frac{105.4}{2} \right) = 231644642$$

$(\text{N} \cdot \text{mm}) = 231.64 \text{ kN} \cdot \text{m} > M = 220 \text{ kN} \cdot \text{m}$,故该梁正截面承载力满足要求。

4.6 双筋矩形截面受弯构件正截面承载力计算

4.6.1 概述

在截面受压区配置钢筋,以协助混凝土承受压力,这种钢筋称为受压钢筋,记为 A_s'。同时配置受拉和受压的钢筋截面称为双筋截面(图 4 - 22)。

在正截面受弯中,采用纵向受压钢筋协助混凝土承受压力是不经济的,因而从承载力计算角度出发,双筋截面只适用于以下情况:

(1)构件所承受的弯矩 M 较大,又不允许增大构件截面尺寸,同时混凝土强度不能再提高,若仍采用单筋截面,会产生超筋现象,应采用双筋截面;

(2)某些构件在使用过程中,承受动荷载作用可能引起弯矩符号的改变,这种情况下,可以将截面设计为双筋截面。

图 4 - 22 受弯构件
双筋矩形梁

4.6.2 计算公式与适用条件

1. 纵向受压钢筋抗压强度的取值

试验表明,双筋截面破坏时的受力特点与单筋截面相似,只要满足 $\xi \leqslant \xi_b$ 时,双筋矩形截面的破坏也是受拉钢筋的应力先达到抗拉强度 f_y(屈服强度),然后,受压区混凝土的应力达到其抗压强度,具有适筋梁的塑性破坏特征。此时受压区混凝土的应力图形为曲线分布,边缘纤维的压应变已达极限压应变 ε_{cu}。试验研究表明,当截面受压区高度 $x \geqslant 2a_s'$ 时,可保证截面破坏时,受压钢筋的应力一般可达到其抗压强度 f_y',即纵向受压钢筋的抗压强度设计值 f_y' 的条件为

$$x \geqslant 2a_s' \tag{4 - 31}$$

其含义为受压钢筋位置不低于矩形受压应力图形的重心。当不满足式(4 - 31)规定时,则表明受压钢筋的位置离中性轴太近,受压钢筋的应变 ε_s' 太小,以致其应力达不到抗压强度设计值 f_y'。

此外,必须注意,在计算中若考虑受压钢筋作用时,按规范规定,箍筋应做成封闭式,其间距 s 不应大于 $15d$(d 为受压钢筋最小直径)。否则,纵向受压钢筋可能发生纵向弯曲(压屈)而向外凸出,引起保护层剥落甚至使受压混凝土过早发生脆性破坏。

2. 基本计算公式及适用条件

(1)基本计算公式

根据如图 4 - 23 所示受力状态,基于力的平衡条件及力矩平衡条件可得

$$A_s f_y = \alpha_1 f_c bx + A_s' f_y' \tag{4 - 32}$$

钢筋混凝土结构设计原理

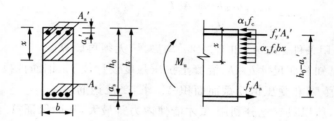

图 4 - 23 双筋矩形梁计算简图

$$M_u = \alpha_1 f_c bx(h_0 - 0.5x) + A_s' f_y'(h_0 - a_s') \qquad (4-33)$$

分析式(4-32)和式(4-33)可以看出,相对于单筋矩形截面,双筋矩形截面受弯承载力和力矩平衡条件等式右侧仅分别多出一项抗压钢筋抵抗的压力和弯矩值,其计算原理与单筋截面类似。

（2）适用条件

① $\xi \leqslant \xi_b$,保证构件破坏时,受拉钢筋先达到屈服;

② $x \geqslant 2a_s'$,保证构件破坏时,受压钢筋能达到屈服。

若 $x < 2a_s'$,取 $x = 2a_s'$,此时,对受压钢筋合力点（同时也是混凝土压力合力点）取矩,有

$$M_u = A_s f_y(h_0 - a_s') \qquad (4-34)$$

需要说明的是,双筋截面一般不会出现少筋破坏情况,故一般可不必进行 $\rho \geqslant \rho_{min}$ 验算。此外,为充分发挥受压区混凝土的作用,A_s' 不宜配置过多。

4.6.3 计算方法

1. 截面设计

双筋梁的截面,一般已知截面尺寸等,求受压钢筋和受拉钢筋。有时因构造要求,受压钢筋截面面积为已知,求受拉钢筋。已如前述,截面设计时,令 $M = M_u$。

（1）情况 1:已知截面尺寸 $b \times h$、混凝土抗压强度设计值 f_c、钢筋抗拉、抗压强度设计值 f_y、f_y'、弯矩设计值 M,求:受压钢筋 A_s' 和受拉钢筋 A_s。

首先按单筋设计,求出截面相对受压区高度 ξ 后判定是否需要采用双筋截面。

由于式(4-32)和式(4-33)两个基本计算公式中含有 x、A_s' 和 A_s 三个未知数,无法求解,需要补充一个条件才能求解。显然,在截面尺寸及材料强度已知的情况下,为尽可能发挥受压区混凝土的作用,使得 $(A_s' + A_s)$ 最小,可取 $\xi = \xi_b$,令 $M = M_u$,由式(4-33)可得

$$A_s' = \frac{M - \alpha_1 f_c bx_b \left(h_0 - \dfrac{x_b}{2}\right)}{f_y'(h_0 - a_s')} = \frac{M - \alpha_1 f_c bh_0^2 \xi_b(1 - 0.5\xi_b)}{f_y'(h_0 - a_s')} \qquad (4-35)$$

或

$$A_s' = \frac{M - \alpha_{sb} \cdot \alpha_1 f_c bh_0^2}{f_y'(h_0 - a_s')}$$

由于 $\xi = \xi_b$,将 A_s' 带入式(4-32)可得

$$A_{s} = \frac{\alpha_1 f_c b \xi_b h_0 + A'_s f'_y}{f_y} = A'_s \frac{f'_y}{f_y} + \xi_b \frac{\alpha_1 f_c b h_0}{f_y} \tag{4-36}$$

然后,验算适用条件 $\xi \leqslant \xi_b$ 和 $x \geqslant 2a'_s$ 均满足,无须再验算。

(2) 情况 2:已知截面尺寸 $b \times h$、混凝土抗压强度设计值 f_c、钢筋抗拉、抗压强度设计值 f_y、f'_y、弯矩设计值 M 和受压钢筋截面面积 A'_s,求:受拉钢筋 A_s。

因为 A'_s 已知,所以只有充分利用 A'_s 才能使内力臂最大,从而保证 A_s 值最小。在式(4-22)和式(4-23)中,仅 x 和 A_s 为未知数,故可直接联立求解。将 M_u 分解为两部分,即

$$M_u = M_{u1} + M_{u2} \tag{4-37}$$

其中:

$$M_{u1} = A'_s f'_y (h_0 - a'_s) \tag{4-38}$$

$$M_{u2} = M - M_{u1} = \alpha_1 f_c b x (h_0 - 0.5x) \tag{4-39}$$

显然,M_{u2} 相当于单筋梁,可直接用式(4-39)求出 x,然后由式(4-32)或式(4-33)求出 A_{s2}。

$$A_{s2} = \frac{\alpha_1 f_c b x}{f_y} = \frac{M_{u2}}{f_y \left(h_0 - \dfrac{x}{2} \right)} \tag{4-40}$$

而 $A_{s1} = \dfrac{f'_y}{f_y} A'_s$,最后可得

$$A_s = A_{s1} + A_{s2} = \frac{f'_y}{f_y} A'_s + \frac{\alpha_1 f_c b x}{f_y} \tag{4-41}$$

在求 A_{s2} 时,应注意:

① 若 $\xi > \xi_b$,表明原有的 A'_s 不足,可按 A'_s 未知的情况 1 计算;

② 当 $x < 2a'_s$ 时,即表明 A'_s 不能达到其抗压强度设计值,因此,基本公式中 $\sigma'_s \neq f'_y$,故需要求出 σ'_s,但这样计算比较烦琐,通常可近似认为此时内力臂为 $(h_0 - a'_s)$,即假设混凝土压应力合力 C 也作用在受压钢筋合力点处,这样对内力臂计算的误差是很小的,因而对求解 A_s 的误差也很小,即

$$A_s = \frac{M}{f_y (h_0 - a'_s)} \tag{4-42}$$

(3) 验算适用条件:

① 若 $\xi \leqslant \xi_b$ 且 $x \geqslant 2a'_s$

则

$$A_{s2} = \frac{M_{u2}}{f_y \gamma_s h_0} \tag{4-43}$$

$$A_s = A_{s1} + A_{s2} = \frac{f'_y}{f_y} A'_s + A_{s2} \tag{4-44}$$

② 若 $\xi > \xi_b$，表明 A'_s 不足，可按 A'_s 未知情况 1 计算；

③ 若 $x < 2a'_s$，表明 A'_s 不能达到其设计强度 f'_y，$\sigma'_y \neq f'_y$。

取 $x = 2a'_s$，假设混凝土压应力合力 C 也作用在受压钢筋合力点处，对受压钢筋和混凝土共同合力点取矩，此时内力臂为 $h_0 - a'_s$，直接求解 A_s。

④ 当 a'_s/h_0 较大，若 $\alpha_s = \dfrac{M_u}{\alpha_1 f_c b h_0^2} < \dfrac{2a'_s}{h_0 \cdot \left(1 - \dfrac{a'_s}{h_0}\right)}$ 时，按单筋梁计算 A_s 将比按式（4-42）求出的 A_s 要小，这时应按单筋梁确定受拉钢筋截面面积 A_s，以节约钢材。

2. 截面复核

已知：截面尺寸 $b \times h$，混凝土抗压强度设计值 f_c，钢筋抗拉、抗压强度设计值 f_y、f'_y，弯矩设计值 M，受压、受拉钢筋截面面积 A'_s 和 A_s。复核截面是否安全。

由 $A_s f_y = A'_s f'_y + \alpha_1 f_c b x$ 求实际受压区高度 x；验算适用条件 (1) $\xi \leqslant \xi_b$；(2) $x \geqslant 2a'_s$。

① 若 $2a'_s \leqslant x \leqslant \xi_b h_0$，则 $M_u = \alpha_1 f_c b x (h_0 - 0.5x) + f'_y A'_s (h_0 - a'_s)$。

② 若 $x < 2a'_s$，取 $x = 2a'_s$，则 $M_u = f_y A_s (h_0 - a'_s)$。

③ 若 $x > \xi_b h_0$，取 $\xi = \xi_b$，则 $M_u = \alpha_1 f_c b h_0^2 \xi_b (1 - 0.5\xi_b) + f'_y A'_s (h_0 - a'_s)$。

④ 当 $M_u \geqslant M$ 时，满足要求；否则为不安全。当 M_u 大于 M 过多时，该截面设计不经济。

注意：在混凝土结构设计中，凡是正截面承载力复核，都必须求出混凝土受压区高度 x 值。

【例 4-5】 某库房一楼面大梁截面尺寸 $b \times h = 250\ \text{mm} \times 600\ \text{mm}$，混凝土的强度等级为 C30，用 HRB400 级钢筋配筋，截面承受的弯矩设计值 $M = 520\ \text{kN} \cdot \text{m}$，当上述基本条件不能改变时，求截面所需受力钢筋截面面积。

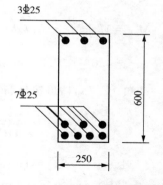

图 4-24　例 4-5 梁截面配筋图

【解】 （1）判别是否需要设计成双筋截面。

查附表 1-2、附表 2-3 和表 4-3 得 $\alpha_1 = 1.0$，$f_c = 14.3\ \text{N/mm}^2$，$f_y = 360\ \text{N/mm}^2$，查表 4-8 得 $\xi_b = 0.518$，$b = 250\ \text{mm}$，$h_0 = h - a_s = 600 - 70 = 530\ (\text{mm})$（受拉钢筋按两排布置）。

单筋矩形截面能够承受的最大弯矩为

$$M_u = \alpha_1 f_c b h_0^2 \xi_b (1 - 0.5\xi_b) = 1.0 \times 14.3 \times 250 \times 530^2 \times 0.518 \times (1 - 0.518/2)$$

$$= 385456837\ (\text{N} \cdot \text{mm}) < M = 500\ \text{kN} \cdot \text{m}$$

计算结果表明若设计成单筋矩形截面，将会出现超筋。若上述基本条件不能改变时，则应将截面设计成双筋矩形截面。

（2）计算所需受拉和受压纵向受力钢筋截面面积。

设受压钢筋按一排布置，则 $a'_s = 35\ \text{mm}$。取 $\xi = \xi_b$，则有

$$A'_s = \frac{M - \alpha_1 f_c b h_0^2 \xi_b (1 - \xi_b/2)}{f'_y (h_0 - a'_s)} = \frac{520 \times 10^6 - 385456837}{360 \times (530 - 35)} = 755\ (\text{mm}^2)$$

由式（4-25）得

$$A_s = \frac{\alpha_1 f_c b \xi_b h_0 + A'_s f'_y}{f_y} = \frac{14.3 \times 250 \times 0.518 \times 530 + 360 \times 755}{360} = 3481 \, (\text{mm}^2)$$

钢筋的选用情况：受拉钢筋 7⌀25，$A_s = 3436 \, \text{mm}^2$；受压钢筋 3⌀18，$A'_s = 763 \, \text{mm}^2$。截面的配筋如图 4-24 所示。

【例 4-6】 某梁截面尺寸 $b \times h = 250 \, \text{mm} \times 600 \, \text{mm}$，弯矩设计值为 $M = 450 \, \text{kN·m}$，受压区已配置了 HRB400 级钢筋 3⌀22（$A'_s = 1140 \, \text{mm}^2$），混凝土的强度等级为 C25，求截面所需配置的受拉钢筋截面面积 A_s。

【解】 （1）列出已知参数。

C25 混凝土，$\alpha_1 = 1.0$，$f_c = 11.9 \, \text{N/mm}^2$

假定受拉钢筋和受压钢筋按一排布置，则 $a_s = a'_s = 35 \, \text{mm}$，$h_0 = h - a_s = 600 - 35 = 565 \, (\text{mm})$。

钢筋强度等级为 HRB400：$f_y = f'_y = 360 \, \text{N/mm}^2$，$\xi_b = 0.518$。

（2）求受压区高度 x。

$$M_{u1} = A'_s f'_y (h_0 - a'_s) = 1140 \times 360 \times (565 - 35)$$
$$= 217.512 \, (\text{kN·m})$$

则

$$M_{u2} = M - M_{u1} = \alpha_1 f_c b x \left(h_0 - \frac{x}{2}\right)$$

$$= 450 - 217.512 = 232.488 \, (\text{kN·m})$$

已知 M_{u2} 后，即可按单筋矩形截面求 A_{s2}。

$$\alpha_s = \frac{M_{u2}}{\alpha_1 f_c b h_0^2} = \frac{232.488 \times 10^6}{1 \times 11.9 \times 250 \times 565^2} = 0.245$$

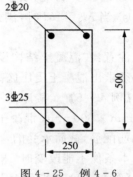

图 4-25 例 4-6
梁截面配筋图

$\xi = 1 - \sqrt{1 - 2\alpha_s} = 1 - \sqrt{1 - 2 \times 0.245} = 0.286 < \xi_b = 0.518$，满足适用条件（1）；$x = \xi h_0 = 0.286 \times 565 = 162 \, (\text{mm}) > 2a'_s = 2 \times 40 = 80 \, (\text{mm})$，满足适用条件（2）。

（3）计算所需受拉钢筋截面面积。

根据力的平衡条件，可得受拉钢筋截面面积为

$$A_s = \frac{\alpha_1 f_c b x}{f_y} = \frac{1.0 \times 11.9 \times 250 \times 162}{360} = 1339 \, (\text{mm}^2)$$

选用 3⌀25（$A_s = 1473 \, \text{mm}^2$），截面配筋情况如图 4-25 所示。

【例 4-7】 已知某梁截面尺寸 $b \times h = 250 \, \text{mm} \times 600 \, \text{mm}$，混凝土的强度等级为 C25，要求承受 $M = 300 \, \text{kN·m}$，环境类别为一类，受压区已配有 HRB400 级受压钢筋 3⌀18（$A'_s = 763 \, \text{mm}^2$），受拉钢筋采用 4⌀28（$A_s = 1847 \, \text{mm}^2$）HRB400 级钢筋，试验算此截面是否安全。

【解】 （1）查附表 1-2、附表 2-3 和表 4-3 得 $\alpha_1 = 1.0$，$f_c = 11.9 \, \text{N/mm}^2$，$f_y = f'_y = 360 \, \text{N/mm}^2$，$\xi_b = 0.518$；由附录 5 可知混凝土保护层最小厚度为 20 mm，故 $a_s = 20 +$

钢筋混凝土结构设计原理

$28/2+10=44(\text{mm})$（按一排布置考虑）。$h_0=600-44=556(\text{mm})$，$a'_s=20+18/2+10=39(\text{mm})$。

（2）由平衡方程 $f_y A_s = f'_y A'_s + \alpha_1 f_c b x$，得

$$x = \frac{f_y A_s - f'_y A'_s}{\alpha_1 f_c b} = \frac{360 \times 1847 - 360 \times 763}{1.0 \times 11.9 \times 250} = 131.2\,(\text{mm})$$

$2a'_s = 2 \times 39 = 78(\text{mm}) < \xi_b h_0 = 0.518 \times 556 = 288(\text{mm})$，满足不超筋要求。

（3）将 x 值代入式（4-23），则

$$M_u = \alpha_1 f_c b x \left(h_0 - \frac{x}{2}\right) + A'_s f'_y (h_0 - a'_s)$$

$$= 1.0 \times 11.9 \times 250 \times 131.2 \times \left(556 - \frac{131.2}{2}\right) + 360 \times 763 \times (556 - 39)$$

$$= 333422488(\text{N} \cdot \text{mm}) = 333.422\ \text{kN} \cdot \text{m} > M = 300\ \text{kN} \cdot \text{m}$$

故截面安全。

4.7　T 形截面受弯构件正截面承载力计算

4.7.1　概述

1. T 形截面

（1）T 形截面概念

由于不考虑混凝土抗拉强度，理论上可以将矩形截面梁的受拉区的部分混凝土截面（图 4-26 中的阴影部分）去除，保留中间部分以布置原有的受拉钢筋，截面的承载力计算值与原矩形截面完全相同，剩下的梁就成为由梁肋（$b \times h$）及挑出翼缘（$b'_f - b$）$\times h'_f$ 两部分所组成的 T 形截面，这样不仅可以节约混凝土还可减轻梁自重。

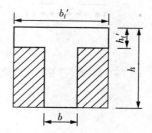

图 4-26　T 形梁截面

（2）T 形截面梁在工程中的应用

在现浇肋梁楼盖中，楼板与梁浇注在一起形成 T 形截面梁。在预制构件中，有时由于构造的要求，做成独立的 T 形梁，如 T 形檩条及 T 形吊车梁等。Ⅱ形、箱形、Ⅰ形（便于布置纵向受拉钢筋）等截面（图 4-27），在承载力计算时均可按 T 形截面考虑。

  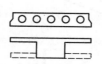 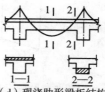

（a）T 形梁　　（b）槽形板及其等效T形截面　　（c）空心板及其等效T形截面　　（d）现浇肋形梁板结构

图 4-27　T 形梁截面构件类型

2. 倒 T 形截面

若翼缘在受拉区,如图 4-28(a) 所示的倒 T 形截面梁,当受拉区的混凝土开裂以后,翼缘承载力作用消失,该梁应按肋宽为 b 的矩形截面计算其抗弯承载力。又如现浇肋梁楼盖连续梁中的支座附近截面[图 4-28(b)],由于承受负弯矩,翼缘(板)受拉,故仍应按肋宽为 b 的矩形截面计算。

3. 翼缘的计算宽度 b_f'

理论上,T 形截面翼缘宽度 b_f' 越大,截面受力性能越好。在弯矩 M 作用下,b_f' 越大则受压区高度 x 越小,内力臂增大,因而可减小受拉钢筋截面面积。但试验与理论研究证明,T 形截面梁受力后,翼缘的纵向压应力沿翼缘宽度方向分布不均匀,离肋部越远压应力越小[图 4-29(a)]。实际设计中,考虑到远离梁肋处的压应力较小,将翼缘限制在一定范围内,称为翼缘的计算宽度 b_f',并假定在 b_f' 范围内压应力均匀分布,如图 4-29(a)、(b) 所示。

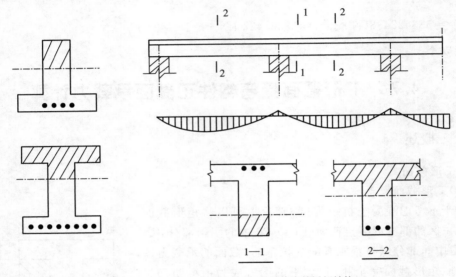

（a）倒T形、I字形截面梁　　　　（b）整体浇筑梁板结构

图 4-28　连续梁跨中与支座截面

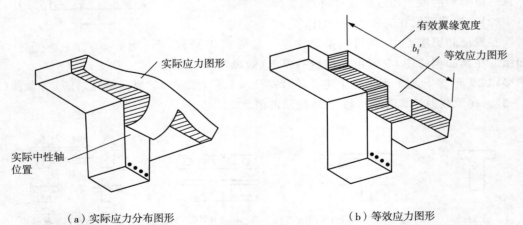

（a）实际应力分布图形　　　　（b）等效应力图形

图 4-29　T 形截面梁受压区实际应力和计算应力图

　　　　钢筋混凝土结构设计原理

表4-5中列有《规范》规定的翼缘计算宽度 b'_f，计算T形梁翼缘宽度 b'_f 时应取表4-5中三项的最小值。

表4-5 T形、I形及倒L形截面梁受压区的翼缘计算宽度 b'_f

考虑的情况		T形、I形截面		倒L形截面
		肋形梁（板）	独立梁	肋形梁（板）
1	按计算跨度 l_0 考虑	$l_0/3$	$l_0/3$	$l_0/6$
2	按梁（肋）净距 s_n 考虑	$b+s_n$	—	$b+s_n/2$
3 按翼缘 高度 h'_f 考虑	$h'_f/h_0 \geqslant 0.1$	—	$b+12h'_f$	—
	$0.1 > h'_f/h_0 \geqslant 0.05$	$b+12h'_f$	$b+6h'_f$	$b+5h'_f$
	$h'_f/h_0 < 0.05$	$b+12h'_f$	b	$b+5h'_f$

注：(1) 表中 b 为梁的腹板宽度，图4-30为表4-5的说明附图；

(2) 如果肋形梁在梁跨内设有间距小于纵肋间距的横肋时，可不考虑表中情况3的规定；

(3) 对有加腋的T形和倒L形截面，当受压区加腋的高度 $h_h \geqslant h'_f$ 且加腋的宽度 $b_h \leqslant 3h_h$ 时，其翼缘计算宽度可按表中情况3规定分别增加 $2b_h$（T形、I形截面）和 b_h（倒L形截面）；

(4) 独立梁受压的翼缘板在荷载作用下经验算沿纵肋方向可能产生裂缝时，其计算宽度应取腹板宽度 b。

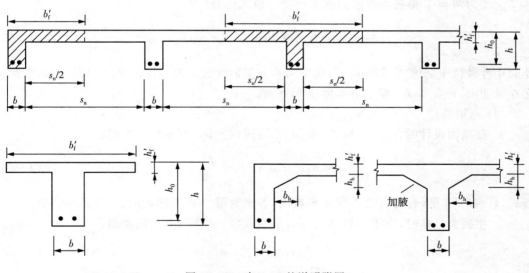

图4-30 表4-5的说明附图

4.7.2 计算公式及适用条件

1.T形截面分类（按中性轴位置不同）

采用翼缘计算宽度 b'_f，T形截面受压区混凝土仍可按等效矩形应力图考虑。按照构件破坏时，中性轴位置的不同，T形截面可分为两种类型：

(1) 第一类 T 形截面,中性轴位于翼缘内,即 $x \leqslant h'_f$[图 4-31(a)];

(2) 第二类 T 形截面,中性轴位于梁肋内,即 $x > h'_f$[图 4-31(b)]。

2. 两类 T 形截面的判定

(1) $x = h'_f$ 时的特殊情况

为判断 T 形截面的类型,首先分析图 4-32 所示 $x = h'_f$ 时的特殊情况。

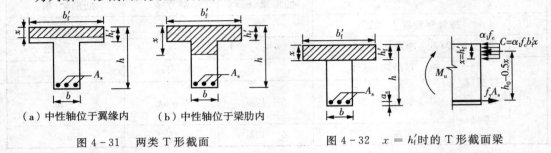

图 4-31 两类 T 形截面   图 4-32 $x = h'_f$ 时的 T 形截面梁
（a）中性轴位于翼缘内 （b）中性轴位于梁肋内

根据力的平衡条件及力矩平衡条件可得

$$\sum X = 0, \quad f_y A_s = \alpha_1 f_c b'_f h'_f \tag{4-45}$$

$$\sum M = 0, \quad M = \alpha_1 f_c b'_f h'_f \left(h_0 - \frac{h'_f}{2}\right) \tag{4-46}$$

上式为两类 T 形截面界限情况所承受的最大内力。若

$$f_y A_s \leqslant \alpha_1 f_c b'_f h'_f \text{ 或 } M \leqslant \alpha_1 f_c b'_f h'_f \left(h_0 - \frac{h'_f}{2}\right) \tag{4-47}$$

此时中性轴位于翼缘内,即 $x \leqslant h'_f$,属于第一类 T 形截面。若不符合式(4-47),此时中性轴必在梁肋内,即 $x > h'_f$,属于第二类 T 形截面。

(2) 判别条件

① 在截面设计时,由于一般 A_s 未知,采用式(4-48)判断截面类型:

$$M \leqslant \alpha_1 f_c b'_f h'_f \left(h_0 - \frac{h'_f}{2}\right) \tag{4-48}$$

若式(4-48)满足,表明为第一类 T 形截面,否则为第二类 T 形截面。

② 在截面复核时,由于一般 A_s 已知,采用式(4-49)判断截面类型:

$$f_y A_s \leqslant \alpha_1 f_c b'_f h'_f \tag{4-49}$$

若式(4-49)满足,即 $x \leqslant h'_f$,属于第一类 T 形截面,否则为第二类 T 形截面。

3. 第一类 T 形截面的计算公式及适用条件

由图 4-33 可见,这种类型与梁宽为 b'_f 的矩形梁完全相同。这是因为受压区面积为矩形,而受拉区形状与承载力计算无关。

在计算截面的正截面承载力时,不考虑受拉区混凝土参加受力。因此,第一类 T 形截面(图 4-33)相当于宽度 $b = b'_f$ 的矩形截面,即可按截面为 $b'_f \times h$ 的单筋矩形截面梁进行计算。其计算步骤如下:

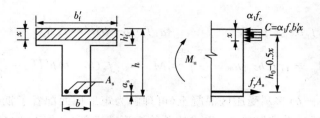

图 4-33　第一类 T 形截面计算简图

（1）计算公式

根据力的平衡条件及力矩平衡条件，由 $\sum X = 0$，得

$$\alpha_1 f_c b'_f x = f_y A_s \tag{4-50}$$

由 $\sum M = 0$，得

$$M_u \leqslant \alpha_1 f_c b'_f x (h_0 - 0.5x) \tag{4-51}$$

（2）适用条件

① $x \leqslant \xi_b h_0$，因为 $\xi = x/h_0 \leqslant h'_f/h_0$，一般 h'_f/h_0 较小，故通常均可满足 $\xi \leqslant \xi_b$，即可满足不超筋条件，一般可不验算。

② $\rho \geqslant \rho_{\min} \dfrac{h}{h_0}$，必须注意，此处 ρ 是对梁肋而言的，即 $\rho = \dfrac{A_s}{b h_0}$。这是因为最小配筋率是按 $M_u = M_{cr}$ 的条件确定，而开裂弯矩 M_{cr} 主要取决于受拉区混凝土的面积，T 形截面的开裂弯矩 M_{cr} 与具有相同腹板宽度 b 的矩形截面基本相同。对于 I 形和倒 T 形截面，则受拉钢筋面积应满足：

$$A_s \geqslant \rho_{\min} \left[bh + (b'_f - b) h_f \right]$$

4. 第二类 T 形截面的计算公式及适用条件

第二类 T 形截面计算方法与已知受压钢筋的双筋截面梁的计算公式相似。

（1）计算公式

由图 4-34 可见，根据力的平衡条件及力矩平衡条件，由 $\sum X = 0$，得

$$f_y A_s = \alpha_1 f_c x + \alpha_1 f_c (b'_f - b) h'_f \tag{4-52}$$

由 $\sum M = 0$，得

$$M_u = \alpha_1 f_c b x \left(h_0 - \frac{x}{2} \right) + \alpha_1 f_c (b'_f - b) h'_f \left(h_0 - \frac{h'_f}{2} \right) \tag{4-53}$$

上述公式可分解为两部分（图 4-34）：

$$M_u = M_1 + M_2$$

$$A_s = A_{s1} + A_{s2}$$

则

$$\begin{cases} \alpha_1 f_c bx = f_y A_{s1} \\ M_{u1} = \alpha_1 f_c bx \left(h_0 - \dfrac{x}{2} \right) \end{cases} + \begin{cases} \alpha_1 f_c (b'_f - b) h'_f = f_y A_{s2} \\ M_{u2} = \alpha_1 f_c (b'_f - b) h'_f \left(h_0 - \dfrac{h'_f}{2} \right) \end{cases}$$

第一部分为翼缘$(b'_f - b) \times h'_f$受压区混凝土(可理解为矩形截面配置了抵抗压力能力相同的受压钢筋)与其余部分受拉钢筋A_{s2}组成的单筋矩形截面部分[图4-34(b)],其受弯承载力为M_2;第二部分为"$b \times x$"的受压混凝土与部分受拉钢筋A_{s1}组成的单筋矩形截面部分[图4-34(c)],其受弯承载力为M_1;总受弯承载力为$M = M_1 + M_2$。

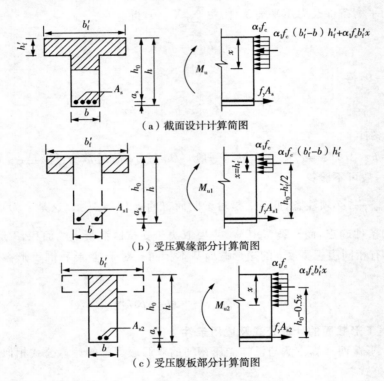

(a) 截面设计计算简图

(b) 受压翼缘部分计算简图

(c) 受压腹板部分计算简图

图4-34　第二类T形截面计算简图

(2) 适用条件

① $x \leqslant \xi_b h_0$,与双筋截面类似,为防止超筋破坏,保证破坏时受拉钢筋屈服;

② $\rho \geqslant \rho_{\min} \dfrac{h}{h_0}$,一般均能满足,不必验算。

4.7.3　计算方法

1. 截面设计

已知截面尺寸b、h、b'_f、h'_f,混凝土抗压强度设计值f_c、钢筋抗拉强度设计值f_y、弯矩设计值M,求受拉钢筋A_s。

设计计算步骤:

（1）判别截面类型

若 $M \leqslant \alpha_1 f_c b_f' h_f' \left(h_0 - \dfrac{h_f'}{2}\right)$，为第一类 T 形截面。否则，为第二类 T 形截面。

（2）第一类 T 形截面

计算方法与截面为 $b_f' \times h$ 的单筋矩形梁完全相同。运用系数法计算步骤如下：

$$\alpha_s = \frac{M}{\alpha_1 f_c b_f' h_0^2} \leqslant \alpha_{sb} \rightarrow \alpha_s \xrightarrow{\text{查表}} \gamma_s \rightarrow A_s = \frac{M}{f_y \gamma_s h_0} \geqslant \rho_{\min} b h_0$$

（3）第二类 T 形截面

在计算公式中，有 A_s 及 x 两个未知数，该问题可用计算公式求解，也可用公式分解求解，其步骤如下：

① 如图 4-34 所示，取 $M_u = M_1 + M_2$，则有

$$M_1 = \alpha_1 f_c (b_f' - b) h_f' \left(h_0 - \frac{h_f'}{2}\right) \tag{4-54}$$

② 计算 A_{s1}

$$A_{s1} = \frac{\alpha_1 f_c (b_f' - b) h_f'}{f_y} \tag{4-55}$$

③ 有 $M_1 = M_u - M_2$，可按单筋矩形梁的计算方法求得 A_{s2}，其步骤如下：

$$\alpha_{s2} = \frac{M_2}{\alpha_1 f_c b h_0^2} \rightarrow \xi_2 = 1 - \sqrt{1 - 2\alpha_{s2}} \rightarrow A_{s2} = \frac{\alpha_1 f_c b \xi_2 h_0}{f_y}$$

则有

$$A_s = A_{s1} + A_{s2}$$

④ 验算 $\xi \leqslant \xi_b$ 或 $x \leqslant \xi_b h_0$。

由此可见，可将第二类 T 形截面梁视为"$a_s' = h_f'/2$、$A_s' = A_{s1}$"的双筋矩形截面受弯构件。

2. 截面复核

已知截面尺寸 b、h、b_f'、h_f'，混凝土抗压强度设计值 f_c、钢筋抗压强度设计值 f_y、弯矩设计值 M。校核截面受弯承载力 M_u（或比较 M 和 M_u 的关系）

设计计算步骤：

（1）判别 T 形截面类型

由于 A_s 已知，若 $A_s f_y \leqslant \alpha_1 f_c b_f' h_f'$，为第一类 T 形截面。若 $A_s f_y > \alpha_1 f_c b_f' h_f'$，为第二类 T 形截面。同时求 x 并判别是否满足适用条件。

（2）第一种类型

若为第一类 T 形截面，则利用式（4-50）可得 $M_u \leqslant \alpha_1 f_c b_f' x (h_0 - 0.5x)$。按截面为 $b_f' \times h$ 的单筋矩形梁的计算方法求 M_u。

（3）第二种类型

① 计算 A_{s1} 及 M_1

$$A_{s1} = \frac{\alpha_1 f_c (b_f' - b) h_f'}{f_y} \tag{4-56}$$

$$M_1 = \alpha_1 f_c (b'_f - b) h'_f \left(h_0 - \frac{h'_f}{2} \right) \qquad (4-57)$$

② 由 $A_{s2} = A_s - A_{s1}$，计算 A_{s2}；

③ 由 $x = \dfrac{A_{s2} f_y}{\alpha_1 f_c b}$，计算 x；

④ 由 $M_2 = \alpha_1 f_c b x (h_0 - 0.5x)$，计算 M_2；

⑤ 最后可得 $M_u = M_1 + M_2$。

⑥ 当 $M_u \geqslant M$ 时，满足要求；否则不安全。当 M_u 大于 M 过多时，截面设计不经济。

【例 4-8】 已知一 T 形截面梁截面尺寸 $b'_f = 1800$ mm、$h'_f = 80$ mm、$b = 200$ mm、$h = 450$ mm，混凝土强度等级 C30，采用 HRB400 级钢筋，环境类别为一类，梁所承受的弯矩设计值 $M = 380$ kN·m。求所需受拉钢筋截面面积 A_s。

【解】 (1) 列出已知参数。

混凝土强度等级 C30：$\alpha_1 = 1.0$，$f_c = 14.3$ N/mm^2，$f_t = 1.43$ N/mm^2；HRB400 级钢筋：$f_y = 360$ N/mm^2，$\xi_b = 0.518$。

环境类别为一类，钢筋按两层布置，可取 $a_s = 60$ mm，$h_0 = h - a_s = 450 - 60 = 390$(mm)。

(2) 判别 T 形截面类型。

$$M_u = \alpha_1 f_c b'_f h'_f \left(h_0 - \frac{h'_f}{2} \right) = 1.0 \times 14.3 \times 1800 \times 80 \times \left(390 - \frac{80}{2} \right)$$

$$= 720720000 (\text{N·mm}) = 720.72 \text{ kN·m} > M = 380 \text{ kN·m}$$

故属第一类 T 形截面。

(3) 计算 A_s 及配筋。

$$\alpha_s = \frac{M}{\alpha_1 f_c b'_f h_0^2} = \frac{380 \times 10^6}{1.0 \times 14.3 \times 1800 \times 390^2} = 0.097$$

$$\xi = 1 - \sqrt{1 - 2\alpha_s} = 1 - \sqrt{1 - 2 \times 0.097} = 0.102 < \xi_b = 0.518$$

$$A_s = \frac{\alpha_1 f_c b'_f h_0 \xi}{f_y} = \frac{1.0 \times 14.3 \times 1800 \times 390 \times 0.102}{360} = 2844 \text{ (mm}^2)$$

实际受拉钢筋选用 6Φ25（两层均匀布置，$A_s = 2945$ mm^2）。

(4) 验算最小配筋率。

$$\rho = \frac{A_s}{bh_0} = \frac{2945}{200 \times 390} = 3.78\% > \rho_{min} = \text{Max}(0.002, 0.45 f_t / f_y) =$$

$\text{Max}\left(0.002, 0.45 \times \dfrac{1.43}{360} \right) = 0.2\%$，故满足不少筋要求，配筋图略。

【例 4-9】 已知一 T 形截面梁截面尺寸 $b'_f = 700$ mm，$h'_f = 110$ mm，$b = 300$ mm，$h = 900$ mm，混凝土强度等级 C30，采用 HRB500 级钢筋，梁所承受的弯矩设计值 $M = 1000$ kN·m。环境类别为一类。试求所需受拉钢筋截面面积 A_s。

【解】 (1) 列出已知参数。

混凝土强度等级 C30：$\alpha_1 = 1.0$，$f_c = 14.3\ \text{N/mm}^2$；HRB500 级钢筋：$f_y = 435\ \text{N/mm}^2$，$\xi_b = 0.482$。

考虑布置两排钢筋，取 $a_s = 60\ \text{mm}$，则 $h_0 = h - a_s = 900 - 60 = 840\ (\text{mm})$。

(2) 判别截面类型。

$$M_u = \alpha_1 f_c b'_f h'_f \left(h_0 - \frac{h'_f}{2}\right) = 1.0 \times 14.3 \times 700 \times 110 \times \left(840 - \frac{110}{2}\right)$$

$$= 864363500\ (\text{N·mm}) = 864.364\ \text{kN·m} < M = 1000\ \text{kN·m}$$

故该 T 形截面属第二类 T 形截面。

(3) 计算 A_{s2} 及 M_2。

$$M_2 = \alpha_1 f_c (b'_f - b) h'_f \left(h_0 - \frac{h'_f}{2}\right)$$

$$= 1.0 \times 14.3 \times (700 - 300) \times 110 \left(840 - \frac{110}{2}\right)$$

$$= 493922000\ (\text{N·mm}) = 493.922\ \text{kN·m}$$

$$A_{s2} = \frac{\alpha_1 f_c (b'_f - b) h'_f}{f_y}$$

$$= \frac{1.0 \times 14.3 \times (700 - 300) \times 110}{435}$$

$$= 1446\ (\text{mm}^2)$$

(4) 计算 A_{s1} 及 M_1。

$$M_1 = M - M_2 = 1000 - 493.922 = 506.078\ (\text{kN·m})$$

$$\alpha_{s1} = \frac{M_1}{\alpha_1 f_c b h_0^2} = \frac{506.078 \times 10^6}{1.0 \times 14.3 \times 300 \times 840^2} = 0.167$$

$\xi_1 = 1 - \sqrt{1 - 2\alpha_{s1}} = 1 - \sqrt{1 - 2 \times 0.167} = 0.184 < \xi_b = 0.482$，故满足不超筋要求。

$$A_{s1} = \frac{\alpha_1 f_c b \xi_1 h_0}{f_y} = \frac{1.0 \times 14.3 \times 300 \times 0.184 \times 840}{435} = 1524\ (\text{mm}^2)$$

(5) 计算 A_s 及配筋。

$$A_s = A_{s1} + A_{s2} = 1446 + 1524 = 2970\ (\text{mm}^2)$$

查附表 7-1，受拉钢筋选用 5 Φ 28（$A_s = 3079\ \text{mm}^2$），截面配筋情况如图 4-35 所示。

【例 4-10】 已知一 T 形截面梁（图 4-36）的截面尺寸 $b'_f = 1000\ \text{mm}$，$h'_f = 80\ \text{mm}$、$h = 500\ \text{mm}$、$b = 250\ \text{mm}$、截面配有受拉 HRB400 级钢筋 7 Φ 28（$A_s = 4310\ \text{mm}^2$），混凝土强度等级 C25，梁截面的最大弯矩设计值 $M = 450\ \text{kN·m}$，环境类别为一类。试校核该梁是否安全。

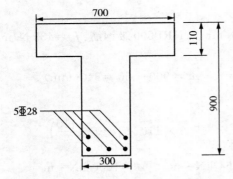

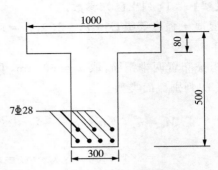

图 4-35 例题 4-9 梁截面配筋图　　　　　图 4-36 例题 4-10 梁截面配筋图

【解】 （1）列出已知参数。

混凝土强度等级 C25：$\alpha_1 = 1.0$，$f_c = 11.9\ \text{N/mm}^2$；HRB400 级钢筋：$f_y = 360\ \text{N/mm}^2$，$\xi_b = 0.518$。

考虑布置两排钢筋，取 $a_s = 60\ \text{mm}$，则 $h_0 = h - a_s = 500 - 60 = 440(\text{mm})$。

（2）判别截面类型。

$A_s f_y = 360 \times 4310 = 1551600(\text{N}) > \alpha_1 f_c b_f' h_f' = 1.0 \times 11.9 \times 1000 \times 80 = 952000(\text{N})$，故属第二类 T 形截面。

（3）计算 x。

$$
\begin{aligned}
x &= \frac{f_y A_s - \alpha_1 f_c (b_f' - b) h_f'}{\alpha_1 f_c b} \\
&= \frac{360 \times 4310 - 11.9 \times (1000 - 300) \times 80}{1 \times 14.3 \times 300} \\
&= 206.3(\text{mm}) < \xi_b h_0 = 0.518 \times 440 = 227.9(\text{mm})
\end{aligned}
$$

（4）计算极限弯矩 M_u

$$
\begin{aligned}
M_u &= \alpha_1 f_c b x \left(h_0 - \frac{x}{2} \right) \\
&\quad + \alpha_1 f_c (b_f' - b) h_f' \left(h_0 - \frac{h_f'}{2} \right) \\
&= 1.0 \times 11.9 \times 300 \times 206.3 \times \left(440 - \frac{206.3}{2} \right) \\
&\quad + 1.0 \times 11.9 \times (1000 - 300) \times 80 \times \left(440 - \frac{80}{2} \right) \\
&= 514646993(\text{N} \cdot \text{mm}) = 514.647\ \text{kN} \cdot \text{m} > M = 450\ \text{kN} \cdot \text{m}
\end{aligned}
$$

故截面安全。

思考题

1. 请简要介绍一下单筋、双筋矩形截面及两类 T 形截面钢筋混凝土梁的正截面承载力设计和截面校核的主要过程及相关适用条件。

2. 一般民用建筑的梁、板截面尺寸是如何确定的？混凝土保护层的作用是什么？梁、板的保护层厚度按规定应取多少？

3. 梁内纵向受拉钢筋的根数、直径及间距有何规定？纵向受拉钢筋在什么情况下才按两排设置？

4. 混凝土弯曲受压时的极限压应变 ε_{cu} 取为多少？

5. 什么叫"界限破坏"？"界限破坏"时的 ε_{cu} 和 ε_s 各等于多少？

6. 受弯构件中适筋梁从加载到破坏经历哪几个阶段？各阶段正截面上应力-应变分布、中性轴位置、梁的跨中最大挠度的变化规律是怎样的？各阶段的主要特征是什么？每个阶段是哪种极限状态的计算依据？

7. 钢筋混凝土梁正截面应力-应变发展至第 Ⅲₐ 阶段时，受压区的最大压应力在何处？最大压应变在何处？为什么把梁的第 Ⅲ 受力阶段称为屈服阶段？它的含义是什么？

8. 超筋梁与适筋梁、少筋梁破坏特征的区别有哪些？

9. 什么是配筋率，它对梁的正截面受弯承载力有何影响？

10. 受弯构件正截面承载力计算有哪些基本假定？按基本假定如何进行正截面受弯承载力计算？

11. 相对界限受压区高度 ξ_b 是怎样确定的？写出有明显屈服钢筋的相对界限受压区高度 ξ_b 的计算公式。影响 ξ_b 的因素有哪些？最大配筋率 ρ_{max} 与 ξ_b 是什么关系？

12. 单筋矩形截面梁的正截面受弯承载力的最大值 $M_{u,max}$ 与哪些因素有关？

13. 在什么情况下可采用双筋梁？其计算应力图形如何确定？在双筋截面中受压钢筋起什么作用？为什么双筋截面一定要用封闭箍筋？

14. 双筋矩形截面受弯构件中，受压钢筋的抗压强度设计值是如何确定的？

15. 在什么情况下可采用双筋截面梁，双筋梁的基本计算公式为什么要有适用条件？$x \geqslant 2a'_s, x < 2a'_s$ 的双筋梁出现在什么情况下，这时应当如何计算？

16. 第一类 T 形截面与第二类 T 形截面如何区分？

17. T 形截面梁的受弯承载力计算公式与单筋矩形截面及双筋矩形截面梁的受弯承载力计算公式有何异同点？

18. T 形截面翼缘计算宽度为什么是有限的？取值与什么有关？

19. 如图 4-37 所示四种截面，当材料强度、截面宽度 b 和高度、承受的设计弯矩（忽略自重影响）均相同时，试确定：(1)各截面开裂弯矩的大小次序？(2)各截面最小配筋面积的大小次序？(3)各截面的配筋大小次序？

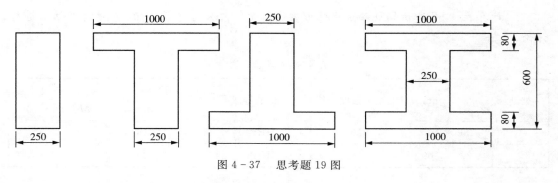

图 4-37　思考题 19 图

习　题

1. 已知矩形截面梁尺寸 $b \times h = 250 \text{ mm} \times 500 \text{ mm}$，承受弯矩设计值 $M = 100 \text{ kN} \cdot \text{m}$，采用混凝土强度等级 C25，HRB400 级钢筋，环境类别为一类，结构的安全等级为二级。求所需受拉钢筋截面面积 A_s，并绘制截面配筋图。

2. 某大楼中间走廊单跨简支板（图 4-38），计算跨度 $l_0 = 3.54 \text{ m}$，承受均布荷载设计值 $g + q = 8 \text{ kN/m}^2$（包括自重），混凝土强度等级 C20，HPB300 级钢筋。试确定现浇板的厚度 h 及所需受拉钢筋面积 A_s，选配钢筋，并画钢筋配置图。

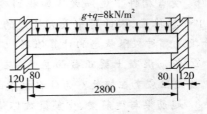

图 4-38　习题 2 图

3. 已知矩形截面梁尺寸 $b \times h = 300 \text{ mm} \times 600 \text{ mm}$，纵向受拉钢筋为 4$\oplus$25 的 HRB400 级钢筋，混凝土强度等级为 C30，试确定该梁所能承受的弯矩设计值 M。

4. 某楼面大梁计算跨度为 $l_0 = 6.6 \text{ m}$，承受均布荷载设计值 $q = 30 \text{ kN/m}$（包括自重），弯矩设计值 $M = 163 \text{ kN} \cdot \text{m}$，试计算下面 5 种情况的 A_s（表 4-6），并进行讨论。

(1) 提高混凝土的强度等级对配筋量的影响；

(2) 提高钢筋级别对配筋量的影响；

(3) 加大截面高度对配筋量的影响；

(4) 加大截面宽度对配筋量的影响。

表 4-6　习题 4 表

类型	b/mm	h/mm	混凝土强度等级	钢筋等级	钢筋面积 A_s/mm²
1	200	550	C25	HRB400	
2	200	550	C30	HRB400	
3	200	550	C25	HRB400	
4	200	650	C20	HRB500	
5	250	550	C20	HRB500	

5. 计算表 4-7 所示钢筋混凝土矩形梁能承受的最大弯矩设计值，并对计算结果进行讨论。

表 4-7　习题 5 表

类型	$b \times h$/mm²	混凝土强度等级	钢筋等级	钢筋面积 A_s/mm²	最大弯矩设计值 M/(kN·m)
1	200×500	C20	HRB400	4$\oplus$18	
2	200×500	C25	HRB400	6$\oplus$20	

钢筋混凝土结构设计原理

（续表）

类型	$b \times h / \text{mm}^2$	混凝土强度等级	钢筋等级	钢筋面积 A_s / mm^2	最大弯矩设计值 $M/(\text{kN} \cdot \text{m})$
3	200×500	C25	HRB400	4Φ18	
4	200×500	C30	HRB400	4Φ18	
5	200×600	C25	HRB400	4Φ18	
6	300×500	C25	HRB400	4Φ18	

6. 某简支钢筋混凝土矩形梁（图 4-39），承受均布荷载设计值 $g+q=15$ kN/m，距支座 3 m 处作用有一集中力设计值 $P=15$ kN，混凝土强度等级 C25，HRB400 级钢筋。试确定截面尺寸和所需受拉钢筋面积 A_s，并绘配筋图。

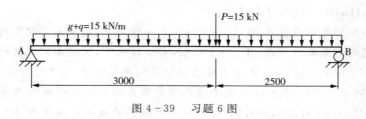

图 4-39 习题 6 图

7. 如图 4-40 所示，某大楼中间走廊单跨简支板，计算跨度 $l_0=2.18$ m，承受均布荷载设计值 $g+q=6$ kN/m²（不包括自重），混凝土强度等级 C25，HPB300 级钢筋。试确定现浇板的厚度 h 及所需受拉钢筋截面面积 A_s，并画钢筋配置图。

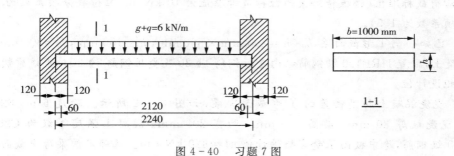

图 4-40 习题 7 图

8. 一钢筋混凝土矩形梁截面尺寸 $b \times h=300$ mm$\times 600$ mm，配置 6Φ25 的 HRB400 级钢筋，分别选 C20、C25 与 C30 强度等级混凝土。试计算梁能承担的极限弯矩值，并对计算结果进行分析。

9. 已知一矩形梁截面尺寸 $b \times h = 300$ mm $\times$ 600 mm，承受弯矩设计值 $M = 365$ kN · m，混凝土强度等级 C25，已配 HRB400 级受拉钢筋 4Φ25，试复核该梁是否安全？若不安全，则重新设计，但不改变截面尺寸和混凝土强度等级（提示：双排布置钢筋，取 $a_s = 60$ mm）。

10. 如图 4-41 所示雨篷板，板厚 $h=60$ mm，板面上有 20 mm 厚防水砂浆，板上活荷载标准值为 1.2 kN/m²。HPB300 级钢筋，混凝土强度等级 C20。试求受拉钢筋面积 A_s，并画出配筋图。

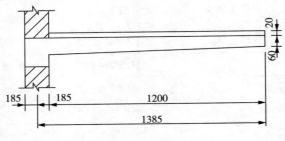

图 4-41　习题 10 图

11. 已知矩形梁截面尺寸 $b \times h = 300\ \text{mm} \times 600\ \text{mm}$，$a_s = a'_s = 40\ \text{mm}$。该梁在不同荷载组合下承受变号弯矩作用，其弯矩设计值分别为 $M = -150\ \text{kN} \cdot \text{m}$，$M = +230\ \text{kN} \cdot \text{m}$。采用 C25 混凝土，HRB400 级钢筋。试求：

(1) 按单筋矩形截面计算在 $M = -150\ \text{kN} \cdot \text{m}$ 作用下，梁顶面需配置的受拉钢筋 A'_s；

(2) 按单筋矩形截面计算在 $M = +230\ \text{kN} \cdot \text{m}$ 作用下，梁底面需配置的受拉钢筋 A_s；

(3) 将在 $M = -150\ \text{kN} \cdot \text{m}$ 作用下梁顶面配置的受拉钢筋 A'_s 作为受压钢筋，按双筋矩形截面计算在 $M = +230\ \text{kN} \cdot \text{m}$ 作用下梁底部需配置的受拉钢筋面积 A_s；

(4) 比较(2)和(3)的总配筋面积，并讨论如何按双筋截面计算在 $M = -150\ \text{kN} \cdot \text{m}$ 作用下的配筋。

12. 一矩形截面简支梁，计算跨度 $l_0 = 6.3\ \text{m}$，$b = 200\ \text{mm}$，$h = 500\ \text{mm}$，混凝土强度等级 C25，配有 HRB400 级 2⏀18 钢筋受压钢筋，受拉钢筋为 3⏀22+2⏀18。求该梁所能承受的均布活荷载标准值（楼板传给梁的恒荷载标准值为 10 kN/m，恒荷载分项系数为 1.3，活荷载分项系数为 1.5）。

13. 已知一倒 T 形截面梁，$b \times h = 200\ \text{mm} \times 500\ \text{mm}$，$h'_f = 150\ \text{mm}$，$b'_f = 300\ \text{mm}$，采用 C30 混凝土，配置 HRB400 级钢筋纵向受拉钢筋 4⏀20 及受压钢筋 2⏀20。求该梁能承受的最大弯矩设计值。

14. 现浇混凝土肋梁楼盖的 T 形截面次梁，如图 4-42 所示。跨度 6 m，次梁间距 2.4 m，现浇板厚 80 mm，梁高 500 mm，肋宽 200 mm。混凝土强度等级为 C25，采用 HRB400 级钢筋，跨中截面承受弯矩设计值 $M = 320\ \text{kN} \cdot \text{m}$。试确定该梁跨中截面受拉钢筋截面面积 A_s，选配钢筋并绘制截面配筋图。

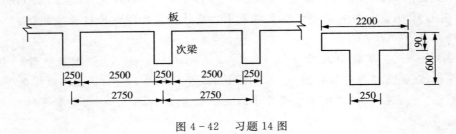

图 4-42　习题 14 图

15. 某多层工业厂房楼盖的预制槽形板截面如图 4-43 所示。混凝土为 C30 级，纵筋为

钢筋混凝土结构设计原理

2Φ16 钢筋。试计算此槽形板所能承受的最大弯矩。

16. 某 T 形截面梁，$b'_f = 400$ mm，$h'_f = 100$ mm，$b = 200$ mm，$h = 600$ mm，采用 C25 混凝土，HRB400 级钢筋，环境类别为一类，结构的安全等级为二级，试计算当弯矩设计值分别为 $M_1 = 150$ kN·m，$M_2 = 280$ kN·m、$M_3 = 360$ kN·m 条件下的梁的配筋（取 $a_s = 60$ mm）。

17. 某 T 形截面梁，翼缘计算宽度 $b'_f = 400$ mm，$h'_f = 100$ mm，$b = 200$ mm，$h = 600$ mm，混凝土强度等级 C25，配有 HRB400 级 4Φ25 受拉钢筋，承受弯矩设计值 $M = 220$ kN·m，试校核梁截面。

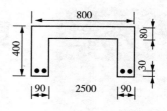

图 4-43　习题 15 图

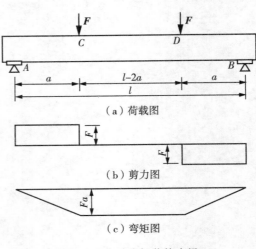

第5章　受弯构件斜截面承载力计算

　　本章主要介绍无腹筋梁和有腹筋梁斜截面的破坏形态和影响斜截面抗剪承载力的主要因素；无腹筋梁和有腹筋梁斜截面抗剪承载力的计算公式和适用条件，以及防止斜压破坏和斜拉破坏的措施；材料抵抗弯矩图的作法和弯起钢筋的弯起位置和纵向受力钢筋的截断位置；纵向受力钢筋伸入支座的锚固要求和箍筋构造要求。使学生具备梁斜截面承载力设计的能力和绘制材料抵抗弯矩图的能力。本章学习应注意与梁正截面设计的区别与联系。

5.1　受弯构件斜截面的受力特点与破坏形态

　　钢筋混凝土受弯构件在竖向荷载作用下，一般除了承受弯矩作用外，还同时承受剪力作用。因此，对于受弯构件，除需进行正截面抗弯承载力设计外，还需同时防止发生斜截面破坏。上一章已经介绍了受弯构件仅考虑弯矩为控制内力下的正截面承载力计算，本章主要讨论受弯构件在弯剪共同作用下的斜截面设计方法。

5.1.1　无腹筋梁斜截面的受力特点

　　实际工程中钢筋混凝土梁内一般均需配置箍筋。为便于理解钢筋混凝土梁斜裂缝出现的原因和斜裂缝的形态，先分析不配置腹筋梁出现斜裂缝的应力状态。箍筋和弯起钢筋（或与主筋和架立钢筋焊接的斜筋）统称为腹筋。图5-1为一矩形截面钢筋混凝土简支梁在两对称集中荷载作用下的弯矩图和剪力图，显然 CD 段为纯弯段，AC、DB 段为弯剪段（同时作用有弯矩和剪力）。

1. 斜裂缝形成前的应力状态

　　当荷载较小时，梁内尚未出现裂缝之前，梁可近似视为均质弹性体，按材料力学原理绘出该梁在荷载作用下的主应力迹线（图5-2），其中实线表示主拉应力迹线，虚线表示主压力迹线。

　　由主应力迹线可见，在仅承受弯矩的区段（CD 段），剪应力为零，最大拉应力 σ_{tp} 的作用方向与梁纵轴的夹角

（a）荷载图

（b）剪力图

（c）弯矩图

图5-1　对称加载简支梁

为零,最大主拉应力发生在截面的下边缘,当其超出混凝土的抗拉强度时,将出现垂直裂缝。

在弯剪段(AC、DB 段)选取截面进行分析,分别在中性轴、受压区和受拉区内选取编号为1,2,3的微元体,应力状态如图5-2所示。中性轴处微元体1的正应力为零,主拉应力与梁轴线夹角为45°;微元体2位于受压区,主拉应力与梁轴线夹角大于45°;受拉区的微元体3,主拉应力与梁轴线夹角小于45°。当梁材质为混凝土时,由于混凝土抗拉强度较低,微元体3处主拉应力较大,当外部荷载增大导致梁底部混凝土达到极限拉应变时,即可产生裂缝。

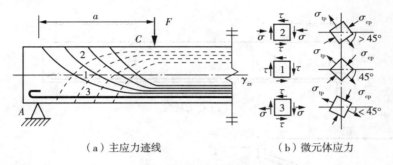

（a）主应力迹线　　　　　　（b）微元体应力

图 5-2　受弯构件主应力迹线和应力状态

在弯矩和剪力共同作用下,钢筋混凝土简支梁将产生斜裂缝。一般由底部先产生竖向裂缝,然后斜向上扩展,此类裂缝称为弯剪斜裂缝[图 5-3(a)]。而在 I 形截面梁中,由于腹板很薄,且该处剪应力较大,斜裂缝可能首先在梁腹部中性轴附近出现,随后向梁底和梁顶斜向发展,最终形成两头小中间大的枣核状斜裂缝,该类裂缝称为腹剪斜裂缝[图5-3(b)]。

2. 斜裂缝出现后的应力状态

无腹筋梁出现斜裂缝后,梁的受力状态发生了质的变化,发生了应力重分布。这时已不能再将梁视为均质弹性体,截面上的应力也不再适用材料力学公式。

图5-4为一无腹筋简支梁在荷载作用下出现斜裂缝后的情况。为能定性地进行分析,将

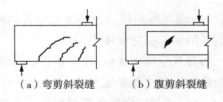

（a）弯剪斜裂缝　　　（b）腹剪斜裂缝

图 5-3　斜裂缝类型

该梁沿斜裂缝 $AA'B$ 切开,取斜裂缝顶点左边部分为隔离体。在该隔离体上,荷载在斜截面 $AA'B$ 上产生的弯矩为M_A,剪力为V_A。而斜截面 $AA'B$ 上的抗力有以下几部分:斜裂缝上端混凝土残余面(AA')上的压力 D_c 和剪力V_c;纵向钢筋的拉力 T_s;因斜裂缝两边有相对的上下错动而使纵向钢筋受到一定的剪力V_d,称为纵筋的销栓作用;斜裂缝两侧混凝土发生相对错动产生的骨料咬合力的竖向分力V_a。

随着斜裂缝的增大,骨料咬合力的竖向分力V_a逐渐减弱以至消失。在销栓力V_d作用下,阻止纵向钢筋发生竖向位移的只有下面很薄的混凝土保护层,所以销栓作用不可靠。

由于斜裂缝的出现,梁的剪弯段内的应力状态将发生很大变化,主要表现如下:

(1)在斜裂缝出现前,剪力V_A由全截面承受,在斜裂缝形成后,剪力V_A全部由斜裂缝

上端混凝土残余面抵抗。同时,由 V_A 和 V_c 所组成的力偶须由纵筋的拉力 T_s 和混凝土压力 D_c 组成的力偶平衡。因此,剪力 V_A 在斜截面上不仅引起 V_c ,还引起 T_s 和 D_c ,导致斜裂缝上端混凝土残余面既受剪又受压,故称剪压区。剪压区的截面面积远小于全截面面积,因此斜裂缝出现后剪压区的剪应力 τ 显著增大;同时剪压区的压应力 σ 也显著增大。

(2) 在斜裂缝出现前,截面 BB' 处截面的拉应力由该截面处的弯矩 M_B 决定。在斜裂缝形成后,截面 BB' 处的纵筋拉应力则由截面 AA' 处的弯矩 M_A 所决定。因为 $M_A > M_B$,所以斜截面形成后,穿过斜裂缝的纵筋的拉应力将突然增大,这也是简支梁纵筋为什么在支座内需要一定的锚固长度的原因。

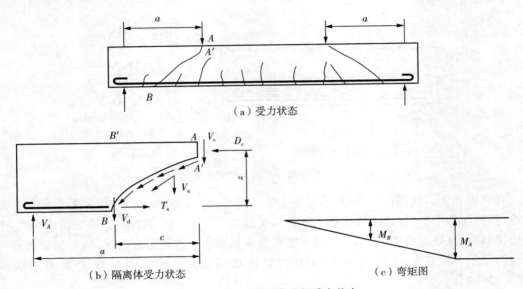

(a) 受力状态

(b) 隔离体受力状态

(c) 弯矩图

图 5-4   斜裂缝形成后的受力状态

(3) 纵向钢筋拉应力的增大导致钢筋与混凝土之间黏结应力的增大,有可能出现沿纵向钢筋的黏结裂缝或撕裂裂缝。

当荷载继续增加时,随着斜裂缝条数的增多和裂缝宽度的增大,骨料咬合力下降;沿纵向钢筋的混凝土保护层也有可能被撕裂,钢筋的销栓力也逐渐减弱;斜裂缝中的一条发展成为主要斜裂缝,称为临界斜裂缝。无腹筋梁此时如同拱结构(图 5-5),纵向钢筋成为拱的拉杆。一种较常见的破坏情况:临界斜裂缝的发展导致混凝土剪压区高度的不断减少,最后在切应力和压应力的共同作用下,剪压区混凝土被压碎(拱顶破坏),发生沿斜截面的破坏。破坏时纵向钢筋拉应力往往低于其屈服强度。

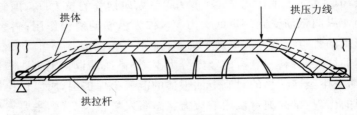

图 5-5   无腹筋梁的拱体受力机制

钢筋混凝土结构设计原理

5.1.2　有腹筋梁斜截面的受力特点

为保证钢筋混凝土梁的抗剪承载力,防止梁沿斜截面发生脆性破坏,应使构件具有合适的截面尺寸和适宜的混凝土强度等级,在实际工程结构中一般在梁内部配有腹筋。当构件承受的剪力较大时,也可增设弯起钢筋,弯起钢筋一般由梁内的部分纵向受力钢筋弯起形成。腹筋与纵筋、架立钢筋等构成梁的钢筋骨架(图5-6)。无腹筋梁与有腹筋梁斜截面的受力性能和破坏形态有相似之处,也有不同之处。

有腹筋梁在荷载较小,斜裂缝出现之前,腹筋的应力很小,腹筋的作用不明显,对斜裂缝出现的影响不大,其受力性能和无腹筋梁相似,当主拉应力值超出混凝土抗拉强度时,将先在达到该强度的部位处产生裂缝。但当斜裂缝出现以后,剪压区几乎承受了由荷载产生的全部剪力,成为整个梁的薄弱环节。由于配有箍筋、弯起钢筋,有腹筋梁的破坏形态与无腹筋梁有所区别,产生斜裂缝后的受力状态可近似简化为拱形桁架模型(图5-7)。

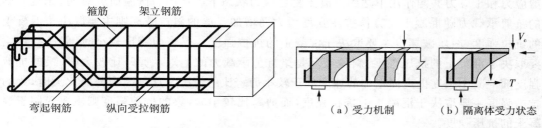

图5-6　有腹筋梁的钢筋骨架　　　　　图5-7　有腹筋梁的传力机制

（a）受力机制　　　（b）隔离体受力状态

在梁开裂前箍筋所受应力很小,开裂后才起到了桁架中竖向拉杆的作用,裂缝间的混凝土则类似于斜压杆,而梁底部的受拉钢筋起到下弦拉杆的作用。由拱形桁架模型可知,箍筋可显著提高有腹筋梁的抗剪承载力:直接承担了斜截面上的部分剪力,缓解了混凝土的剪应力集中现象;抑制了斜裂缝开展,提高了裂缝面上混凝土骨料的咬合力;抑制了沿纵筋劈裂裂缝的发展,增强了纵筋的"销栓"作用;增强了斜截面抗弯承载力,使斜裂缝产生后纵筋应力 σ_s 的增量减少。

5.1.3　影响受弯构件斜截面抗剪承载力的主要因素

影响梁斜截面抗剪承载力的因素很多,试验表明,主要因素有剪跨比、混凝土强度、纵筋配筋率、配筋率和箍筋强度等。

1. 剪跨比

剪跨比 λ 是一个无量纲的参数,用 $\lambda = M/Vh_0$ 表示,此处的 M、V 为剪弯区段中某个计算截面处的弯矩和剪力,h_0 为截面的有效高度。剪跨比是影响无腹筋梁截面破坏形态的主要因素之一。

对于集中荷载作用下的梁,如图5-1所示的简支梁,计算截面的剪跨比为

$$\lambda = \frac{M}{Vh_0} = \frac{Fa}{Fh_0} = \frac{a}{h_0} \tag{5-1}$$

式中:a——集中荷载作用点至支座的距离,称为剪跨,剪跨比 λ 为剪跨 a 与截面有效高度

h_0 的比值。

试验研究结果表明,剪跨比 λ 是影响梁集中荷载作用下的梁斜截面破坏形态和抗剪承载力的主要因素,其对梁斜截面破坏形态的影响与配筋率 ρ 对梁正截面破坏形态的影响相似。λ 值越小,梁的抗剪承载力越高,而 λ 值越大,抗剪承载力越低,特别是以集中荷载为主的梁,受剪跨比 λ 的影响更为明显。

对于无腹筋梁而言,随着剪跨比的增大,梁的斜截面抗剪承载力逐渐减小,破坏方式会经历斜压破坏、剪压破坏和斜拉破坏。当 $\lambda \geqslant 3$ 时,其影响已不再明显。对有腹筋梁,低配箍率时剪跨比的影响较大,高配箍率时的影响较小。

在均布荷载作用下,跨高比 l_0/h 对梁的抗剪承载力有较大影响,随跨高比的增大,梁的抗剪承载力降低,当跨高比大于 6 时,对梁的抗剪承载力影响很小。

2. 混凝土强度

混凝土强度对梁的抗剪承载力有明显影响,无腹筋梁的受剪破坏主要是由于剪压区在剪应力和正应力共同作用下达到混凝土复合应力状态下破坏的。试验研究表明,无腹筋梁的抗剪承载力随混凝土立方体抗压强度增大而增加。梁的斜拉破坏则主要取决于混凝土的抗拉强度,剪压破坏也主要取决于混凝土的抗拉强度。仅当剪跨比较小时,斜压破坏主要取决于混凝土的抗压强度,斜压破坏是梁抗剪承载力的上限。剪跨比较大时,梁的抗剪强度随混凝土强度提高而增加的速率低于较小剪跨比的情况。这是因为剪跨比大时,梁的抗剪强度主要取决于混凝土的抗拉强度,而剪跨比较小时,梁的抗剪强度则主要受制于混凝土的抗压强度。

3. 纵筋配筋率

纵筋对抗剪能力也有一定的影响,纵筋的配筋率高,则纵筋的销栓作用强,能抑制斜裂缝的开展和延伸,使剪压区混凝土的面积增大,从而提高了剪压区混凝土承受的剪力。因此,增加纵筋配筋率可提高梁的抗剪承载力,两者大致呈线性关系。其中,当剪跨比较小时,销栓作用明显,配筋率 ρ 对抗剪承载力影响较大;当剪跨比较大时,属斜拉破坏,配筋率 ρ 的影响程度减弱。

在相同配筋率情况下,纵向钢筋的强度越高,对抗剪越有利,但不如配筋率影响显著。

4. 配箍率和箍筋强度

有腹筋梁出现斜裂缝之后,箍筋不仅可直接承担相当一部分剪力,而且还可有效抑制斜裂缝的开展和延伸,对提高剪压区混凝土的抗剪承载力和纵筋的销栓作用均有一定影响,从而间接地提高梁的抗剪承载力。试验表明,在配筋量适当的范围内,梁的抗剪承载力随配箍率的增大和箍筋强度的提高而有较大幅度的提高。

梁中箍筋的配筋率 ρ_{sv} 为箍筋的截面面积与混凝土面积之比(图 5-8),按下式计算:

$$\rho_{sv} = \frac{A_{sv}}{bs} = \frac{nA_{sv1}}{bs} \tag{5-2}$$

式中:b—— 矩形截面的宽度,T 形截面和 I 形截面的腹板宽度;

s—— 沿构件长度箍筋的间距;

n—— 同一截面内箍筋的肢数;

A_{sv1}—— 单肢箍筋的截面面积;

A_{sv}—— 配置在同一截面内的箍筋各肢的全部截面面积，$A_{sv} = nA_{sv1}$，图 5 - 8 中的 $n = 2$。

5. 截面尺寸和截面形状

截面尺寸对无腹筋梁的抗剪承载力有较大的影响，尺寸大的构件，破坏时平均剪应力较小。试验表明，在其他参数（混凝土强度、纵筋配筋率、剪跨比）保持不变时，梁高扩大 4 倍，破坏时的平均剪应力可下降 25% ~ 30%。但对于有腹筋梁，截面尺寸的影响将减小。

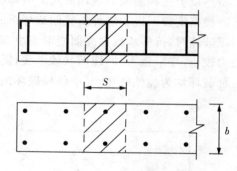

图 5 - 8   配箍率计算面积

试验表明，受压区翼缘的存在对提高斜截面承载力有一定的作用。因此 T 形截面梁与矩形截面梁相比，前者的斜截面承载力一般要高 10% ~ 30%。

5.1.4   斜截面受剪的三种主要破坏形态

试验研究表明，梁在斜裂缝出现后，由于剪跨比和腹筋数量等因素，主要存在以下三种破坏形态。

1. 斜压破坏

当梁的剪跨比较小（$\lambda < 1$），或剪跨比适当但截面尺寸较小而腹筋数量过多时，常发生斜压破坏。破坏时在梁腹部会出现若干条大体相互平行的斜裂缝，这些斜裂缝将梁腹部的混凝土分割成若干斜向受压的短柱，最终混凝土短柱被斜向压碎，这种破坏为斜压破坏[图 5 - 9(a)]。

梁发生破坏时与斜裂缝相交的腹筋应力达不到屈服强度，抗剪承载力主要取决于混凝土斜压柱体的受压承载力。此类破坏呈明显的脆性特征，无明显预兆，类似于正截面破坏形态中的超筋破坏。

2. 剪压破坏

当梁的剪跨比适当（$1 \leqslant \lambda \leqslant 3$），且梁中腹筋数量适当，常发生剪压破坏。一般首先在弯剪段出现一系列垂直裂缝，随后斜向延伸，形成斜裂缝，随着荷载的增加，将会形成一条主要斜裂缝（称为临界斜裂缝）。临界斜裂缝形成后，梁还能继续承受荷载。最后，与临界斜裂缝相交的腹筋应力达到屈服强度，斜裂缝宽度增大，导致剩余截面减少，剪压区混凝土在剪压复合应力作用下达到极限强度被压碎，梁丧失抗剪承载力，这种破坏为剪压破坏[图 5 - 9(b)]。该类破坏类似于正截面破坏形态中的适筋破坏。

3. 斜拉破坏

当梁的剪跨比较大（$\lambda > 3$），且梁内配置的腹筋数量又过少时，将发生斜拉破坏。在这种情况下，斜裂缝一旦出现，就很快形成一条主斜裂缝并迅速延伸至梁顶。因腹筋数量过少，所以腹筋应力很快达到屈服强度，变形剧增，不能抑制斜裂缝的开展，梁被拉裂成两部分而突然破坏，这种破坏为斜拉破坏[图 5 - 9(c)]。此类破坏也无明显预兆，类似于正截面破坏形态中的少筋破坏。

虽然以上三种斜截面破坏形式的破坏特征和抗剪承载力各不相同,但三者均属于脆性破坏。根据实验测得梁三种斜截面破坏下的剪力-跨中挠度曲线,如图 5－10 所示。显然,梁斜压破坏时,抗剪承载力高而变形很小,破坏突然,曲线形状陡峭;剪压破坏时,梁的抗剪承载力较小,变形稍大,曲线形状较平缓;斜拉破坏时,抗剪承载力最小,破坏很突然。所以这三种破坏均为脆性破坏,其中斜拉破坏最为突出,斜压破坏次之,剪压破坏稍好。

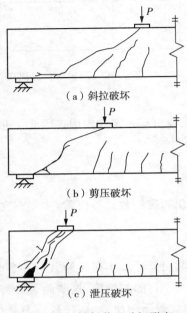

(a) 斜拉破坏

(b) 剪压破坏

(c) 泄压破坏

图 5－9　梁斜截面破坏形态

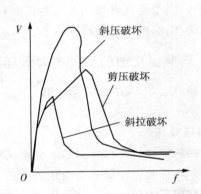

图 5－10　梁的剪力-挠度曲线

5.2　受弯构件斜截面抗剪承载力的计算公式与适用范围

如前所述,钢筋混凝土梁沿斜截面剪切破坏存在三种主要破坏形态。其中,斜压破坏主要是因梁截面尺寸过小而发生的,故可通过控制梁截面尺寸不致过小预防;斜拉破坏则主要是由梁内配置的腹筋数量过少而引起的,因此用配置一定数量的箍筋和限制箍筋最大间距来防止这种破坏的发生;对于剪压破坏,梁的抗剪承载力变化幅度较大,则必须通过抗剪承载力计算予以保证。

基于 4.4 节的设计思想简要说明一下钢筋混凝土梁斜截面承载力设计思路:梁内部材料产生抵抗剪力值不小于外部荷载作用下产生的最大剪力值,基于承载能力极限状态的梁斜截面承载力符合要求。而由 5.1.3 节可知,梁截面的绝大部分成分混凝土具有抗剪能力,同时,箍筋、弯起钢筋也可抗剪,即梁的抗剪强度可认为来源于这三种介质。可采用“拿来主义”的思想,首先验算混凝土截面抗剪强度是否足以抵抗最大剪力值,若不足,可考虑增设箍筋,若抵抗力仍不足,再考虑配置弯起钢筋。需要注意的是,即使按计算无须配置箍筋,也必须按构造要求配置,因为梁的纵筋必须通过箍筋固定位置和保证间距等。这就是梁斜截面承载力设计的主要思想,当然还需要考虑相应的适用条件及构造要求。

钢筋混凝土结构设计原理

5.2.1 基本假定

对于配有箍筋和弯起钢筋的简支梁,达到抗剪承载力极限状态而发生剪压破坏时,取出被破坏斜截面所分割的一段梁 $AA'B$ 作为隔离体分析(图 5-11)。该隔离体上作用的外荷载剪力为 V,斜截面上的抗力有混凝土剪压区的剪力和压力、箍筋和弯起钢筋的抗力、纵筋的抗力、纵筋的销栓力、骨料咬合力等。

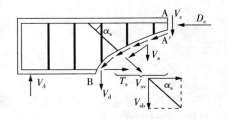

图 5-11 隔离体受力分析图

则斜截面的抗剪承载力由以下各项所组成:

$$V_u = V_c + V_{sv} + V_{sb} + V_d + V_a \qquad (5-3)$$

式中:V_u—— 斜截面抗剪承载力;

V_c—— 剪压区混凝土所承担的剪力;

V_{sv}—— 与斜裂缝相交的箍筋所承担剪力的总和;

V_{sb}—— 与斜裂缝相交的弯起钢筋所承担拉力的竖向分力总和;

V_d—— 纵筋的销栓力总和;

V_a—— 斜截面上混凝土骨料咬合力的竖向分力总和。

由于破坏斜截面的位置和倾角以及剪压区的面积等很难用理论分析确定;剪压区混凝土所承受的剪力主要取决于混凝土的复合受力强度;而纵筋的销栓力和混凝土骨料的咬合力也受制于诸多因素。因此,为简化计算并便于应用,对梁抗剪承载力计算一般要作出如下基本假定:

(1)对配置腹筋的简支梁,忽略纵筋的销栓力和混凝土骨料的咬合力,假定隔离体 $AA'B$ 斜截面的抗剪承载力只由两部分组成,即

$$V_u = V_{cs} + V_{sb} \qquad (5-4)$$

$$V_{cs} = V_c + V_{sv} \qquad (5-5)$$

式中:V_{cs}—— 仅配有箍筋梁的斜截面抗剪承载力。

(2)以集中荷载力为主的梁,应考虑剪跨比 λ 对抗剪承载力的影响。其他梁则忽略剪跨比的影响。

(3)假设发生剪压破坏时,与斜裂缝相交的腹筋达到屈服。同时混凝土在剪压复合力作用下达到极限强度。

(4)在 V_c 中不考虑箍筋的影响,而将由箍筋的影响使混凝土的承载力提高的部分包含在 V_{sv} 中。

5.2.2 斜截面抗剪承载力的计算公式

1. 不配置腹筋和弯起钢筋的一般板类受弯构件

板类构件通常承受的荷载较小,剪力较小,板内混凝土即可提供足够的抗剪能力,一般不必进行斜截面承载力的计算,也无须配置箍筋和弯起钢筋。但当板上承受的荷载较大

时,需对其斜截面承载力进行计算。

不配置箍筋和弯起钢筋的一般板类受弯构件,其斜截面的抗剪承载力应按下列公式计算:

$$V \leqslant 0.7\beta_\mathrm{h} f_\mathrm{t} b h_0 \tag{5-6}$$

$$\beta_\mathrm{h} = \left(\frac{800}{h_0}\right)^{1/4} \tag{5-7}$$

式中:V—— 构件斜截面上的最大剪力设计值。

β_h—— 截面高度影响系数,当 $h_0 < 800$ mm 时,取 $h_0 = 800$ mm;当 $h_0 > 2000$ mm 时,取 $h_0 = 2000$ mm。

f_t—— 混凝土轴心抗拉强度设计值。

2. 仅配有箍筋的梁

由式(5-5)知,仅配有箍筋梁的斜截面抗剪承载力 V_cs 由混凝土的抗剪承载力 V_c 和与斜截面相交的箍筋的抗剪承载力 V_sv 组成。配箍率和箍筋强度均对有腹筋梁的斜截面破坏形态和抗剪承载力有很大影响,通过对试验结果的统计分析,《规范》规定,对矩形、T 形和 I 形截面的一般受弯构件,当仅配置箍筋时,其斜截面的抗剪承载力应符合下列规定:

$$V \leqslant V_\mathrm{cs} = 0.7 f_\mathrm{t} b h_0 + f_\mathrm{yv} \frac{A_\mathrm{sv}}{s} h_0 \tag{5-8}$$

式中:V_cs—— 构件斜截面上混凝土和箍筋的抗剪承载力设计值;

f_yv—— 箍筋抗拉强度设计值。

对集中荷载作用下(包括作用有多种荷载,且其中集中荷载对支座截面或节点边缘所产生的剪力值占总剪力的 75% 以上的情况)的独立梁,其斜截面的抗剪承载力应符合下列规定:

$$V \leqslant V_\mathrm{cs} = \frac{1.75}{\lambda + 1.0} f_\mathrm{t} b h_0 + f_\mathrm{yv} \frac{A_\mathrm{sv}}{s} h_0 \tag{5-9}$$

式中:λ—— 计算截面的剪跨比,可取 $\lambda = a/h_0$;当 $\lambda < 1.5$ 时,取 $\lambda = 1.5$;当 $\lambda > 3.0$ 时,取 $\lambda = 3.0$;集中荷载作用点至支座之间的箍筋应均匀配置。

3. 同时配有箍筋和弯起钢筋的梁

当截面承受的剪力较大,仅配箍筋时箍筋直径较大或间距较小时,可在保证截面受弯承载力的条件下,利用纵向受力钢筋在临近支座处弯起。

试验表明,梁中弯起钢筋所承受的剪力随着弯起钢筋面积的加大而提高,两者呈线性关系,且与弯起角有关。弯起钢筋所承受的剪力可用其拉力在垂直于梁纵轴方向的分力 V_sb 表示(图 5-11)。此外,弯起钢筋仅在穿越斜裂缝时才可能屈服,当弯起钢筋在斜裂缝顶端越过时,因相交点接近于截面的受压区,弯起钢筋有可能达不到屈服,计算时需考虑这一因素。

《规范》规定,对矩形、T 形和 I 形截面的一般受弯构件,当配置箍筋和弯起钢筋时,其斜截面的抗剪承载力应符合下列规定:

$$V \leqslant V_{cs} + V_{sb} = 0.7 f_t b h_0 + f_{yv} \frac{A_{sv}}{s} h_0 + 0.8 f_y A_{sb} \sin\alpha_s \qquad (5-10)$$

式中：A_{sb}—— 配置在同一弯起平面内的弯起钢筋的截面面积。

$\qquad \alpha_s$—— 弯起钢筋与梁纵轴的夹角，一般取 $\alpha_s = 45°$；当梁截面较高时，可取 $\alpha_s = 60°$。

$\qquad f_y$—— 弯起钢筋的抗拉强度设计值。

对集中荷载作用下的独立梁（包括作用有多种荷载，且其中集中荷载对支座截面或节点边缘所产生的剪力值占总剪力的 75% 以上的情况），其斜截面的抗剪承载力应符合下列规定：

$$V \leqslant V_{cs} + V_{sb} = \frac{1.75}{\lambda + 1.0} f_t b h_0 + f_{yv} \frac{A_{sv}}{s} h_0 + 0.8 f_y A_{sb} \sin\alpha_s \qquad (5-11)$$

需要说明的是，计算第一排（对支座而言）弯起钢筋时，截面剪力设计值可取支座边缘处的剪力值；计算以后的每一排弯起钢筋时，取前一排（对支座而言）弯起钢筋弯起点处的剪力值。

5.2.3 计算公式的适用范围

梁斜截面抗剪承载力计算公式主要基于剪压破坏的受力特征和试验结果建立，因而有一定的适用范围，即公式的上、下限。

1. 公式的上限 —— 限定截面最小尺寸，以防止梁发生斜压破坏

对于有腹筋梁，斜截面的剪力由混凝土、腹筋共同承担。当梁的截面尺寸确定之后，斜截面抗剪承载力并不能随着腹筋配置数量的增加而无限制地提高，梁将可能产生斜压破坏，腹筋应力达不到屈服强度，梁的抗剪承载力取决于混凝土的抗压强度 f_c 和梁的截面尺寸。

设计时为防止斜压破坏（或腹板压坏），同时也为了限制梁在使用阶段的裂缝宽度，《规范》规定，矩形、T 形和 I 形截面的受弯构件，其受剪截面应符合下列条件：

$$\text{当 } h_w/b \leqslant 4 \text{ 时} \qquad V \leqslant 0.25 \beta_c f_c b h_0 \qquad (5-12)$$

$$\text{当 } h_w/b \geqslant 6 \text{ 时} \qquad V \leqslant 0.20 \beta_c f_c b h_0 \qquad (5-13)$$

当 $4 < h_w/b < 6$ 时，按线性内插法确定，即

$$V \leqslant 0.025(14 - h_w/b) \beta_c f_c b h_0 \qquad (5-14)$$

式中：β_c—— 混凝土强度影响系数：当混凝土强度等级不超过 C50 时，取 $\beta_c = 1.0$；当混凝土强度等级为 C80 时，取 $\beta_c = 0.8$；其间按线性插值法确定。

$\qquad f_c$—— 混凝土轴心抗压强度设计值。

$\qquad h_w$—— 截面的腹板高度，按如图 5-12 所示选取，对矩形截面取有效高度；对 T 形截面取有效高度减去翼缘高度；对 I 形截面取腹板净高。

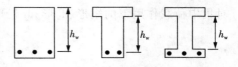

图 5-12 不同截面类型梁的腹板高度

在设计中,若不满足式(5-12)或式(5-13)或式(5-14)的条件时,应加大构件截面尺寸或提高混凝土强度等级。

2. 公式的下限 —— 限制最小配箍率和箍筋最大间距,以防止梁发生斜拉破坏

钢筋混凝土梁出现斜裂缝后,斜裂缝处原来由混凝土承受的拉力全部转由箍筋承担,使箍筋的拉应力突然增大。若箍筋配置过少,则斜裂缝一出现,箍筋的应力迅速达到屈服强度,因而不能有效地限制斜裂缝的发展而发生斜拉破坏。此外,若箍筋直径过小,也不能有效保证钢筋骨架的刚度。

为了防止这种情况出现,《规范》规定当 $V > 0.7f_t bh_0$ 时箍筋的最小配筋率需满足下列条件:

$$\rho_{sv} = \frac{A_{sv}}{bs} \geqslant \rho_{sv,min} = 0.24\frac{f_t}{f_{yv}} \tag{5-15}$$

此外,《规范》还规定了斜截面配筋的两项最低构造要求,主要目的是控制使用阶段的斜裂缝宽度。一是限定箍筋最大间距,保证可能出现的斜裂缝与箍筋相交,以发挥箍筋作用(表5-1);二是限定箍筋最小直径,保证钢筋骨架的刚度(表5-2)。

表5-1 梁中箍筋的最大间距(mm)

梁高 h	$V > 0.7f_t bh_0$	$V \leqslant 0.7f_t bh_0$
$150 < h \leqslant 300$	150	200
$300 < h \leqslant 500$	200	300
$500 < h \leqslant 800$	250	350
$h > 800$	300	400

表5-2 梁中箍筋的最小直径(mm)

梁高 h	箍筋直径
$h \leqslant 800$	6
$h > 800$	8

注:梁中配有计算需要的纵向受压钢筋时,箍筋直径尚不小于 $d/4$(d 为纵向受压钢筋的最大直径)。

当梁承受的剪力较小而截面尺寸较大时,对矩形、T形和 I 形截面梁

$$V \leqslant 0.7f_t bh_0 \tag{5-16}$$

对集中荷载作用下的矩形、T形和 I 形截面独立梁

$$V \leqslant \frac{1.75}{\lambda + 1}f_t bh_0 \tag{5-17}$$

可不进行斜截面抗剪承载力计算,而按上述构造规定选配箍筋。

5.3 受弯构件斜截面抗剪承载力的计算方法

5.3.1 计算截面的位置

有腹筋梁斜截面受剪破坏一般是发生在剪力设计值比较大或抗剪承载力比较薄弱的地方,即易发生应力集中现象的截面处。因此,在进行斜截面承载力设计时,一般应选取下列斜截面作为梁抗剪承载力的计算截面:

(1) 支座边缘处的截面[图5-13(a)、(b)所示1—1截面];

(2) 受拉区弯起钢筋弯起点处的截面[图5-13(a)所示2—2、3—3截面];

(3) 箍筋截面面积或间距改变处的截面[图5-13(b)所示4—4截面];

(4) 截面尺寸改变处的截面[图5-13(b)所示5—5截面]。

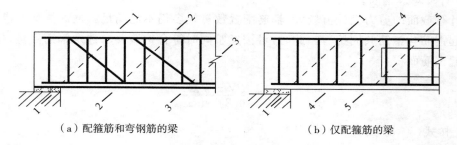

（a）配箍筋和弯钢筋的梁　　　　　　　　　　　（b）仅配箍筋的梁

图5-13　斜截面抗剪承载力的计算位置

5.3.2 斜截面抗剪承载力计算步骤

在实际工程中受弯构件斜截面承载力的计算通常有两类问题:截面设计和截面校核。

1. 截面设计

已知构件的截面尺寸b、h_0,材料强度设计值f_t、f_y、f_{yv},荷载设计值(或内力设计值)和跨度等,要求确定箍筋和弯起钢筋的数量。

对这类问题可按如下步骤进行计算:

(1) 确定计算截面和截面剪力设计值。

(2) 验算梁截面尺寸是否满足要求,防止发生斜压破坏。

梁的截面以及纵向钢筋通常已由正截面承载力计算初步确定,根据梁斜截面上的最大剪力设计值V,按式(5-12)或式(5-13)或式(5-14)复核梁截面尺寸,若不满足,应采取加大截面尺寸或提高混凝土强度等级等措施。

(3) 判别是否需按计算配置箍筋。

若梁斜截面上的最大剪力设计值V满足式(5-16)或式(5-17),则可不进行斜截面抗剪承载力计算,而按构造规定选配箍筋。否则,应按计算要求配置箍筋。《规范》规定钢筋混凝土梁的结构设计中,宜优先考虑采用箍筋作为承受剪力的钢筋。

(4) 计算箍筋数量。

当梁仅配置箍筋时,箍筋应按下式进行计算:

对于矩形、T 形或 I 形截面的一般受弯构件,由式(5-8)可得

$$\frac{A_{sv}}{s} \geqslant \frac{V - 0.7f_t b h_0}{f_{yv} h_0}$$

对集中荷载作用下的独立梁(包括作用有多种荷载,且其中集中荷载对支座截面或节点边缘所产生的剪力值占总剪力的 75% 以上的情况),由式(5-9)可得

$$\frac{A_{sv}}{s} \geqslant \frac{V - \dfrac{1.75}{\lambda + 1.0} f_t b h_0}{f_{yv} h_0}$$

计算出 A_{sv}/s 值后,一般采用双肢箍筋,即取 $A_{sv} = 2A_{sv1}$(A_{sv1} 为单肢箍筋的截面面积),然后选用箍筋直径(一般可取 6 mm、8 mm 或 10 mm),即可确定箍筋间距。注意:选用的箍筋直径和间距应满足构造要求,同时箍筋的配筋率应满足最小配筋率要求。

(5)计算弯起钢筋。

当计算截面的剪力设计值较大,箍筋配置数量较多仍不能满足斜截面抗剪要求时,可配置弯起钢筋与箍筋共同抗剪。此时,可按经验同时符合构造要求选定箍筋数量,按下式确定弯起钢筋面积:

$$A_{sb} \geqslant \frac{V - V_{cs}}{0.8 f_y \sin\alpha_s}$$

式中 V_{cs} 按式(5-8)或式(5-9)计算。

也可先选定弯起钢筋的截面面积 A_{sb},由式(5-10)或式(5-11)求出 V_{cs},再按只配箍筋的方法计算箍筋用量。

2. 截面复核

已知构件的截面尺寸 b、h_0,材料强度设计值 f_t、f_y、f_{yv},箍筋数量,弯起钢筋数量及位置等,按要求复核构件斜截面所能承受的剪力设计值。

对这类问题可按如下步骤进行计算:

(1)利用式(5-12)或式(5-13)或式(5-14)验算是否满足截面最小尺寸要求,若不满足,需增大截面尺寸后重新验算;

(2)根据已知条件检查已配箍筋是否满足构造要求,若不满足,则应调整箍筋或只考虑混凝土的抗剪承载力;

(3)验算已配箍筋是否满足最小配筋率的要求,若不满足,则只考虑混凝土的抗剪承载力;

(4)利用已知条件,选择相应危险截面,代入式(5-10)或式(5-11)以及式(5-12)或式(5-13)或式(5-14)复核斜截面承载力。

【例 5-1】 受均布荷载作用的矩形简支梁,如图 5-14 所示。均布荷载设计值 $q = 80$ kN/m,配置受拉纵筋为 HRB400 级钢筋 2Φ25 + 1Φ22,混凝土强度等级为 C30 级,箍筋也采用 HRB400 级钢筋。请确定此梁需配置的箍筋数量。

【解】 (1)列出已知参数。

HRB400 级钢筋:$f_{yv} = f_y = 360$ N/mm²;C30 混凝土:$\beta_c = 1.0$,$f_t = 1.43$ N/mm²,$f_c =$

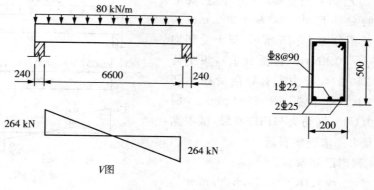

图 5 - 14　例题 5 - 1 图

14.3 N/mm ^{2}。

（2）求支座边缘截面的剪力设计值。

$$V = \frac{1}{2} q l_n = \frac{1}{2} \times 80 \times 6.6 = 264 (\text{kN})$$

（3）验算截面尺寸。

$h_w = h_0 = 465$ mm，$\dfrac{h_w}{b} = \dfrac{465}{200} = 2.325 < 4$，属厚腹梁；$0.25 \beta_c f_c b h_0 = 0.25 \times 1.0 \times 14.3 \times 200 \times 465 = 332475 (\text{N}) = 332.475$ kN $> V = 264$ kN，故截面尺寸符合要求。

（4）验算是否需要计算配置箍筋。

$0.7 f_t b h_0 = 0.7 \times 1.43 \times 200 \times 465 = 93093 (\text{N}) = 93.093$ kN $< V = 264$ kN，故需要按计算配置箍筋。

（5）求配箍量。

由 $V \leqslant 0.7 f_t b h_0 + f_{yv} \dfrac{n \cdot A_{sv1}}{s} h_0$，得 $264000 = 0.7 \times 1.43 \times 200 \times 465 + 360 \times \dfrac{n \cdot A_{sv1}}{s} \times 465$，则 $\dfrac{n \cdot A_{sv1}}{s} = \dfrac{264000 - 93093}{360 \times 465} = 1.021 (\text{mm}^2/\text{mm})$。

考虑采用双肢箍 $\Phi 8@90$，则

$$\frac{n \cdot A_{sv1}}{s} = \frac{2 \times 50.3}{90} = 1.118 (\text{mm}^2/\text{mm}) > 1.021 \text{ mm}^2/\text{mm}$$

配箍率：

$$\rho_{sv} = \frac{n \cdot A_{sv1}}{bs} = \frac{2 \times 50.3}{200 \times 90} = 0.56\%$$

最小配箍率：

$$\rho_{sv,\min} = 0.24 \frac{f_t}{f_{yv}} = 0.24 \times \frac{1.43}{360} = 0.10\% < \rho_{sv} = 0.56\%$$

故满足要求，配筋图如图 5 - 14 所示。

【例 5-2】 已知一简支梁,一类环境,安全等级二级,梁的截面尺寸 $b \times h = 200 \text{ mm} \times 500 \text{ mm}$,计算简图如图 5-15 所示,梁上受到均布荷载设计值 $q = 20 \text{ kN/m}$(包括自重),集中荷载设计值 $P = 260 \text{ kN}$,梁中配有纵向受拉钢筋 HRB400 级 6Φ22(双排布置,$A_s = 2281 \text{ mm}^2$),混凝土强度等级为 C30,箍筋为 HPB300 级,试根据斜截面抗剪承载力要求确定腹筋。

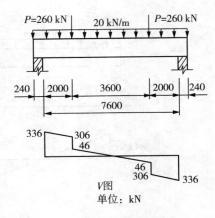

图 5-15　例题 5-2 图

【解】 (1)列出已知参数。

混凝土 C30:$\beta_c = 1.0$,$f_c = 14.3 \text{ N/mm}^2$,$f_t = 1.43 \text{ N/mm}^2$;箍筋 HPB300:$f_{yv} = 270 \text{ N/mm}^2$;一类环境,按双排配筋,取 $a_s = 60 \text{ mm}$,则 $h_0 = h - a_s = 500 - 60 = 440 \text{(mm)}$。

(2)确定计算截面和剪力设计值。

对于图 5-15 所示简支梁,支座处剪力设计值最大,应选此截面进行抗剪计算,剪力设计值为

$$V = 0.5 q l_n + P = 0.5 \times 20 \times 7.6 + 260 = 336 \text{(kN)}$$

(3)复核截面尺寸。

截面的腹板高度 $h_w = h_0 = 440 \text{ mm}$,$\dfrac{h_w}{b} = \dfrac{440}{250} = 1.76 < 4$,属于一般梁。

$0.25 \beta_c f_c b h_0 = 0.25 \times 1.0 \times 14.3 \times 200 \times 440 = 314600 \text{(N)} = 314.6 \text{ kN} < V = 336 \text{ kN}$,不满足最小截面尺寸要求,需调整截面尺寸或提高混凝土强度等级,本题采用改变截面尺寸的方法。

将截面改为 $250 \text{ mm} \times 600 \text{ mm}$,$h_w = h_0 = 440 \text{ mm}$,再次验算截面尺寸:$0.25 \beta_c f_c b h_0 = 0.25 \times 1.0 \times 14.3 \times 250 \times 540 = 482625 \text{(N)} = 482.625 \text{ kN} > V = 336 \text{ kN}$,故满足要求。

(4)判断是否需要计算腹筋。

集中荷载在支座截面产生的剪力和总剪力之比为 $\dfrac{260}{336} = 77.4\% > 75\%$,要考虑 λ 的影响。

$\lambda = \dfrac{a}{h_0} = \dfrac{2000}{540} = 3.70 > 3.0$,故取 $\lambda = 3.0$。

$\dfrac{1.75}{\lambda + 1.0} f_t b h_0 = \dfrac{1.75}{3+1} \times 1.43 \times 250 \times 540 = 84.46 \text{(kN)} < V = 336 \text{ kN}$,需按计算配置腹筋。

(5)计算腹筋。

方案一:仅配置箍筋。

$\dfrac{A_{sv}}{s} \geq \dfrac{V - \dfrac{1.75}{\lambda+1} f_t b h_0}{f_{yv} h_0} = \dfrac{336 \times 10^3 - 84.459 \times 10^3}{270 \times 540} = 1.73 \text{(mm}^2/\text{mm)}$,选用双肢 $\phi 10$

箍筋($A_{sv}=157$ mm^2），则

$$s \leqslant \frac{A_{sv}}{1.73} = \frac{157}{1.73} = 91 \text{（mm）}$$

取 $s=90$ mm，相应的箍筋的配筋率为

$$\rho_{sv} = \frac{A_{sv}}{bs} = \frac{157}{250 \times 90} \times 100\% = 0.70\% > \rho_{sv,\min} = 0.24 \frac{f_t}{f_{yv}} = 0.24 \times \frac{1.43}{270} = 0.13\%$$

满足要求。

方案二：同时配置箍筋和弯起钢筋。

根据设计经验和构造要求，选用双肢 $\phi 8@120$ 箍筋（$A_{sv}=419$ mm^2），弯起钢筋利用梁底 HRB400 级纵向钢筋弯起，弯起角 $\alpha=45°$，则

$$V_{cs} = \frac{1.75}{\lambda+1} f_t b h_0 + f_{yv} \frac{A_{sv}}{s} h_0$$

$$= \frac{1.75}{3+1} \times 1.43 \times 250 \times 540 + 270 \times \frac{101}{120} \times 540 = 207174 \text{（N）} =$$

207.174 kN

$$A_{sb} \geqslant \frac{V - V_{cs}}{0.8 f_y \sin \alpha_s} = \frac{336 \times 10^3 - 207174}{0.8 \times 360 \times \sin 45°} = 633 \text{（mm}^2\text{）}$$

实际对称弯起 2Φ22（$A_{sb}=760$ mm^2 $>$ 633 mm^2），满足要求。

尚需验算弯起钢筋弯起点处斜截面的抗剪承载力，取弯起钢筋的弯终点到支座边缘距离 $s=50$ mm，由 $\alpha=45°$，可求得弯起钢筋的弯起点到支座边缘的距离为 $50+600-35-35-25=555$（mm）。所以弯起点的剪力设计值为 $V=336-20 \times 0.555=324.9$（kN）$>V_{cs}=$ 207.174 kN，不满足要求，需要再弯起一排钢筋，经过分析知弯起钢筋要在集中荷载到支座边缘这段都要布置才能满足承载力要求。通过对比，可知方案一较方案二更经济合理，实际工程中应优先采用。

【例 5-3】 如图 5-16 所示一钢筋混凝土矩形截面简支梁 $b \times h = 250$ mm $\times 600$ mm，计算跨度 $l_0 = 4.0$ m。承受均布荷载设计值为 $q = 10$ kN/m，集中荷载设计值 $F = 160$ kN。选用 C25 混凝土，纵筋选用 HRB400 级钢筋，箍筋选用 HPB300 级钢筋，环境类别为一类，试确定该梁的纵筋及箍筋数量（不考虑弯起钢筋）。

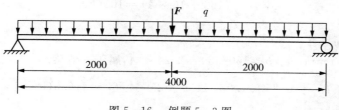

图 5-16 例题 5-3 图

（1）计算纵向受拉钢筋截面面积 A_s；

（2）确定梁箍筋截面面积 A_{sv}。

【解】 (1) 列出已知参数:$\alpha_1 = 1.0$,$f_t = 1.27 \text{ N/mm}^2$,$f_c = 11.9 \text{ N/mm}^2$,$f_y = 360 \text{ N/mm}^2$,$f_{yv} = 270 \text{ N/mm}^2$,$\xi_b = 0.518$,取 $a_s = 40 \text{ mm}$,$h_0 = h_w = h - a_s = 600 - 40 = 560(\text{mm})$。

(2) 确定最大弯矩,即跨中最大弯矩设计值为

$$M = \frac{1}{8}ql_0^2 + \frac{1}{4}Fl_0 = \frac{1}{8} \times 10 \times 4^2 + \frac{1}{4} \times 160 \times 4 = 180(\text{kN} \cdot \text{m})$$

(3) 计算受拉钢筋截面面积。

$$\alpha_s = \frac{M}{\alpha_1 f_c b h_0^2} = \frac{180 \times 10^6}{1.0 \times 11.9 \times 250 \times 560^2} = 0.193$$

$$\xi = 1 - \sqrt{1 - 2\alpha_s} = 1 - \sqrt{1 - 2 \times 0.193} = 0.216 < \xi_b = 0.518$$

则受拉钢筋截面面积为

$$A_s = \frac{\alpha_1 f_c b \xi h_0}{f_y} = \frac{1.0 \times 11.9 \times 250 \times 0.216 \times 560}{360} = 1000 \ (\text{mm}^2)$$

实际配筋 $4 \oplus 18 (A_s = 1017 \text{ mm}^2)$

验算配筋率:$\rho = \dfrac{A_s}{bh} = \dfrac{1017}{250 \times 600} = 0.68\% > \rho_{\min} = \text{Max}\left(0.20\%, 45\dfrac{f_t}{f_y}\%\right) = 0.20\%$,故满足要求。

(4) 确定截面最大剪力设计值。

梁的剪力图如图 5 – 17 所示:

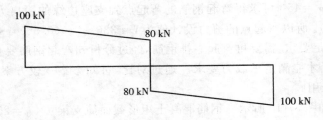

图 5 – 17 例题 5 – 3 剪力图

支座边缘处截面剪力最大,其剪力设计值为

$$V = \frac{1}{2}(160 + 10 \times 4) = 100(\text{kN})$$

(5) 验算截面尺寸。

$h_w = h_0 = 560 \text{ mm}$,$h_w/b = 560/250 = 2.24 < 4$,属于一般梁。

$$0.25\beta_c f_c b h_0 = 0.25 \times 1.0 \times 11.9 \times 250 \times 560 = 416.5(\text{kN}) > 100 \text{ kN}$$

故截面尺寸满足要求。

(6) 验算可否按构造配置箍筋。

根据平衡条件可知,由集中力 F 对支座截面产生的剪力为 80 kN,占总剪力值的

$80\% > 75\%$,故取截面混凝土抗剪承载力系数为 $\alpha_{cv} = \dfrac{1.75}{\lambda + 1.0}$。

$$\lambda = \frac{a}{h_0} = \frac{2}{0.56} = 3.57 > 3.0,\text{取 } \lambda = 3.0,\text{则有}$$

$$\frac{1.75}{\lambda + 1.0} f_t b h_0 = \frac{1.75}{3.0 + 1.0} \times 1.27 \times 250 \times 560 = 77.79(\text{kN}) < 100 \text{ kN}$$

故需计算配置箍筋的截面面积。

箍筋承担的剪力大小为

$$f_{yv} \frac{n A_{sv1}}{s} h_0 = V - \frac{1.75}{\lambda + 1.0} f_t b h_0 = 100 - 77.79 = 22.21(\text{kN})$$

选用直径为 6 mm 的双肢箍,则 $A_{sv1} = 28.3 \text{ mm}^2$,可得

$$s \leqslant \frac{2 \times 28.3 \times 270 \times 560}{22.21 \times 10^3} = 385 \text{ (mm)}$$

选取 $s = 150$ mm,符合表 5-1 的要求。

(7) 验算最小配箍率。

$$\rho_{sv} = \frac{n A_{sv1}}{bs} = \frac{2 \times 28.3}{250 \times 150} = 0.15\% > \rho_{sv,min} = 0.24 \frac{f_t}{f_{yv}} = 0.24 \times \frac{1.27}{270} = 0.11\%$$

故配箍率满足要求。

(8) 绘制配筋图。

依据计算结果,绘制配筋图(图 5-18)。

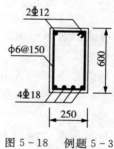

图 5-18   例题 5-3
配筋图

【例 5-4】   一承受均布荷载的矩形截面简支梁,截面尺寸 $b \times h = 250 \text{ mm} \times 600 \text{ mm}$,净跨 $l_n = 7.2$ m,一类环境,采用 C30 混凝土,箍筋采用 HPB300 级,若沿梁全长配置双肢 $\phi 8@100$ 箍筋,求该梁所能承受的最大剪力设计值 V;求按抗剪承载力计算的梁所能承担的均布荷载设计值 q。

【解】 (1) 列出已知算参数。

混凝土 C30:$\beta_c = 1.0$,$f_c = 14.3 \text{ N/mm}^2$,$f_t = 1.43 \text{ N/mm}^2$;箍筋 HPB300 级:$f_y = 270$ N/mm^2;一类环境,纵筋受拉钢筋按双排考虑,取 $a_s = 60$ mm,则 $h_0 = h_w = h - a_s = 600 - 60 = 540(\text{mm})$。

(2) 验算最小配箍率。

$$\rho_{sv} = \frac{A_{sv}}{bs} = \frac{101}{250 \times 100} \times 100\% = 0.404\% > \rho_{sv,min} = 0.24 \frac{f_t}{f_{yv}} = 0.24 \times \frac{1.43}{270} = 0.127\%,\text{故}$$

满足要求。

(3) 计算最大剪力设计值。

$$V \leqslant V_{cs} = 0.7 f_t b h_0 + f_{yv} \frac{A_{sv}}{s} h_0 = 0.7 \times 1.43 \times 250 \times 540 + 270 \times \frac{101}{100} \times 540$$

$$= 282393(\text{N}) = 282.393 \text{ kN}$$

(4) 判断截面尺寸是否符合要求。

$\dfrac{h_w}{b} = \dfrac{540}{250} = 2.16 < 4$，属于一般梁。

$0.25\beta_c f_c bh_0 = 0.25 \times 1.0 \times 14.3 \times 250 \times 540 = 482625(\text{N}) = 482.628 \text{ kN} > V_{cs} = 282.393 \text{ kN}$，则梁所能承受的最大剪力设计值 $V = V_{cs} = 282.393 \text{ kN}$。

(5) 计算均布荷载设计值。

$$q = \dfrac{2V}{l_n} = \dfrac{2 \times 282.393}{7.8} = 72.41(\text{kN/m})$$

5.4 保证斜截面受弯承载力的措施

受弯构件出现斜裂缝后，在斜截面上不仅存在剪力 V，同时还作用有弯矩 M，则钢筋混凝土梁除了可能沿斜截面发生受剪破坏外，还可能沿斜截面发生受弯破坏。

如图 5-19 所示为一承受均布荷载的简支梁及其弯矩图。在未出现斜裂缝 $AA'B$ 时，B 处的纵向钢筋应力由该处的弯矩 M_B 所决定，但出现斜裂缝 $AA'B$ 后，B 处的纵向钢筋应力将由斜裂缝顶端 A 处的弯矩 M_A 所决定。现取斜截面 $AA'B$ 以左部分梁为隔离体，如图 5-19(c) 所示，将斜截面上所有力对受压区合力点取矩，应满足

$$M_A \leqslant M_u = f_y(A_s - A_{sb})z + \sum f_y A_{sb} z_{sb} + \sum f_{yv} A_{sv} z_{sv} \qquad (5-18)$$

等式右边第一项为纵向钢筋的受弯承载力，第二和第三项分别为弯起钢筋和箍筋的受弯承载力。

与斜截面顶端 A 相对应的正截面受弯承载力应满足

$$M_A \leqslant M_u = f_y A_s z \qquad (5-19)$$

与斜截面底端 B 相对应的正截面受弯承载力应满足

$$M_B \leqslant M_u = f_y(A_s - A_{sb})z \qquad (5-20)$$

如果按跨中弯矩 M_{max} 计算的纵筋沿梁全长布置，既不弯起也不截断，则必然可抵抗任意截面上的弯矩。这种纵筋沿梁通长布置，构造虽然简单，但钢筋强度没有得到充分利用，不够经济。在实际工程中，一部分纵筋有时要弯起或截断。由图 5-19 可知 $M_A > M_B$，则根据式(5-19)和式(5-20)可知，斜截面 $AA'B$ 受弯承载力计算式(5-18)中的第一项将小于正截面 AA' 受弯承载力，在这种情况下，斜截面的受弯承载力将有可能得不到保证。因此，在纵筋有弯起或截断的梁中，必须考虑斜截面的受弯承载力问题。

5.4.1 抵抗弯矩图的概念及绘制方法

抵抗弯矩图又称之为材料抵抗弯矩图，它是按梁实际配置的纵向受力钢筋所确定的各正截面所能抵抗的弯矩图形。它反映了沿梁长正截面上材料的抗力。在该图上竖向坐标表示的是正截面受弯承载力设计值 M_u，也称为抵抗弯矩。抵抗弯矩图可较直观地

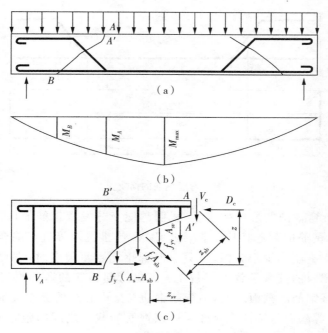

图 5-19　斜截面受弯承载力

反映出材料的利用程度,可确定纵向钢筋的弯起数量和位置,纵向钢筋弯起不仅可提高斜截面抗剪能力,还可抵抗支座负弯矩。此外,利用抵抗弯矩图还可确定纵向钢筋的截断位置,根据抵抗弯矩图上的理论截断点,再保证锚固长度,从而确定纵向钢筋的截断位置。

M_u 图中每根钢筋承担的 M_{ui} 可近似以其截面面积 A_{si} 与总面积 A_s 的比值与 M_u 的乘积计算,即

$$M_{ui} = \frac{A_{si}}{A_s} M_u \tag{5-21}$$

如果全部纵筋沿梁通长布置,并在支座处有足够的锚固长度时,则沿梁全长各个正截面抵抗弯矩的能力相同,因而梁抵抗弯矩图为矩形 $oaebo'$(图 5-20),每一根钢筋所能抵抗的弯矩按式(5-21)计算。

以受均布荷载的简支梁为例,梁上已根据正截面承载力计算配置了 1Φ18+2Φ22 的纵向受拉钢筋(图 5-20)。现以其中的 1Φ18 弯起为例,说明抵抗弯矩图的绘制。

首先按式(5-21)计算出三根钢筋分别具有的抗弯承载力,图中抛物线为简支梁的弯矩图。以钢筋截面面积之比绘制三个矩形,其中 $oo'ba$ 表示为 2Φ22 具备的抗弯承载力。梁中心线可近似认为与中性轴重合,由图可看出,以 oo' 为基准线的抵抗弯矩图完全包络住弯矩图,表明梁是安全的。1Φ18 钢筋在 c 点处弯起,d 点处 2Φ22 钢筋充分发挥作用,无须配置 1Φ18 钢筋。因此,d 点处为 2Φ22 钢筋的"充分利用截面";d 点处为 1Φ18 钢筋的"不需要截面",可将其弯起以抗剪;e 点处为三根钢筋全部充分发挥作用,因此 e 点为 1Φ18 和 2Φ22 的"充分利用截面"。

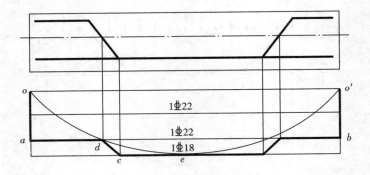

图 5-20　配有弯起钢筋的简支梁抵抗弯矩图

　　弯矩图和抵抗弯矩图的形状越接近,表明越能充分发挥钢筋的作用,从而越经济合理。实际工程中,钢筋的弯起还应依据构造要求、施工技术等进行综合考虑。一般梁底部的纵向钢筋伸入支座不少于 2 根,故只有底部钢筋数量较多时,方可考虑将部分钢筋弯起。为保证斜截面的抗弯承载力,《规范》规定弯起钢筋的弯起点可设在按正截面承载力计算不需要该钢筋的截面之前,但弯起钢筋与梁中心线的交点应位于不需要该钢筋的截面之外,同时弯起点与按计算充分利用该钢筋的截面之间的距离不应小于 $h_0/2$(图 5-21)。

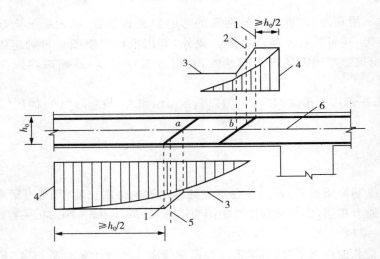

1—受拉区的弯起点;2—按计算不需要钢筋"b"的截面;3—正截面受弯承载力图;4—按计算充分利用钢筋
"a"或"b"强度的截面;5—按计算不需要钢筋"a"的截面;6—梁中心线。
图 5-21　弯起钢筋的弯起点与弯矩图的关系

　　当按计算需设置弯起钢筋时,应保证从支座起前一排钢筋的弯起点至后一排钢筋的弯终点的距离不应大于表 5-1 内 $V > 0.7f_t bh_0$ 时的规定。否则,斜裂缝可能不与弯起钢筋相交,导致梁因斜截面抗剪承载力不足而破坏。

　　从上述分析可见,对于正截面受弯承载力而言,把纵筋在不需要的地方弯起或截断是合理的。从设计弯矩图和抵抗弯矩图的关系来看,二者越接近,其经济效果越好。

　　　　　　　　　　　　　　　　　　　　　　　　　钢筋混凝土结构设计原理

5.4.2　纵向钢筋的弯起

确定纵向钢筋的弯起时，必须考虑以下三个方面的要求：

（1）保证正截面受弯承载力

纵筋弯起后导致纵筋面积减少，正截面受弯承载力降低。为保证正截面受弯承载力满足要求，纵筋的始弯点必须位于按正截面受弯承载力计算，该纵筋强度被充分利用截面以外，即使抵抗弯矩图完全包住荷载弯矩图。

（2）保证斜截面抗剪承载力

纵筋弯起的数量应由斜截面抗剪承载力计算确定。当有集中荷载作用并按计算需配置弯起钢筋时，弯起钢筋应覆盖计算斜截面始点至相邻集中荷载作用点之间的范围。

（3）保证斜截面受弯承载力

为保证梁斜截面受弯承载力，梁弯起钢筋在受拉区的弯起点，应设在该钢筋的充分利用点之外。图 5-22 表示弯起钢筋弯起点位置与弯矩图的关系。钢筋在受拉区的弯起点为 1，按正截面受弯承载力计算不需要该钢筋的截面为 2，该钢筋强度充分利用的截面为 3，当弯起点与按计算充分利用该钢筋的截面之间的距离不小于 $h_0/2$ 时，可满足斜截面受弯承载力的要求。同时，弯起钢筋与梁纵轴的交点应位于按计算不需要该钢筋的截面之外。

总之，若利用弯起钢筋抗剪，则钢筋弯起点的位置应同时满足正截面抗弯、斜截面抗剪及斜截面抗弯三项要求。

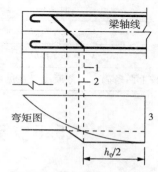

图 5-22　弯起钢筋弯起点位置
与弯矩图的关系

5.4.3　纵向钢筋的截断

梁的正、负纵向钢筋都是根据跨中或支座最大的弯矩值，按正截面受弯承载力的计算配置的。通常，正弯矩区段内的纵向钢筋都是采用弯起（用来抗剪或抵抗负弯矩）的方式来减少其多余的数量，而不采用截断。在截断处钢筋面积突然减少，造成混凝土中拉应力骤增，容易出现弯剪斜裂缝，降低构件的承载能力，故纵筋不宜截断。但对于悬臂梁或连续梁等构件，在其支座处承受负弯矩的纵向受拉钢筋，为节约钢筋和施工方便，可在不需要处将部分钢筋截断。

从理论上讲，某一纵筋可在其不需要点（称为理论截断点）处截断，但事实上，当在理论截断点处截断钢筋后，可能在截断处产生弯剪斜裂缝，斜裂缝末端的弯矩是斜截面承担的弯矩，而它的弯矩值比理论截断点处正截面的弯矩值要大，为了可靠地保证斜截面的受弯承载力，必须在理论截断点以外处截断。此外，对于处在有斜裂缝的弯剪区段内的纵向钢筋，还存在着黏结锚固问题。若纵筋的黏结锚固长度不够，则在纵向钢筋水平处，混凝土由于黏结强度不够会出现很多针脚状的短小斜裂缝，并进一步发展贯通，形成纵向水平劈裂裂缝，梁顶面也会出现纵向裂缝，最终造成构件的黏结破坏。为避免上述现象的发生，纵向钢筋必须至理论截断点向外延伸一定长度后截断。

梁支座截面负弯矩纵向受拉钢筋不宜在受拉区截断,当需要截断时,应符合以下规定(表 5-3):

(1) 当 $V \leqslant 0.7f_t bh_0$ 时,应延伸至按正截面受弯承载力计算不需要该钢筋的截面以外不小于 $20d$ 处截断,从该钢筋强度充分利用截面伸出的长度不应小于 $1.2l_a$;

(2) 当 $V > 0.7f_t bh_0$ 时,应延伸至按正截面受弯承载力计算不需要该钢筋的截面以外不小于 h_0 且不小于 $20d$ 处截断,从该钢筋强度充分利用截面伸出的长度不应小于 $1.2l_a + h_0$;

(3) 若按上述两条规定的截断点仍位于负弯矩受拉区内,则应延伸至按正截面受弯承载力计算不需要该钢筋的截面以外不小于 $1.3h_0$ 且不小于 $20d$ 处截断,从该钢筋强度充分利用截面伸出的长度不应小于 $1.2l_a + 1.7h_0$。

表 5-3　负弯矩钢筋的延伸长度 l_d

截面条件	强度充分利用截面伸出 l_{d1}	计算不需要截面伸出 l_{d2}
$V \leqslant 0.7f_t bh_0$	$1.2l_a$	$20d$
$V > 0.7f_t bh_0$	$1.2l_a + h_0$	$20d$ 且 h_0
若按上两条确定的截断点仍在负弯矩受拉区	$1.2l_a + 1.7h_0$	$20d$ 且 $1.3h_0$

5.5　受弯构件中钢筋的构造要求

5.5.1　弯起钢筋的构造要求

(1) 梁中弯起钢筋的弯起角度一般宜取 45°或 60°。梁底纵筋中的角部钢筋不应弯起,梁顶纵筋中的角部钢筋不应弯下。

(2) 在弯起钢筋的弯终点处,应留有平行于梁轴线方向的锚固长度,其锚固长度在受拉区不应小于 $20d$,在受压区不应小于 $10d$,d 为弯起钢筋的直径,如果为光圆钢筋,则应在末端设弯钩,如图 5-23 所示。

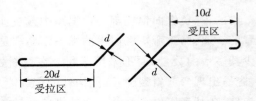

图 5-23　弯起钢筋端部锚固长度

(3) 弯起钢筋的形式。弯起钢筋一般是利用纵向钢筋在按正截面受弯承载力计算已不需要时才弯起,但也可单独设置,此时应将其布置成鸭筋形式,而不能采用浮筋,否则浮筋滑动会使斜裂缝开展过大,如图 5-24 所示。

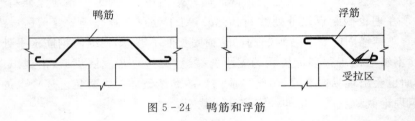

图 5-24　鸭筋和浮筋

钢筋混凝土结构设计原理

5.5.2 箍筋的构造要求

1. 箍筋布置范围

按承载力计算不需要箍筋的梁,当截面高度大于 300 mm 时,应沿梁全长设置构造箍筋;当截面高度 $h=150\sim300$ mm 时,可仅在构件端部 $l_0/4$ 范围内设置构造箍筋,l_0 为跨度。但当在构件中部 $l_0/2$ 范围内有集中荷载作用时,则应沿梁全长设置箍筋。当截面高度小于 150 mm 时,可不设置箍筋。

2. 箍筋的形式和肢数

箍筋在梁内除了承受剪力以外,还起固定纵筋的位置、与纵筋形成骨架的作用,并共同对混凝土起约束作用,增加受压混凝土的延性等。

箍筋有单肢、双肢和复合箍等(图 5-25)。当梁宽大于 400 mm 且一层内的纵向受压钢筋多于 3 根时,或当梁宽不大于 400 mm,但一层内的纵向受压钢筋多于 4 根时,应设置复合箍筋。

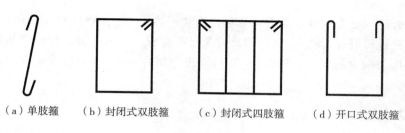

(a)单肢箍　　(b)封闭式双肢箍　　(c)封闭式四肢箍　　(d)开口式双肢箍

图 5-25　箍筋的形式及肢数

3. 箍筋的直径和间距

为了使钢筋骨架具有一定刚性,便于制作安装,箍筋的直径不应过小。《规范》规定的箍筋最小直径见表 5-2,当梁中配有计算需要的纵向受压钢筋时,箍筋直径不应小于 $d/4$(d 为受压钢筋的最大直径)。

箍筋的间距除满足计算要求外,还应满足下列构造要求,以控制斜裂缝的宽度。

(1)箍筋的最大间距应符合表 5-1 的规定。

(2)当梁中配有按计算需要的纵向受压钢筋时,箍筋应做成封闭式,且弯钩直线段长度不应小于 $5d$(d 为箍筋直径)。箍筋的间距不应大于 $15d$(d 为纵向受压钢筋的最小直径),同时不应大于 400 mm。当一层内的纵向受压钢筋多于 5 根且直径大于 18 mm 时,箍筋间距不应大于 $10d$。

5.5.3 架立钢筋的构造要求

梁内架立钢筋主要用来固定箍筋,从而与纵筋、箍筋形成骨架,并且架立钢筋还能抵抗温度和混凝土收缩变形引起的应力。梁内架立钢筋的直径主要与梁的跨度有关,当梁的跨度小于 4 m 时,不宜小于 8 mm;当梁的跨度为 $4\sim6$ m 时,不应小于 10 mm;当梁的跨度大于 6 m 时,不宜小于 12 mm。

梁的高度较大时,可能在梁两侧面产生收缩裂缝。所以,当梁的腹板高度 $h_w\geqslant$

450 mm 时,应在梁的两个侧面沿高度配置纵向构造钢筋(俗称腰筋),如图 5-26 所示。

每侧纵向构造钢筋(不包括梁上、下部受力钢筋及架立钢筋)的间距不宜大于 200 mm,截面面积不应小于腹板截面面积 bh_w 的 0.1%,但当梁宽较大时可适当放松。

搁放在砌体上的钢筋混凝土梁在计算时按简支梁来考虑,但实际上梁端有弯矩作用,所以应在支座上部梁内设置纵向构造钢筋,其截面面积不应小于梁跨中下部纵向受拉钢筋计算所需要截面面积的 1/4,且不应少于 2 根。该纵向构造钢筋自支座边缘向跨内伸出的长度不应小于 $0.2l_0$(l_0 为梁计算跨度)。

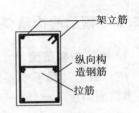

图 5-26 架立筋、纵向构造钢筋及拉筋

5.6 受弯构件设计实例

本例综合运用受弯构件承载力计算和构造知识,对一支撑在 370 mm 厚砖墙上的钢筋混凝土伸臂梁进行设计,使学生对梁的设计全过程有较清楚的认识。例题中初步涉及活荷载的布置及内力组合的概念,有助于学生巩固内力组合知识,并为后续梁板结构的设计打下基础。

5.6.1 设计条件

一支撑在 370 mm 厚砖墙上的钢筋混凝土伸臂梁,跨度为 $l_1 = 7.0$ m,伸臂长度为 $l_2 = 1.86$ m,由楼面传至梁上的荷载标准值 $g_{1k} = 26.04$ kN/m(未包括梁自重),活荷载标准值 $q_{1k} = 20$ kN/m,$q_{2k} = 66.67$ kN/m(图 5-27)。采用强度等级为 C25 的混凝土,纵向受力钢筋为 HRB400 级,箍筋和构造钢筋为 HPB300 级。设计工作年限为 50 年,环境类别为一类。试设计该梁并绘制配筋详图。

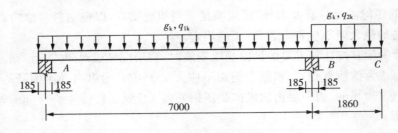

图 5-27 梁的跨度、支撑及荷载

5.6.2 梁的内力和内力包络图

1. 截面尺寸选择

取高跨比 $h/l = 1/10$,则 $h = 700$ mm;按高宽比的一般规定,取 $b = 250$ mm,$h/b = 2.8$。初选 $h_0 = h - a_s = 700 - 65 = 635$(mm)(按两排布置纵筋)。

2. 荷载计算

梁自重标准值(包括梁侧 15 mm 厚粉刷层重)为

$$g_{2k} = 0.25 \text{ m} \times 0.7 \text{ m} \times 25 \text{ kN/m}^3 + 0.015 \text{ m} \times 0.7 \text{ m} \times 2 \times 17 \text{ kN/m}^3 = 4.73 \text{ kN/m}$$

则梁的恒荷载设计值为

$$g = g_1 + g_2 = 1.3 \times 26.04 + 1.3 \times 4.73 = 40 (\text{kN/m})$$

当考虑悬臂的恒载对求 AB 跨正弯矩有利时,取 $\gamma_G = 1.0$,则此时的悬臂恒载设计值为

$$g' = 1.0 \times 26.04 + 1.0 \times 4.73 = 30.77 (\text{kN/m})$$

活荷载的设计值为

$$q_1 = 1.5 \times 20 = 30 (\text{kN/m}); q_2 = 1.5 \times 66.67 = 100 (\text{kN/m})$$

3. 梁的内力和内力包络图

恒荷载 g 作用于梁上的位置是固定的,计算简图如图 5-28(a) 和(b)所示;活荷载 q_1、q_2 的作用位置有三种可能情况,如图 5-28(c) ~ (e)所示。

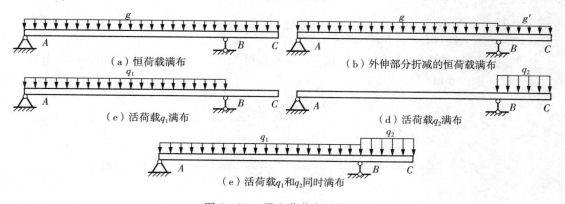

(a) 恒荷载满布　　　　　　　　　　(b) 外伸部分折减的恒荷载满布

(c) 活荷载 q_1 满布　　　　　　　　(d) 活荷载 q_2 满布

(e) 活荷载 q_1 和 q_2 同时满布

图 5-28　梁上荷载布置情况

图 5-28 给出了 5 种荷载布置,依据平衡条件,可绘制出各种荷载布置下的弯矩图和剪力图。求 AB 跨的跨中最大正弯矩时,应将图 5-28(b) 和(c)荷载下的弯矩叠加。求 AB 跨的最小正弯矩时,应将图 5-28(a) 和(d)荷载下的弯矩叠加。求 A 支座的最大剪力时,应将图 5-28(b) 和(c)荷载下的剪力图叠加。求 B 支座的最大剪力和最大负弯矩时,应将图 5-28(a)(c)(d)荷载下的剪力图叠加。图 5-29 中给出了以上 4 种弯矩和剪力叠加图,相应的弯矩值、剪力值以及弯矩和剪力为零时截面的所在位置,可作为设计和配筋的依据。

5.6.3　配筋计算

1. 已知条件

混凝土强度等级 C25,$\alpha_1 = 1.0$,$f_c = 11.9 \text{ N/mm}^2$,$f_t = 1.27 \text{ N/mm}^2$;HRB400 级钢筋,$f_y = 360 \text{ N/mm}^2$,$\xi_b = 0.518$;HPB300 级钢筋,$f_{yv} = 270 \text{ N/mm}^2$。

2. 截面尺寸验算

沿梁全长的剪力设计值的最大值在 B 支座左边缘，$V_{max} = 266.65$ kN。$h_0/b = h_w/b = 635/250 = 2.54 < 4$，属一般梁。

$$0.25 f_c b h_0 = 0.25 \times 11.9 \times 250 \times 635 = 472.28 (\text{kN}) > V_{max} = 266.65 \text{ kN}$$

故截面尺寸满足要求。

3. 纵筋计算（一般采用单筋截面）

（1）跨中附近截面（$M = 400.39$ kN·m）

$$\xi = 1 - \sqrt{1 - \frac{2M}{\alpha_1 f_c b h_0^2}} = 1 - \sqrt{1 - \frac{2 \times 400.39 \times 10^6}{11.9 \times 250 \times 635^2}} = 0.423 < \xi_b = 0.518$$

$$A_s = \frac{\alpha_1 f_c b h_0 \xi}{f_y} = \frac{1.0 \times 11.9 \times 250 \times 635 \times 0.423}{360} = 2220 (\text{mm}^2)$$

$$45 \frac{f_t}{f_y}\% = 45 \times \frac{1.27}{360}\% = 0.16\% < 0.2\%$$

故，$A_{s,min} = 0.2\% bh = 0.2\% \times 250 \times 700 = 350 (\text{mm}^2) < A_s = 2220 \text{ mm}^2$，实际选用 $4\phi 20 + 2\phi 25$，$A_s = 2238 \text{ mm}^2$。

（2）支座截面（$M = 242.17$ kN·m）

本梁支座弯矩较小（为跨中弯矩的 60.48%），可考虑单排配筋，令 $a_s = 40$ mm，则 $h_0 = 700 - 40 = 660 (\text{mm})$。按同样的计算步骤，可得

$$\xi = 1 - \sqrt{1 - \frac{2M}{\alpha_1 f_c b h_0^2}} = 1 - \sqrt{1 - \frac{2 \times 242.17 \times 10^6}{11.9 \times 250 \times 660^2}} = 0.209 < \xi_b = 0.518$$

$$A_s = \frac{\alpha_1 f_c b h_0 \xi}{f_y} = \frac{1.0 \times 11.9 \times 250 \times 660 \times 0.209}{360} = 1140 (\text{mm}^2)$$

选用 $2\phi 18 + 2\phi 20$，$A_s = 1137 \text{ mm}^2$。

选择支座钢筋和跨中钢筋时，应考虑钢筋规格的协调，因而弯起跨中纵向钢筋 $2\phi 20$（若支座处选 $2\phi 16 + 2\phi 25$，$A_s = 1384 \text{ mm}^2$，则考虑 $2\phi 25$ 的弯起）。

4. 腹筋计算

各支座边缘的剪力设计值如图 5-29 所示。

（1）验算可否按构造配箍筋。

$$0.7 f_t b h_0 = 0.7 \times 1.27 \times 250 \times 635 = 141.13 (\text{kN}) < V = V_{max} = 266.65 \text{ kN}$$

故需按计算配置箍筋。

（2）箍筋计算。

方案一：仅考虑箍筋抗剪，并沿梁全长配同一规格箍筋，则 $V = 266.65$ kN。

由 $V \leqslant V_{cs} = 0.7 f_t b h_0 + f_{yv} \frac{A_{sv}}{s} h_0$，得

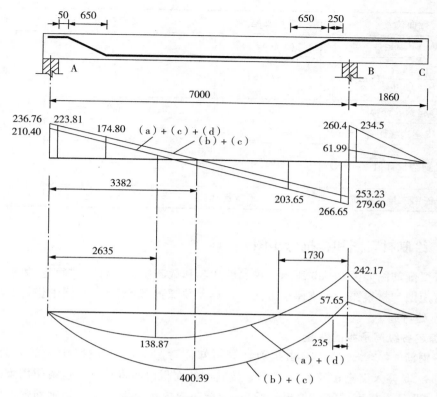

图 5-29　梁的内力图和内力包络图

$$\frac{A_{sv}}{s} = \frac{V - 0.7f_tbh_0}{f_{yv}h_0} = \frac{266.65 \times 10^3 - 0.7 \times 1.27 \times 250 \times 635}{270 \times 635} = 0.73 \ (\text{mm}^2/\text{mm})$$

选用 HPB300 级直径为 8 双肢箍（$n=2$，$A_{sv1}=50.3 \ \text{mm}^2$），有

$$s = \frac{nA_{sv1}}{0.73} = \frac{2 \times 50.3}{0.73} = 138 \ (\text{mm})$$

实选 $\phi 8@130$，满足计算要求。全梁按此直径和间距配置箍筋。

方案二：配置箍筋和弯起钢筋共同抗剪。在 AB 段内配置箍筋和弯起钢筋，弯起钢筋参与抗剪并抵抗 B 支座负弯矩；BC 段仍配双肢箍。计算过程及结果见表 5-4。

表 5-4　腹筋计算表

截面位置	A 支座	B 支座左	B 支座右
剪力设计值 V(kN)	223.81	266.65	234.50
$V_c = 0.7f_tbh_0$(kN)		141.13	141.13
选用箍筋(直径、间距)		$\phi 8@230$	$\phi 8@150$
$V_{cs} = V_c + f_{yv}\dfrac{A_{sv}}{s}h_0$(kN)		216.12	260.64

截面位置	A 支座	B 支座左	B 支座右
$V - V_{cs}$ (kN)	7.69	50.53	
$A_{sb} = \dfrac{V - V_{cs}}{0.8 f_y \sin\alpha}$ (mm^2)	37.76	248.16	可不配置弯起钢筋
弯起钢筋选择	2Φ20	2Φ20(A_{sb} = 628 mm^2)	
弯起点距支座边缘距离（mm）	50 + 650 = 700	250 + 650 = 900	
弯起点处剪力设计值 V_2(kN)	174.8	$266.65 \times \left(1 - \dfrac{900}{3809}\right) = 203.60$	
是否需第二排弯起筋	$V_2 < V_{cs}$，不需要	$V_2 < V_{cs}$，不需要	

5.6.4　绘制材料图和抵抗弯矩图

伸臂梁配筋图如图 5 - 30 所示。纵筋的弯起和截断位置由材料图确定，故需按比例设计绘制弯矩图和材料图。A 支座按方案一计算无须配置弯起钢筋，本例中仍将 2Φ20 钢筋在 A 支座处弯起。

1. 确定各纵筋承担的弯矩

跨中钢筋 4Φ20 + 2Φ25，由抗剪计算可知需弯起 2Φ20，故跨中钢筋分为两种：①2Φ20 + 2Φ25 伸入支座；②2Φ20 弯起。按它们的面积比例将正弯矩包络图用虚线分为两部分，第一部分为相应钢筋可承担的弯矩，虚线与内力包络图的交点是钢筋强度的充分利用截面或不需要截面。

支座负弯矩钢筋 2Φ18 + 2Φ20，其中 2Φ20 利用跨中的弯起钢筋②抵抗部分负弯矩，2Φ18 抵抗其余的负弯矩，编号为③，两部分钢筋也按其面积比例将负弯矩包络图用虚线分成两部分。

在排列钢筋时，应将伸入支座的跨中钢筋、最后截断的负弯矩钢筋（或不截断的负弯矩钢筋）排在相应弯矩包络图内的最长区段内，然后排列弯起点离支座距离最近（负弯矩钢筋为最远）的弯起钢筋、离支座较远截面截断的负弯矩钢筋。

2. 确定弯起钢筋的弯起位置

由抗剪计算确定的弯起钢筋位置作材料图。显然，②号钢筋的材料图应全部覆盖相应弯矩图，且弯起点离它的强度充分利用截面的距离都大于或等于 $h_0/2$。故满足抗剪、正截面抗弯、斜截面抗弯的三项要求。

当无需弯起钢筋抗剪而仅需弯起钢筋抵抗负弯矩时，仅需满足后两项要求（材料图覆盖弯矩图、弯起点离开其钢筋充分利用截面距离 $h_0/2$）。

3. 确定纵筋截断位置

②号钢筋的理论截断位置是按正截面受弯承载力计算不需要该钢筋的截面（图中 D 处），从该处向外的延伸长度应不小于 $20d = 20 \times 20 = 400$(mm)，且不小于 $1.3h_0 = 1.3 \times 660 = 858$(mm)；同时，从该钢筋强度充分利用截面（图中 C 处）的延伸长度应不小于 $1.2l_a + 1.7h_0 = 1.2 \times 794 + 1.7 \times 660 = 2075$(mm)（$l_a$ 为受拉钢筋的锚固长度）。根据材料

图,可知其实际截断位置由 2075 mm 控制。

③ 号钢筋的理论截断点是图中的 E 点和 F 点,其中 $h_0 = 660$ mm ;$2l_a + h_0 = 1.2 \times 714 + 660 = 1517$(mm)。根据材料图,该筋的左端截断位置由 660 mm 控制。

5.6.5 绘制梁的配筋图

梁的配筋图包括纵断面图、横断面图及单根钢筋图(对简单配筋,可只画纵断面图或横断面图)。纵断面图表示各钢筋沿梁长方向的布置情形,横断面图表示钢筋在同一截面内的位置。

1. 按比例画出梁的纵断面和横断面

纵、横断面可用不同比例。当梁的纵横向断面尺寸相差悬殊时,在同一纵断面图中,纵横向可选用不同比例。

2. 画出钢筋的位置并编号

画出每种规格钢筋在纵、横断面上的位置并进行编号(钢筋的直径、强度、外形尺寸完全相同时,用同一编号)。

(1)直钢筋 ①2Φ20+2Φ25 全部伸入支座,伸入支座的锚固长度分别为 $l_{as} \geq 12d$,统一取 $12 \times 25 = 300$(mm)。考虑到施工方便,伸入 A 支座长度取 $370 - 25 = 345$(mm);伸入 B 支座长度取 345(mm)。故该钢筋总长 $= 345 + 345 + 7000 - 370 = 7320$(mm)。

(2)弯起钢筋 ②2Φ20 根据作材料抵抗弯矩图后确定的位置,在 A 支座附近弯上后锚固于受压区,应使其水平长度 $\geq 10d = 10 \times 20 = 200$(mm),实际取 $370 - 25 + 50 = 395$(mm);在 B 支座左侧弯起后,穿过支座伸至其端部后下弯 $20d$,即 400 mm。该钢筋斜弯段的水平投影长度 $= 700 - 25 \times 2 = 650$(mm)(弯起角度 $\alpha = 45°$,该长度即为梁高减去 2 倍混凝土保护层厚度),则 ② 号钢筋跨中处和 B 支座处的水平长度分别为 $7000 - (185 + 50) - (185 + 250) - 650 - 650 = 5030$(mm) 和 $1860 - 25 + 250 + 185 = 2270$(mm),总长度为 $395 + 920 + 5030 + 920 + 2270 + 400 = 9935$(mm)。

(3)负弯矩钢筋 ③2Φ18 左端的实际截断位置为正截面受弯承载力计算不需要该钢筋的截面之外 660 mm。同时,从该钢筋强度充分利用截面延伸的长度为 2075 mm,大于 $1.2l_a + h_0$。右端向下弯折 $20d = 360$(mm)。该钢筋同时兼作梁的架立钢筋。③ 号钢筋水平长度为 $2075 + 250 + 185 + (1860 - 25) = 4345$(mm),总长度为 $4345 + 360 = 4705$(mm)。

(4)AB 跨内的架立钢筋可选用 2φ12,左端伸入支座内 $370 - 25 = 345$(mm)处,右端与 ③ 号钢筋搭接,搭接长度可取 150 mm(非受力搭接)。该钢筋编号为 ④,其水平长度 $= 345 + (7000 - 370) - (250 + 2075) + 150 = 4800$(mm),总长为 4950 mm。

伸臂下部的架立钢筋可同样选用 2φ12,在支座 B 内与 ① 号钢筋搭接 150 mm,其水平长度 $= 1860 + 185 - 150 - 25 = 1870$(mm),钢筋编号为 ⑤,其总长度为 $1870 + 150 = 2020$(mm)。

(5)梁内采用的 φ8 的双肢箍,钢筋编号为 ⑥,在纵断面图上标出不同间距的范围,即 AB 段和 BC 段内的间距分别为 230 mm 和 150 mm。

3. 绘出单根钢筋图(或作钢筋表)

该部分详见图 5-30。

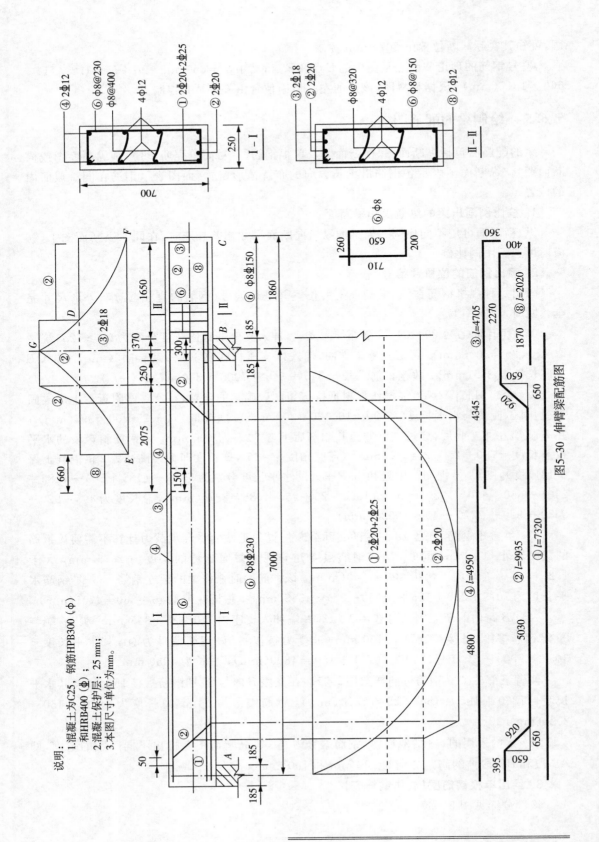

图5-30 伸臂梁配筋图

说明：
1.混凝土为C25，钢筋HPB300（φ）
和HRB400（Φ）；
2.混凝土保护层：25 mm；
3.本图尺寸单位为mm。

钢筋混凝土结构设计原理

思考题

1. 无腹筋梁在斜裂缝形成前后的应力状态有什么变化？

2. 裂缝有几种类型？有何特点？

3. 什么是"剪跨比"？为何其大小会引起斜截面破坏形态的改变？

4. 有腹筋梁与无腹筋梁斜截面破坏机理有何不同？

5. 试分析影响斜截面受剪承载力的各个因素？哪些是主要的？

6. 影响梁斜截面抗剪承载力的主要因素有哪些？

7. 试述梁斜截面受剪破坏的三种形态及其破坏特征。

8. 有腹筋梁斜截面抗剪承载力计算公式有什么限制条件？其意义如何？

9. 斜截面设计有哪些内容？

10. 梁配置的箍筋除了承受剪力外,还有哪些作用？箍筋主要的构造要求有哪些？

11. 如何保证受弯构件斜截面的受弯承载力？

12. 在工程设计中,计算斜截面受剪承载力时,其计算截面的位置有何规定？

13. 梁中间支座受弯起钢筋对弯起点、弯终点有何规定？

14. 什么是材料抵抗弯矩图？其作用是什么？它与弯矩图有何区别？如何绘制材料抵抗弯矩图？

15. 什么是纵向受拉钢筋的最小锚固长度？其值如何确定？

16. 纵向钢筋的接头有哪几种？绑扎骨架中钢筋搭接长度当受拉和受压时各取多少？

17. 为什么会发生斜截面受弯破坏？钢筋截断或弯起时,如何保证斜截面受弯承载力？

18. 受弯构件斜截面设计、施工中可能会出现哪些缺陷、事故？其中最严重的可能会是什么问题？如何吸取教训？

19. 对一般的工业与民用建筑楼(屋)盖,板的宽度较大而外荷载较小,往往仅混凝土就足以承受剪力,故设计中可不对其进行斜截面受剪计算(不配箍筋)。钢筋混凝土板有没有因受剪而破坏的可能？如果有,会是在什么样的受力状态下发生？

习　题

1. 一钢筋混凝土矩形截面简支梁,净跨 $l_n = 5.76$ m,截面尺寸 $b \times h = 300$ mm $\times$ 500 mm,采用 C30 混凝土,纵筋采用 HRB400 级,箍筋采用 HPB300 级,承受均布荷载设计值 38 kN/m(包括自重),(1) 确定纵向受力钢筋;(2) 如果只配箍筋不配弯起钢筋,试确定箍筋的直径和间距;(3) 如果既配箍筋又配弯起钢筋,试确定箍筋和弯起钢筋。

2. 一承受均布荷载的钢筋混凝土矩形截面简支梁,截面尺寸 $b \times h = 250$ mm $\times$ 600 mm,混凝土强度等级为 C20,箍筋为热轧 HPB300 级钢筋,支座处截面的剪力最大值为 200 kN,求箍筋的数量(请对比配置与不配置弯起钢筋的不同)。

3. 矩形截面简支梁,两端支承于砖墙上,净跨 8.0 m,梁承受均布荷载设计值 $q =$

70 kN/m(包括自重),使用环境为一类($a_s = 30$ mm)。箍筋采用 HPB300 级,试按表 5-5 分别计算不同截面尺寸及混凝土强度等级时的配箍量 A_{sv}/s 及实配箍筋直径和间距,并根据计算结果分析截面尺寸及混凝土强度等级对梁抗剪承载力的影响。

表 5-5 习题 3 计算表

b/mm	h/mm	混凝土强度等级	f_t/(N/mm²)	A_{sv}/s	实配箍筋直径及间距
350	500	C30			
350	550	C30			
400	550	C35			
400	600	C35			

4. 如图 5-31 所示的钢筋混凝土矩形截面简支梁,两端支撑在墙上,截面尺寸 $b \times h = 300$ mm $\times 600$ mm,承受均布荷载设计值 $q = 14$ kN/m(包括自重),两个集中荷载设计值 $P = 100$ kN,采用 C30 混凝土,纵筋和箍筋均采用 HRB400 级。(1)如果只配箍筋不配弯起钢筋,试确定箍筋的直径和间距;(2)如果既配箍筋又配弯起钢筋,试确定箍筋和弯起钢筋。

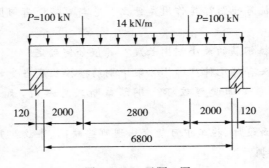

图 5-31 习题 4 图

5. 一钢筋混凝土矩形截面外伸梁,支承在砖墙上(图 5-32)。梁跨度及均布荷载设计值(包括自重)如下图所示,截面尺寸 $b \times h = 300$ mm $\times 700$ mm,混凝土强度等级为 C30,纵筋采用 HRB400 级,箍筋采用 HPB300 级。若根据正截面受弯承载力计算,配置纵筋 3Φ20 + 3Φ22($A_s = 1140$ mm²),求箍筋和弯起钢筋。

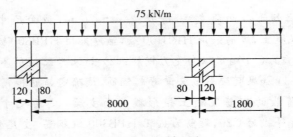

图 5-32 习题 5 图

　　　　　　　　　　　　　　　　钢筋混凝土结构设计原理

6. 一钢筋混凝土 T 形截面简支梁，截面尺寸及配筋如图 5-33 所示，计算跨度按 $l_0 = 6.4$ m。环境类别为二类 a，混凝土强度等级为 C30，纵筋采用 HRB400 级，箍筋采用 HPB300 级。试分别按正截面受弯承载力和斜截面抗剪承载力计算梁所能承受的均布荷载设计最大值。

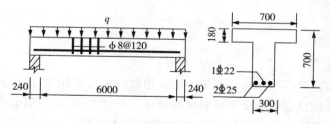

图 5-33 习题 6 图

7. 一钢筋混凝土外伸梁，支承在砖墙上，如图 5-34 所示。截面尺寸 $b \times h = 300$ mm $\times$ 800 mm，混凝土强度等级为 C30，纵筋采用 HRB400 级，箍筋采用 HPB300 级。承受均布荷载设计值 $q = 80$ kN/m（包括自重），使用环境为一类。（1）进行正截面及斜截面承载力计算，并确定所需的纵筋。箍筋和弯起钢筋的数量；（2）绘制抵抗弯矩图和分离弯矩图，并给出各弯起钢筋的弯起位置。

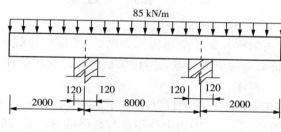

图 5-34 习题 7 图

第6章 受压构件截面承载力计算

本章主要介绍钢筋混凝土轴心及偏心受压构件的截面承载力、设计方法及构造要求。配有普通箍筋和螺旋箍筋轴心受压柱的破坏特征和设计方法；大小偏心受压构件的破坏特征及其判别方法；考虑二阶效应影响后，两类偏心受压构件的基本公式，矩形截面非对称、对称配筋的截面设计方法，以及 I 形截面对称配筋截面设计方法；偏心受压构件的 $N_u - M_u$ 相关曲线及其在结构设计中的应用；偏心受压构件斜截面受剪承载力的计算。通过本章学习，使学生具备配置普通箍筋和间接钢筋的轴心受压构件及大、小偏心受压构件正截面承载力的设计能力，并具备相应适用条件、构造要求等的实际运用能力。

6.1 概　述

以承受轴向压力为主的构件属于受压构件。例如，单层厂房的柱，多层和高层建筑中的框架柱、剪力墙、筒，桥梁结构中的桥墩、桩，桁架结构中的受压弦杆、腹杆，以及钢架、拱、基础等构件是典型的受压构件。

受压构件按轴向力在截面上作用的位置不同可分为轴心受压构件、单向偏心受压构件和双向偏心受压构件（图 6-1）。当轴向力作用点与截面的形心重合时，为轴心受压构件。实际结构中，严格意义上的轴心受压构件是不存在的，通常因施工的误差或计算不准确性等产生弯矩作用，形成偏心受压构件。轴心受压构件的承载力是构件正截面承载力的上限，且计算简便。因此，在工程中对以恒载为主的等跨多层房屋的内柱、只承受节点荷载的桁架的受压弦杆及腹杆等构件，可近似按轴心受压构件设计，或以轴心受压作为估算截面，复核构件承载力。钢筋混凝土框架结构的角柱，在风荷载或地震作用下，通常可受到轴向力及两个方向弯矩的作用，属于双向偏心受压构件。

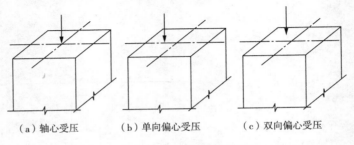

（a）轴心受压　　　　（b）单向偏心受压　　　　（c）双向偏心受压

图 6-1　受压构件示意图

6.2 受压构件的构造要求

6.2.1 截面形式与尺寸

为便于制作模板,钢筋混凝土柱一般采用正方形或矩形截面,圆形截面主要用于桥墩、桩和公共建筑中的柱。但为了节约混凝土和减轻柱的自重,较大截面的柱通常采用 T 形或 I 形截面;采用离心法制造的柱、桩、电杆以及烟囱、水塔支筒常采用环形截面。

矩形截面框架柱的边长不应小于 300 mm,圆形截面柱的直径不应小于 350 mm。为避免矩形截面轴心受压柱构件长细比 l_c/b 过大,承载力降低过多。常取 $l_c/b \leqslant 30, l_c/h \leqslant 25$。此处 l_c 为柱的计算长度,b 为矩形截面短边边长,h 为矩形截面长边边长。此外,为施工支模方便,柱的截面尺寸要符合相应模数,800 mm 以下的采用 50 mm 的模数,800 mm 以上则采用 100 mm 的模数。

I 形截面柱的翼缘厚度不宜小于 120 mm,腹板厚度不宜小于 100 mm。当腹板开孔时,宜在孔洞周边每边设置 2～3 根直径不小于 8 mm 的补强钢筋,每个方向补强钢筋的截面面积不宜小于该方向被截断钢筋的截面面积。

6.2.2 材料的选择

应采用强度等级较高的混凝土,混凝土强度等级不应低于 C20;采用强度等级 400 MPa 及以上的钢筋时,混凝土强度等级不应低于 C25。纵向受力普通钢筋宜采用 HRB400、HRB500、HRBF400、HRBF500 级钢筋。

6.2.3 纵向钢筋的构造要求

纵向钢筋配筋率过小时,纵筋对柱的影响力很小,与素混凝土柱接近,纵筋将起不到防止脆性破坏的缓冲作用。同时为承受由于偶然附加偏心距(垂直与弯矩作用平面)、收缩以及温度变化引起的拉应力,对受压构件的最小配筋率应有所限制。《规范》规定,当分别采用 500 MPa、400 MPa 和 300 MPa 级钢筋时,轴心受压构件的全部纵向钢筋的配筋率分别不得小于 0.5%、0.55% 和 0.6%,受压构件中的一侧纵向钢筋的最小配筋率为 0.2%。当采用 C60 以上强度等级的混凝土时,上述配筋率应增加 0.1%。全部纵向钢筋的配筋率不宜大于 5%。

纵向受力钢筋直径不宜小于 12 mm,柱中纵向钢筋的净距不应小于 50 mm,且不宜大于 300 mm。对于偏心受压柱的截面高度不小于 600 mm 时,在柱的侧面应设置直径不小于 10 mm 的纵向构造钢筋,并相应设置复合箍筋或拉筋。圆柱中纵向钢筋不宜少于 8 根,不应少于 6 根,且宜沿周边均匀布置。偏心受压柱中,垂直于弯矩作用平面的侧面上的纵向受力钢筋以及轴心受压柱中各边的纵向受力钢筋,其中距不宜大于 300 mm。对于采用水平浇筑的预制柱,纵向钢筋的最小净距可按梁的有关规定取用。

6.2.4 箍筋的构造要求

箍筋直径不应小于 $d/4$(d 为纵向钢筋的最大直径),且不应小于 6 mm;箍筋间距不应大于 400 mm 及构件截面的短边尺寸,且不应大于 15d(d 为纵向钢筋的最小直径)。柱及其他受压构件中的周边箍筋应做成封闭式。对圆柱中的箍筋,搭接长度不应小于规范规定的锚固长度,且末端应做成 135° 弯钩,弯钩末端平直段长度不应小于 5d(d 为箍筋直径)。当柱截面短边尺寸大于 400 mm 且各边纵向钢筋多于 3 根时,或当柱截面短边尺寸不大于 400 mm 但各边纵向钢筋多于 4 根时,应设置复合箍筋(图 6-2)。

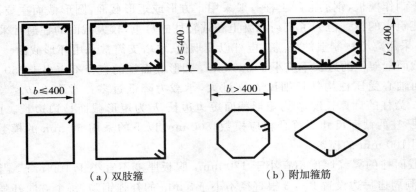

图 6-2　方形、矩形截面柱箍筋形式

柱中全部纵向受力钢筋的配筋率大于 3% 时,箍筋直径不应小于 8 mm,间距不应大于 10d,且不应大于 200 mm(d 为纵向受力钢筋的最小直径)。箍筋末端应做成 135° 弯钩,且弯钩末端平直段长度不应小于箍筋直径的 10 倍。

在配有螺旋式或焊接环式箍筋的柱中,如在正截面受压承载力计算中考虑间接钢筋的作用时,箍筋间距不应大于 80 mm 及 $d_{cor}/5$(d_{cor} 为箍筋内表面确定的核心截面直径),且不宜小于 40 mm。

对截面形状复杂的柱,不得采用具有内折角的箍筋,以避免箍筋受拉时使折角处混凝土破损(图 6-3)。

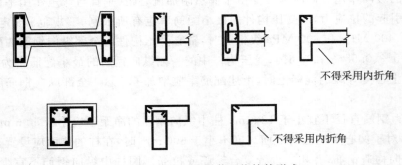

图 6-3　Ⅰ形、L 形截面柱箍筋形式

6.3　轴心受压构件正截面承载力计算

在实际结构中,理想的轴心受压构件几乎是不存在的。通常因施工制造的误差、荷载作用位置的偏差、混凝土的不均匀性等存在一定的初始偏心距。但有些构件,如以恒载为主的等跨多层房屋的内柱、桁架中的受压腹杆等,主要承受轴向压力,可近似按轴心受压构件计算。

轴心受压构件中按照箍筋配置方式和作用的不同,又分为配置普通钢箍受压构件和配置螺旋钢箍受压构件(图6-4)。普通钢箍受压构件中,承载力主要由混凝土承担,其纵向钢筋可协助混凝土抗压以减少截面尺寸,也可承受可能存在的较小的弯矩,还可防止构件突然的脆性破坏。普通钢箍的作用主要是防止纵筋压屈,承受可能存在的较小的剪力,并与纵筋形成钢筋骨架。螺旋钢箍是在纵筋外围配置的连续环绕、间距较密的螺旋筋,或焊接钢环,其作用是使截面核心部分的混凝土形成约束混凝土,提高构件的承载力和延性。

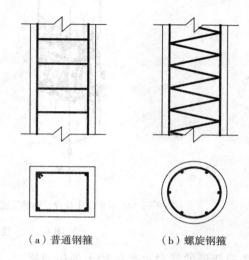

（a）普通钢箍　　　（b）螺旋钢箍

图 6-4　受压构件的配筋方式

这里可采用如下思想理解轴心受压构件承载力的设计思路:轴心受压柱截面内的混凝土和受压钢筋可提供抵抗压力能力,对于配有螺旋箍筋或焊接圆环(统称为间接钢筋)箍筋柱而言,间接钢筋约束内部核心混凝土使其近似呈三向受压状态,从而提高了抗压能力。全部内部材料的抗压能力不小于外部荷载引起的轴力最大值,承载能力极限状态设计满足要求(尚需符合验算条件、构造要求等规定)。

6.3.1　轴心受压普通箍筋柱的正截面承载力计算

根据试验研究结果,轴心受压构件可按长细比的不同分为短柱和长柱。轴心受压构件所采用试件的材料强度、截面尺寸和配筋均相同,但试件的长度不同,通过对比观察长细比不同的轴心受压构件的破坏特征不同。

1. 受力分析和破坏形态

短柱加载后,截面应变为均匀分布,钢筋应变 ε_s 与混凝土应变 ε_c 相同。如前所述,由于混凝土塑性变形的发展及收缩徐变的影响,钢筋与混凝土之间发生压应力重分布现象。试验表明,混凝土的收缩与徐变(在线性徐变范围以内)并不影响构件的极限承载力。对于配置 HPB300、HRB400 级钢筋的构件,在混凝土达到最大应力 f_c 以前,钢筋已达到其屈服强度,此时构件尚未破坏,荷载仍可继续增加,钢筋应力则保持在 f'_y。当混凝土的压应变 ε_c 达到其极限值 ε_{cu} 时,构件表面出现纵向裂缝,保护层混凝土开始剥落,构件达到其极限承载力。破坏时箍筋之间的纵筋发生压屈并向外凸出,中间部分混凝土压碎[图6-5(a)],混凝土应力达到轴心抗压强度 f_c。当纵筋为高强度钢筋时,构件破坏时纵筋应力约为 400 N/mm²,达不到其屈服强度。

当受压构件的长细比较大时,轴心受压构件虽为全截面受压,但随着压力增大,长柱发

 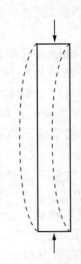

（a）短柱：混凝土压碎，钢筋压屈   （b）长柱：构件压屈

图 6-5   受压柱破坏形态

生压缩变形的同时可产生较大的横向挠度，在未达到材料破坏的承载力以前，常由于侧向挠度增大而发生失稳破坏[图 6-5(b)]。

表 6-1   钢筋混凝土轴心受压构件的稳定系数 φ

l_c/b	≤8	10	12	14	16	18	20	22	24	26	28
l_c/d	≤7	8.5	10.5	12	14	15.5	17	19	21	22.5	24
l_c/i	≤28	35	42	48	55	62	69	76	83	90	97
φ	1.0	0.98	0.95	0.92	0.87	0.81	0.75	0.70	0.65	0.60	0.56
l_c/b	30	32	34	36	38	40	42	44	46	48	50
l_c/d	26	28	29.5	31	33	34.5	36.5	38	40	41.5	43
l_c/i	104	111	118	125	132	139	146	153	160	167	174
φ	0.52	0.48	0.44	0.40	0.36	0.32	0.29	0.26	0.23	0.21	0.19

注：表中 l_c— 构件的计算长度；b— 矩形截面的短边尺寸；d— 圆形截面的直径；i— 截面最小回转半径。

设以 φ 代表长柱承载力 N_u^l 与短柱承载力 N_u^s 的比值，称为轴心受压构件的稳定系数。

$$\varphi = \frac{N_u^l}{N_u^s} \tag{6-1}$$

稳定系数 φ 主要与柱的长细比 l_c/b 有关，对一般有侧移的多层房屋钢筋混凝土框架柱，其计算长度可按下列规定采用：当楼盖为现浇楼盖时，底层柱 $l_c = 1.0H$，其余各层柱 $l_c = 1.25H$；当为装配式楼盖时，底层柱 $l_c = 1.25H$，其余各层柱 $l_c = 1.5H$。其中，H 为屋高，为底

钢筋混凝土结构设计原理

层柱基础顶面到一层楼盖顶面之间的高度，其余各层柱取上、下两层楼盖顶面之间的距离。

当 $l_0/b \leqslant 8$ 或 $l_0/i \leqslant 28$ 时，称为短柱，取 $\varphi = 1.0$。随 l_0/b 的增大，φ 值近乎线性减小，混凝土强度等级及配筋对 φ 的影响较小。《规范》给出的 φ 值见表 6-1。

2. 承载力计算公式

在轴心受压承载力极限状态下（图 6-6），根据轴向力的平衡，混凝土轴心受压构件的正截面承载力计算公式为

$$N \leqslant 0.9\varphi(f_c A + f_y' A_s') \qquad (6-2)$$

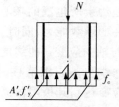

图 6-6 轴心受压极限承载力状态

式中：N—— 轴向力设计值；

φ—— 稳定系数，见表 6-1；

A—— 构件截面面积；当纵向普通钢筋配筋率大于 3% 时，式中的 A 应改为 $A_c = A - A_s'$；

A_s'—— 全部纵向普通钢筋的截面面积；

0.9—— 可靠度协调系数。

【例 6-1】 如图 6-7 所示的某四层四跨现浇框架结构的底层内柱，混凝土强度等级为 C35，钢筋用 HRB400 级，轴心受压设计值为 $N = 3300$ kN，$H = 4.5$ m，柱的计算长度取 $l_c = 1.0H$。环境类别为一类，试确定柱截面尺寸及其纵向普通受压钢筋。

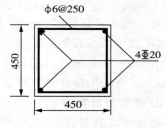

图 6-7 例题 6-1 配筋图

【解】 （1）初步估算截面尺寸。

取配筋率 $\rho' = 1\%$，即 $A_s' = 0.01A$，稳定系数取 $\varphi = 1.0$，C35 级混凝土 $f_c = 16.7$ N/mm²，HRB400 级钢筋 $f_y' = 360$ N/mm²，则

$$A = \frac{N}{0.9\varphi(f_c + \rho' f_y')} = \frac{3300 \times 10^3}{0.9 \times 1.0(16.7 + 0.01 \times 360)} = 180624 \text{ (mm}^2\text{)}$$

正方形截面边长 $b = \sqrt{A} = \sqrt{180624} = 425 \text{(mm)}$，取 $b = 450$ mm

（2）配筋计算。

$$l_0 = 1.0H = 4.5 \text{ m}$$

$$\frac{l_0}{b} = \frac{4.5 \times 10^3}{450} = 10$$

查表 6-1 得 $\varphi = 0.98$，将其代入式（6-5），得

$$A_s' = \frac{\dfrac{N}{0.9\varphi} - f_c A}{f_y'} = \frac{\dfrac{3300 \times 10^3}{0.9 \times 0.98} - 16.7 \times 450^2}{360} = 999 \text{ (mm}^2\text{)}$$

选用 4Φ20（$A_s' = 1256$ mm²），实际配筋率为 0.62%，箍筋选用 $\phi6@250$ mm，因为全部纵向受压钢筋最小配筋率为 0.50%，最大不超过 5%，满足要求，配筋图如图 6-7 所示。

6.3.2　轴心受压螺旋箍筋柱的正截面承载力计算

1. 受力分析和破坏形态

螺旋箍筋柱由于沿柱高配置有间距较密的螺旋筋(或焊接圆环式箍筋),螺旋箍筋可有效地约束所包围的核心混凝土受压时的横向变形,使其处于近似三向受压状态,从而提高了柱的承载能力,同时,也增强了柱的变形能力。图 6-8 为螺旋箍筋柱与普通钢箍柱荷载 N 与轴向应变 ε 曲线的比较。在混凝土应力达到其临界应力 $0.8f_c$ 以前,螺旋箍筋柱的变形曲线与普通钢箍柱并无区别。当混凝土的压应变达到其极限值时,保护层混凝土开始剥落,混凝土截面面积减小,承载力有所下降。而核心混凝土由于受到约束,抗压强度得以提升,仍可继续承受荷载,其抗压强度超过了 f_c,曲线逐渐回升。随着荷载的增大,螺旋筋中拉应力增大,直到螺旋筋达到屈服,丧失对核心混凝土横向变形的约束作用,混凝土被压碎,构件宣告破坏。破坏时柱的应变可达 0.01 以

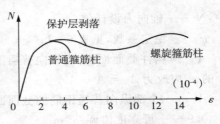

图 6-8　配有螺旋箍筋柱及普通钢箍柱的破坏过程

上,这反映了螺旋箍筋柱的受力特点,在承载力基本不降低的情况下具有较大的承受后期变形的能力,表现出较好的延性。螺旋箍筋柱的这种受力性能,使得近年来在抗震结构设计中,为提高柱的延性常在普通钢箍柱中加配螺旋箍筋或焊接圆环箍筋。

2. 承载力计算公式

螺旋钢箍的套箍作用大,约束了核心混凝土的横向变形,使核心混凝土近似呈三向受压状态,故其承载力明显提高。

根据圆柱体三向受压试验结果可知,受到径向压应力 σ_2 作用的约束混凝土纵向抗压强度 σ_1,可按下列公式计算:

$$\sigma_1 = f_c + 4\sigma_2 \tag{6-3}$$

设单根螺旋式或焊接环式间接钢筋的截面面积为 A_{ss1},间距为 s,螺旋筋的内径为 d_{cor}(核心混凝土的直径)。螺旋筋应力达到其抗拉强度设计值 f_y 时,由图 6-9 隔离体的平衡可得

$$\sigma_2 = \frac{2f_y A_{ss1}}{s \cdot d_{cor}} \tag{6-4}$$

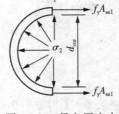

图 6-9　径向压应力

将上式代入 σ_1 的表达式中,即得 $\sigma_1 = f_c + \dfrac{8f_y A_{ss1}}{s \cdot d_{cor}}$。根据轴向力的平衡,考虑轴心受压构件与偏心受压构件有相近的可靠度系数 0.9,同时考虑间接钢筋对混凝土约束的折减系数 α,可得螺旋钢筋柱的承载力计算公式为

$$N \leqslant 0.9(\sigma_1 A_{cor} + f'_y A'_s)$$

或

$$N \leqslant 0.9\left(\sigma_1 A_{cor} + f'_y A'_s + 8\alpha \frac{f_y A_{ss1} A_{cor}}{s \cdot d_{cor}}\right) \qquad (6-5)$$

将螺旋箍筋按体积相等的条件,换算成纵向钢筋面积 A_{ss0},即

$$A_{ss0} = \frac{\pi d_{cor} A_{ss1}}{s} \qquad (6-6)$$

则式(6-5)可改写成下列的形式:

$$N \leqslant 0.9\varphi(f_c A_{cor} + f'_y A'_s + 2\alpha \cdot f_{yv} A_{ss0}) \qquad (6-7)$$

式中:A_{cor}—— 构件的核心截面面积,取间接钢筋内表面范围内的混凝土截面面积。

f_{yv}—— 间接钢筋的抗拉强度设计值。

A_{ss0}—— 螺旋式或焊接圆环式间接钢筋的换算截面面积。

d_{cor}—— 构件的核心直径。

s—— 沿构件轴线方向间接钢筋的间距。

α—— 间接钢筋对混凝土约束的折减系数;当混凝土强度等级不超过 C50 时,取 1.0;当混凝土强度等级为 C80 时,取 0.85;其间线性内插。

式(6-7)中右边第一项为核心混凝土在无侧向约束时的抗压力,第二项为纵筋产生的抗压力,第三项为核心混凝土受到螺旋筋约束后抗压力的提高部分。

在进行配有螺旋式或焊接环式间接钢筋的柱正截面承载力计算时,需注意以下两点:

(1)按式(6-7)算得的构件受压承载力设计值不应大于按式(6-2)算得的构件受压承载力设计值的 1.5 倍,这主要是为了保证螺旋箍筋外围的混凝土保护层抵抗剥落有足够的安全性。

(2)当遇到下列任意一种情况时,不应计入间接钢筋的作用,而应按普通箍筋柱进行计算:

① 当 $l_c/d > 12$ 时;

② 当按式(6-7)算得的受压承载力小于按式(6-2)算得的受压承载力时;

③ 当间接钢筋的换算截面面积 A_{ss0} 小于纵向普通钢筋的全部截面面积的 25% 时。

【例 6-2】 如图 6-10 所示,已知某办公楼采用装配式楼盖,其第三层钢筋混凝土柱,承受轴心受压设计值为 $N = 7500$ kN,3、4 两层楼盖顶面之间的距离 $H = 4.2$ m。混凝土强度等级为 C40,柱截面为圆形,直径 $d = 500$ mm,柱中钢筋用 HRB500 级钢筋,箍筋用 HRB400 级钢筋,环境类别为一类。求柱中的受压钢筋。

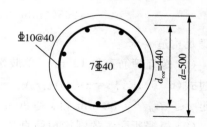

图 6-10 例题 6-2 配筋图

【解】 (1)列出已知参数。

混凝土强度等级 C40,$f_c = 19.1$ N/mm²;HRB400 级钢筋,$f_{yv} = 360$ N/mm²;HRB500 级钢筋,$f'_y = 400$ N/mm²(说明:《规范》规定对于轴心受压构件,当采用 HRB500 和

HRBF500 级钢筋时,钢筋的抗压强度设计值 f'_y 应取 400 N/mm^2)。保护层按 20 mm 考虑,采用直径为 10 mm 箍筋。

(2)按配置普通纵筋和箍筋柱计算长度 l_c。

由于楼盖采用装配式结构,根据《规范》可知,第三层柱的计算长度 $l_c = 1.5H = 1.5 \times 4.2 = 6.3 \text{(m)}$。

(3)计算稳定系数 φ。

$l_c/d = 6.3/0.7 = 9.0$,查表 6-1,根据线性插值,得 $\varphi = 0.9725$。

(4)计算纵筋截面面积。

已知圆形混凝土柱截面面积为 $A = \pi d^2/4 = 3.14 \times 500^2/4 = 196250 \text{(mm}^2\text{)}$,由式(6-2)得 $A'_s = \dfrac{\dfrac{N}{0.9\varphi} - f_c A}{f'_y} = \dfrac{\dfrac{7500 \times 10^3}{0.9 \times 0.9725} - 19.1 \times 196250}{400} = 12052 \text{(mm}^2\text{)}$

(5)求配筋率。

$$\rho' = \frac{A'_s}{A} = \frac{12052}{196250} = 6.14\% > 5\%$$

显然,配筋率过高,若混凝土强度等级不再提高,并因 $l_c/d = 9.0 < 12$,可考虑采用螺旋箍筋柱。

(6)按螺旋箍筋柱计算:假定纵筋配筋率 $\rho' = 4.5\%$,则 $A'_s = \rho'A = 0.045 \times 196250 = 8831 \text{(mm}^2\text{)}$,选用 7 Φ 40($A'_s = 8796 \text{ mm}^2$,略小 8831 mm^2,相差不足 1%,符合要求)。

$$d_{cor} = d - 20 \times 2 - 10 \times 2 = 500 - 60 = 440 \text{ (mm)}$$

$$A_{cor} = \pi d_{cor}{}^2/4 = 3.14 \times 440^2/4 = 151976 \text{ (mm}^2\text{)}$$

(7)当混凝土强度等级不超过 C50 时,间接钢筋对混凝土约束的折减系数取 $\alpha = 1.0$,按式(6-7)求螺旋箍筋的换算截面面积 A_{ss0} 得

$$A_{ss0} = \frac{N/0.9 - (f_c A_{cor} + f'_y A'_s)}{2\alpha f_{yv}}$$

$$= \frac{7500 \times 10^3/0.9 - (19.1 \times 151976 + 400 \times 8796)}{1.0 \times 2 \times 360}$$

$$= 2656 \text{(mm}^2\text{)} > 0.25 A'_s = 0.25 \times 8796 = 2199 \text{(mm}^2\text{)}$$

故满足构造要求。

(8)螺旋箍筋直径 10 mm,单肢螺旋箍筋面积 $A_{ss1} = 78.5 \text{ mm}^2$。螺旋箍筋的间距 s 可通过式(6-6)求得 $s = \pi d_{cor} A_{ss1}/A_{ss0} = 3.14 \times 440 \times 78.5/2656 = 40.8 \text{(mm)}$,取 $s = 40$ mm,满足 $s \leqslant d_{cor}/5 = 88$ mm 和 $s \leqslant 80$ mm,且同时满足 $s \geqslant 40$ mm 的要求。

(9)根据所配置的螺旋箍筋直径 10 mm,间距 $s = 40$ mm 计算螺旋箍筋柱的轴向力设计值为

$$A_{ss0} = \frac{\pi d_{cor} A_{ss1}}{s} = \frac{3.14 \times 440 \times 78.5}{40} = 2711 \text{ (mm}^2\text{)}$$

$$N_u \leqslant 0.9(f_c A_{cor} + f'_y A'_s + 2\alpha f_{yv} A_{ss0})$$

$$= 0.9 \times (19.1 \times 151976 + 400 \times 8796 + 2 \times 360 \times 2711)$$

$$= 7535755(N) = 7535.755 \text{ kN} > N = 7500 \text{ kN}$$

按普通钢箍柱计算轴向承载力设计值为

$$N_u \leqslant 0.9\varphi(f_c A + f'_y A'_s) = 0.9 \times 0.9725(19.1 \times 196250 + 400 \times 8796)$$

$$= 6360245(N) = 6360.245 \text{ kN} < N = 7500 \text{ kN}$$

且 $1.5 \times 6360.245 = 9540.367(kN) > N = 7500$ kN,故该柱可以采用螺旋箍筋柱,能承受的轴心受压承载力设计值为 $N = 7535.755$ kN。

6.4　偏心受压构件正截面承载力计算

　　钢筋混凝土偏心受压构件是实际工程中广泛应用的受力构件之一。构件同时受到轴向压力 N 及弯矩 M 的作用[图 6-11(a)]压弯构件,等效于对截面形心的偏心距为 $e_0 = M/N$ 的偏心压力的作用[图 6-11(b)]。钢筋混凝土偏心受压构件的受力性能、破坏形态介于受弯构件与

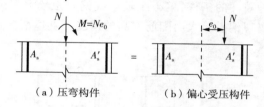

（a）压弯构件　　　（b）偏心受压构件

图 6-11　压弯构件与偏心受压构件

轴心受压构件之间。当 $N=0$, $Ne_0 = M$ 时为受弯构件;当 $M=0$, $e_0 = 0$ 时为轴心受压构件。故受弯构件和轴心受压构件相当于偏心受压构件的特殊情况。

6.4.1　偏心受压构件的破坏形态

　　钢筋混凝土偏心受压构件也有长柱和短柱之分。现以工程中常用的截面两侧纵向受力钢筋为对称配置($A_s = A'_s$)的偏心受压短柱为例,说明其破坏形态和破坏特征随轴向力 N 在截面上的偏心距 e_0 大小和纵向钢筋配筋率的不同,偏心受压构件的破坏特征。

　　1. 受拉破坏 —— 大偏心受压情况

　　当轴向力 N 的偏心距 e_0 较大,且纵筋的配筋率不高时,受荷部分截面受压,部分受拉。拉区混凝土较早出现横向裂缝,由于配筋率不高,受拉钢筋 A_s 应力增长较快,首先达到屈服,随着裂缝的开展,受压区高度逐渐减小,最后受压钢筋 A'_s 屈服,混凝土被压碎。其破坏形态与配有受压钢筋的适筋梁相似,受力状态如图 6-12(a) 所示。

　　此类偏心受压构件的破坏是由于受拉钢筋首先达到屈服,压区混凝土被压坏,其承载力主要取决于受拉钢筋,故称为受拉破坏。此类破坏具有明显的预兆,横向裂缝显著开展,变形急剧增大,具有塑性破坏的性质。形成这种破坏的条件:纵筋配筋率不高且偏心距 e_0 较大,因此,通常称为大偏心受压破坏。

　　2. 受压破坏 —— 小偏心受压情况

　　（1）当偏心距 e_0 较大,纵筋的配筋率很高时,虽然同样是部分截面受拉,但拉区裂缝出

现后,受拉钢筋 A_s 应力增长缓慢(因为纵筋配筋率很高)。破坏是由于受压区混凝土达到其抗压强度被压碎,破坏时受压钢筋达到屈服,而受拉一侧钢筋应力未达到其屈服强度,破坏形态与超筋梁相似[图 6-12(b)]。

(2)偏心距 e_0 较小时,加载后大部分截面受压,中性轴靠近受拉钢筋。因此受拉钢筋 A_s 应力很小,无论配筋率大小,破坏总是由于受压钢筋 A_s' 的屈服,混凝土达到抗压强度被压碎。临近破坏时,受拉区混凝土可能出现细微的横向裂缝[图 6-12(c)]。

(3)偏心距 e_0 很小时,加载后全截面受压。破坏是由于近截面一侧的受压钢筋屈服,混凝土被压碎。距轴力较远一侧的受压钢筋未达到屈服,当轴向力距离截面轴心趋近于零时,远离轴力一侧钢筋可能达到屈服,整个截面混凝土受压破坏,其破坏形态相当于轴心受压构件[图 6-12(d)]。

上述三种情况的共同特点:构件的破坏是由于受压区混凝土达到其抗压强度,距离轴力较远一侧的钢筋,无论受拉或受压,一般均未达到屈服,其承载力主要取决于受压区混凝土及受压钢筋,故称为受压破坏。这种破坏缺乏明显的预兆,具有脆性破坏的特征。形成这种破坏的条件:偏心距较小或偏心距较大但配筋率过高。在截面配筋计算时,一般应避免出现偏心距大而配筋率高的情况。上述情况通常称为小偏心受压情况。

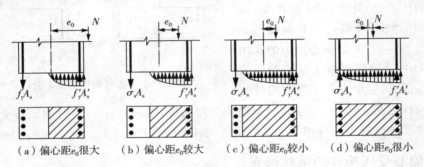

(a)偏心距 e_0 很大　　(b)偏心距 e_0 较大　　(c)偏心距 e_0 较小　　(d)偏心距 e_0 很小

图 6-12　偏心受压构件的受力状态

3. 两类偏心受压破坏的界限

两类破坏的本质区别在于破坏时受拉钢筋能否达到屈服。若受拉钢筋先屈服,然后受压区混凝土被压碎属于受拉破坏,即大偏心受压破坏;若受拉钢筋或远离力一侧钢筋无论受拉还是受压均未屈服,则属于受压破坏,即小偏心受压破坏。两类破坏的界限应该是当受拉钢筋初始屈服的同时,受压区混凝土达到极限压应变。用截面应变表示(图 6-13)这种特性。

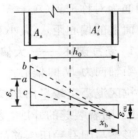

图 6-13　偏心受压构件的截面应变分布

当混凝土相对受压区高度 $\xi \leqslant \xi_b$ 时,为大偏心受压构件;当 $\xi > \xi_b$ 时,为小偏心受压构件。这是两类偏心受压构件的严格判定依据,当然前提是必须确定混凝土相对受压区高度 ξ 的值。根据经验,实际工程设计中,通常以 e_i(e_i 为初始偏心距)与 $0.3h_0$ 比较初步判断大、小偏心的类型:当 $e_i \geqslant 0.3h_0$,可先按大偏心受压构件进行计算;当 $e_i < 0.3h_0$,可先按小偏心受压构件进行计算。需要强调一点,这仅仅为初步判断条件,最终需要通过比较计算出的 ξ 与 ξ_b,方可明确偏心类型。

钢筋混凝土结构设计原理

6.4.2 偏心受压柱的二阶效应

1. 附加偏心距

由于施工误差、计算偏差及材料的不均匀等,实际工程中不存在理想的轴心受压构件。按 $e_0 = M/N$ 算得的偏心距,实际上有可能增大或减小。为考虑这些因素的不利影响,引入附加偏心距 e_a。偏心受压构件的正截面承载力计算中,应考虑轴向压力在偏心方向存在的附加偏心距,其值取 20 mm 和偏心方向截面尺寸 1/30 两者的较大值,即 $e_a = \text{Max}(20, h/30)$($h$ 为偏心方向截面尺寸)。在正截面压弯承载力计算中,偏心距取计算偏心距 e_0 与附加偏心距 e_a 之和,称为初始偏心距 e_i,即

$$e_i = e_0 + e_a \tag{6-8}$$

2. 二阶效应

构件中的轴向压力在变形后的结构或构件中引起的附加内力和附加变形称为二阶效应($P-\delta$ 效应),即由轴向压力在产生了挠曲变形 f 的杆件内引起的曲率和弯矩增加(图 6-14)。构件承担的实际弯矩为 $M = N(e_0 + f)$ 大于初始弯矩 $M_0 = Ne_0$。

根据钢筋混凝土偏心压杆的长细比不同,一般将压杆分为短柱、长柱和细长柱。短柱一般是指 $l_c/h \leqslant 5$ 或 $l_c/d \leqslant 5$(h 为截面高度,d 为圆柱截面直径),该附加弯矩一般平均不超截面初始弯矩的 5%,设计中一般可忽略其影响。长柱一般为 $5 < l_c/h < 30$ 或 $5 < l_c/d < 30$,柱纵向弯曲导致的二阶效应不能忽略。细长柱一般是指 $l_c/h > 30$ 或 $l_c/d > 30$ 的情况,这种柱的破坏主要为失稳破坏(图 6-15)。工程设计中应尽量避免采用细长柱。

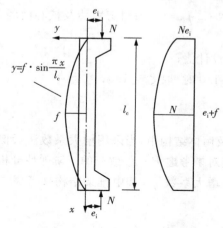

图 6-14 偏心受压构件
的附加弯矩

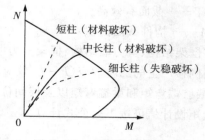

图 6-15 不同长细比偏心
受压构件破坏方式

3. 不考虑二阶效应的条件

弯矩作用平面内截面对称的偏心受压构件,当同一主轴方向的杆端弯矩比在不大于 0.9 且轴压比不大于 0.9 时,若构件的长细比满足式(6-9)要求,可不考虑轴向压力在该方向挠曲杆件中产生的附加弯矩影响;否则应按截面的两个主轴方向分别考虑轴向压力在挠曲杆件中产生的附加弯矩影响。

$$l_c / i \leqslant 34 - 12(M_1 / M_2) \tag{6-9}$$

式中：M_1、M_2——分别为已考虑侧移影响的偏心受压构件两端截面按结构弹性分析确定的对同一主轴的组合弯矩设计值，绝对值较大端为 M_2，绝对值较小端为 M_1，当构件按单曲率弯曲（M_1、M_2 同号）时，M_1 / M_2 取正值，否则取负值；

l_c——构件的计算长度，可近似取偏心受压构件相应主轴方向上下支撑点之间的距离；

i——偏心方向的截面回转半径。

4. 二阶效应的 $C_m - \eta_{ns}$ 法

为体现杆端受力与附加弯矩对曲率的变化对偏心受压构件二阶效应的影响，《规范》引入了 C_m，η_{ns} 系数。除排架结构柱外，其他偏心受压构件考虑轴向压力在挠曲杆件中产生的二阶效应后控制截面的弯矩设计值，应按下列公式计算：

$$M = C_m \eta_{ns} M_2 \tag{6-10}$$

$$C_m = 0.7 + 0.3(M_1 / M_2) \tag{6-11}$$

$$\eta_{ns} = 1 + \frac{1}{1300(M_2 / N + e_a) / h_0} \left(\frac{l_c}{h}\right)^2 \zeta_c \tag{6-12}$$

$$\zeta_c = \frac{0.5 f_c A}{N} \tag{6-13}$$

式中：C_m——构件端截面偏心距调节系数，当 $C_m < 0.7$ 时，取 $C_m = 0.7$；

η_{ns}——弯矩增大系数，当 $C_m \eta_{ns} < 1$ 时，取 $C_m \eta_{ns} = 1.0$；对剪力墙及核心筒墙，可取 $C_m \eta_{ns} = 1.0$；

N——与弯矩设计值 M_2 相应的轴向压力设计值；

ζ_c——截面曲率修正系数，当计算值 $\zeta_c > 1.0$ 时，取 $\zeta_c = 1.0$；

h_0——截面有效高度；

A——构件截面面积。

在框架结构、剪力墙结构、框架剪力墙结构及筒体结构中，当采用增大系数法近似计算结构因侧移产生的二阶效应（$P - \triangle$ 效应）时，应对未考虑 $P - \triangle$ 效应的一阶弹性分析所得的柱、墙肢端弯矩和梁端弯矩以及层间位移乘以增大系数 η_s，其中排架结构柱考虑二阶效应的弯矩设计值可按下列公式计算：

$$M = \eta_s M_0 \tag{6-14}$$

$$\eta_s = 1 + \frac{1}{1500 e_i / h_0} \left(\frac{l_0}{h}\right)^2 \zeta_c \tag{6-15}$$

式中：η_s——$P - \triangle$ 效应弯矩增大系数；

M_0——一阶弹性分析柱端弯矩设计值；

l_c——排架柱的计算长度；

A——柱的截面面积，对于 I 形截面取 $A = bh + 2(b_f - b)h'_f$。

钢筋混凝土结构设计原理

6.4.3 矩形截面偏心受压构件正截面承载力计算公式

1. 基本假定

偏心受压构件正截面承载力计算上的基本假定与受弯构件相似，即

(1) 截面应变保持平面；

(2) 不考虑混凝土的抗拉强度；

(3) 混凝土的极限压应变为 $\varepsilon_{cu} = 0.0033$；

(4) 受压区混凝土应力图可简化为等效矩形应力图；

(5) 纵向受拉钢筋的极限拉应变取为 0.01。

当 $\xi \leqslant \xi_b$ 时，为受拉钢筋达到屈服的大偏心受压情况；当 $\xi > \xi_b$ 时，为受拉钢筋未达屈服的小偏心受压情况。

2. 基本计算公式

大偏心和小偏心受压柱正截面承载力计算公式可分别视为逆时针或顺时针旋转了 90° 的适筋双筋截面和超筋的双筋截面，其受力钢筋的确定仍基于力和力矩的平衡方程。据偏心受压构件破坏时的极限状态，以及上述基本假定，可绘出矩形截面偏心受压构件正截面承载力计算简图（图 6-16）。

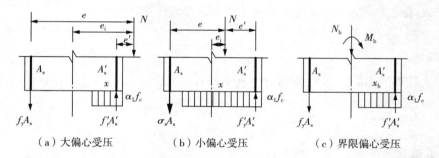

（a）大偏心受压　　　　　（b）小偏心受压　　　　　（c）界限偏心受压

图 6-16　矩形截面偏心受压构件正截面承载力计算简图

（1）大偏心受压（$\xi \leqslant \xi_b$）

大偏心受压时受拉钢筋应力 $\sigma_s = f_y$，根据力的平衡和对受拉钢筋合力点取矩的平衡条件 [图 6-16(a)] 有

$$N = \alpha_1 f_c bx + f'_y A'_s - f_y A_s \tag{6-16}$$

$$Ne = N\left(e_i + \frac{h}{2} - a_s\right) = \alpha_1 f_c bx\left(h_0 - \frac{x}{2}\right) + f'_y A'_s(h_0 - a'_s) \tag{6-17}$$

$$e = e_i + h/2 - a_s \tag{6-18}$$

式中：N—— 轴向压力设计值；

x—— 受压区计算高度，$x = \xi h_0$；

e—— 轴向力作用点到受拉钢筋合力点的距离；

e_0—— 轴向力对截面重心的偏心距，$e_0 = M/N$；

a_s—— 纵向受拉钢筋合力点至截面邻近边缘的距离。

为保证受压钢筋 A'_s 的应力达到 f'_y，受拉钢筋 A_s 应力达到 f_y，上式需符合下列条件：

$$x \geqslant 2a'_s \tag{6-19}$$

$$x \leqslant \xi_b h_0 \tag{6-20}$$

显然，上述条件与双筋截面相同。

（2）小偏心受压（$\xi > \xi_b$）

距轴力较远一侧纵筋（A_s）中应力 $\sigma_s < f_y$[图 6-16(b)]，此时截面上力的平衡条件为

$$N = \alpha_1 f_c b x + f'_y A'_s - \sigma_s A_s \tag{6-21}$$

$$Ne = N\left(e_i + \frac{h}{2} - a_s\right) = \alpha_1 f_c b x \left(h_0 - \frac{x}{2}\right) + f'_y A'_s (h_0 - a'_s) \tag{6-22}$$

$$Ne' = N\left(\frac{h}{2} - e_i - a'_s\right) = \alpha_1 f_c b x \left(\frac{x}{2} - a'_s\right) - \sigma_s A_s (h_0 - a'_s) \tag{6-23}$$

$$e' = h/2 - e_i - a'_s \tag{6-24}$$

式中：e'——轴向力作用点到受压钢筋合力点的距离。

式中的 σ_s 在理论上可按应变的平截面假定确定 ε_s，再由 $\sigma_s = \varepsilon_s E_s$ 确定，但计算过于复杂。由于 σ_s 与 ξ 有关，《规范》规定可按下列公式近似计算，即

$$\sigma_s = f_y \frac{\xi - \beta_1}{\xi_b - \beta_1} \tag{6-25}$$

按上式算得的钢筋应力 σ_s 需符合下列条件：

$$-f'_y \leqslant \sigma_s \leqslant f_y \tag{6-26}$$

当 $\xi \geqslant 2\beta_1 - \xi_b$ 时，取 $\sigma_s = -f_y$。

（3）界限偏心受压

当 $x = \xi_b h_0$ 时，为大、小偏心受压的界限情况，在式（6-16）中取 $x = \xi_b h_0$ 可写出界限情况下的轴向力 N_b 的表达式：

$$N_b = \alpha_1 f_c \xi_b b h_0 + f'_y A'_s - f_y A_s \tag{6-27}$$

当截面尺寸、配筋面积及材料强度为已知时，N_b 为定值可按式（6-27）确定。如作用在该截面上的轴向力设计值 $N \leqslant N_b$，则为大偏心受压情况；若 $N > N_b$ 则为小偏心受压情况。

取 $x = \xi_b h_0$，设 $a_s = a'_s$ 对截面的几何中心轴取矩，可写出界限情况下的弯矩 M_b 的表达式[图 6-16(c)]：

$$M_b = \frac{1}{2}\left[\alpha_1 f_c b \xi_b h_0 (h - \xi_b h_0) + (f'_y A'_s + f_y A_s)(h_0 - a'_s)\right] \tag{6-28}$$

由 $M_b = N_b e_{0b}$，可得

$$\frac{e_{0b}}{h_0} = \frac{M_b}{N_b h_0} = \frac{\alpha_1 f_c b \xi_b h_0 (h - \xi_b h_0) + (f'_y A'_s + f_y A_s)(h_0 - a'_s)}{2(\alpha_1 f_c b \cdot \xi_b h_0 + f'_y A'_s - f_y A_s)h_0} \tag{6-29}$$

当截面尺寸及材料强度给定时,由上式可知界限偏心距 e_{0b} 与截面配筋 A_s 及 A'_s 有关,如 A_s 及 A'_s 已知,e_{0b} 也为定值。当计算的初始偏心距 $e_0 \geqslant e_{0b}$ 时,为大偏心受压情况;当 $e_0 < e_{0b}$ 时,为小偏心受压情况。

6.4.4 矩形截面偏心受压构件非对称截面配筋计算

当构件的截面尺寸、计算长度、材料强度及荷载产生的内力设计值 N,M 均为已知,要求计算需配置的纵向钢筋 A_s 及 A'_s 时,需先判断偏心受压类型,才能采用相应的公式进行计算。

1. 两种偏心受压情况的判定

如前所述,判别两种偏心受压情况的基本条件:$\xi \leqslant \xi_b$ 为大偏心受压,$\xi > \xi_b$ 为小偏心受压。但在截面配筋计算前,A_s 及 A'_s 通常未知,无法得到相对受压区高度值,因此无法采用 ξ 判定偏心受压类型。为简化计算,避免反复试算。当进行截面配筋计算时,两种偏心受压情况的判别条件可采用:当 $e_i \leqslant 0.3h_0$ 时,可初步按小偏心受压情况计算;当 $e_i > 0.3h_0$ 时,可初步按大偏心受压情况计算。

2. 大偏心受压构件的配筋计算

(1) 受压钢筋 A'_s 及受拉钢筋 A_s 均未知

式(6-16)和式(6-17)中有三个未知数:A'_s、A_s 及 x,故不能得出唯一解。为使总用钢量($A'_s + A_s$)最小,与双筋受弯构件类似,可取 $x = \xi_b h_0$,这样未知数数量减少为两个,可由式(6-17)得

$$A'_s = \frac{Ne - \alpha_1 f_c bh_0^2 \xi_b(1 - 0.5\xi_b)}{f'_y(h_0 - a'_s)} \qquad (6-30)$$

当 $A'_s \geqslant \rho'_{min} bh$ 时($\rho'_{min} = 0.002$),将式(6-30)算得的 A'_s 代入式(6-16),可有

$$A_s = \frac{\alpha_1 f_c \xi_b h_0 + f'_y A'_s - N}{f_y} \qquad (6-31)$$

当 $A_s < \rho_{min} bh$(或 $A_s \leqslant 0$)时,取 $A_s = \rho_{min} bh$,$\rho_{min} = 0.002$。

若按式(6-30)求得的 $A'_s < \rho'_{min} bh$,需取 $A'_s = \rho'_{min} bh$,并按 A'_s 为已知的情况重新按式(6-31)计算 A_s,按式(6-31)计算的结果也需满足 $A_s \geqslant \rho_{min} bh$。

(2) 受压钢筋 A'_s 为已知,求 A_s

当 A'_s 为已知时,式(6-16)和式(6-17)中有两个未知数 A_s 及 x,联立方程组可求得唯一的解。或者可利用"$\alpha_s - \xi$"系数法,求解过程与已知 A'_s 的双筋截面类似。

$$\alpha_s = \frac{Ne - f'_y A'_s(h_0 - a'_s)}{\alpha_1 f_c bh_0^2}, \xi = 1 - \sqrt{1 - 2\alpha_s} \qquad (6-32)$$

当 $\xi > \xi_b$ 时,则说明已知的 A'_s 尚不足,需按 A'_s 为未知的情况重新计算;

当 $\xi \leqslant \xi_b$ 时,则说明已知的 A'_s 可用,可继续求解 A_s。

若 $x \geqslant 2a'_s$,则

$$A_s = (\frac{f_c bx - N}{f_y} + A'_s) \geqslant \rho_{min} bh \qquad (6-33)$$

若 $x < 2a'_s$，则取 $x = 2a'_s$，此时，可对 A'_s 合力中心取矩得出 A_s：

$$A_s = \frac{Ne'}{f_y(h_0 - a'_s)} \geqslant \rho_{\min} bh \qquad (6-34)$$

【例 6-3】 如图 6-17 所示，已知荷载作用下矩形截面钢筋混凝土偏心受压柱承受轴向力设计值 $N =$ 800 kN，柱端弯矩设计值 $M_2 = 260$ kN·m，$M_1 = M_2$，混凝土强度等级为 C30，纵向受力钢筋为 HRB400 级，柱计算高度为 $l_c = 3.0$ m，截面为 $b \times h = 400$ mm $\times$ 500 mm，环境类别为一类。试求钢筋面积 A'_s 和 A_s。

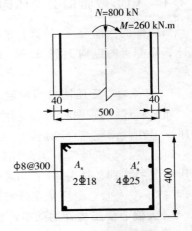

图 6-17 例题 6-3 配筋图

【解】（1）列出已知参数。

C30 混凝土：$\alpha_1 = 1.0$，$f_c = 14.3$ N/mm^2；HRB400 级钢筋：$f_y = f'_y = 360$ N/mm^2，$\xi_b = 0.518$，取 $a_s = a'_s = 40$ mm，则 $h_0 = h - a_s = 500 - 40 = 460$(mm)。

（2）确定弯矩设计值。

因为 $M_1 = M_2$，$M_1/M_2 = 1 > 0.9$，所以需要考虑偏心受压柱的二阶效应。

$$e_a = \text{Max}(20, 500/30) = 20 \text{ (mm)}$$

偏心距调节系数

$$C_m = 0.7 + 0.3(M_1/M_2) = 1.0$$

$$\zeta_c = \frac{0.5f_c A}{N} = \frac{0.5 \times 14.3 \times 400 \times 500}{800 \times 10^3} = 1.79 > 1.0，故取 \zeta_c = 1.0。$$

弯矩放大系数为

$$\eta_{ns} = 1 + \frac{1}{1300(M_2/N + e_a)/h_0}\left(\frac{l_c}{h}\right)^2 \zeta_c$$

$$= 1 + \frac{1}{1300 \times (260 \times 10^6/800 \times 10^3 + 20)/460}\left(\frac{3 \times 10^3}{500}\right)^2 \times 1.0 = 1.037$$

$$C_m \eta_{ns} = 1.0 \times 1.037 = 1.037 > 1.0$$

故弯矩设计值为 $M = C_m \eta_{ns} M_2 = 1.037 \times 260 = 269.62$(kN·m)。

（3）初步判断大小偏心构件。

$$e_i = e_0 + e_a = \frac{M}{N} + e_a = \frac{269.62 \times 10^6}{800 \times 10^3} + 20 = 357 \text{ (mm)}$$

则 $e_i = 357$ mm $> 0.3h_0 = 0.3 \times 460 = 138$(mm)

故可初步按大偏心受压构件计算。

$$e = e_i + h/2 - a_s = 357 + 500/2 - 40 = 567 \text{ (mm)}$$

钢筋混凝土结构设计原理

（4）计算 A'_s 和 A_s。

基本公式：

$$N_b = \alpha_1 f_c b \xi_b h_0 + f'_y A'_s + f_y A_s$$

$$Ne = N\left(e_i + \frac{h}{2} - a_s\right) = \alpha_1 f_c bx\left(h_0 - \frac{x}{2}\right) + f'_y A'_s (h_0 - a'_s)$$

令 $\xi = \xi_b = 0.518$，则

$$A'_s = \frac{Ne - \alpha_1 f_c b h_0^2 \xi_b (1 - 0.5\xi_b)}{f'_y (h_0 - a'_s)}$$

$$= \frac{800 \times 10^3 \times 567 - 1.0 \times 14.3 \times 400 \times 460^2 \times 0.518(1 - 0.5 \times 0.518)}{360 \times (460 - 40)}$$

$$= -73 (\text{mm}^2)$$

令 $A'_s = \rho'_{min} bh = 0.002bh = 0.002 \times 400 \times 500 = 400 (\text{mm}^2)$，则

$$A_s = \frac{\alpha_1 f_c b \xi_b h_0 - N}{f_y} + A'_s \frac{f'_y}{f_y}$$

$$= \frac{1.0 \times 14.3 \times 400 \times 0.518 \times 460 - 800 \times 10^3}{360} + 400$$

$$= 1964 (\text{mm}^2)$$

（5）选配钢筋。

A'_s 选用 $2\phi 18 (A'_s = 509 \text{ mm}^2)$，$A_s$ 选用 $4\phi 25 (A_s = 1964 \text{ mm}^2)$，配筋图如图 6-17 所示。

【例 6-4】 如图 6-18 所示，已知矩形截面偏心受压构件 $b \times h = 400 \text{ mm} \times 500 \text{ mm}$，计算长度 $l_c = 4.2$ m，承受轴向力设计值 $N = 500$ kN，柱端承受弯矩设计值 $M_1 = 280$ kN·m，$M_2 = 400$ kN·m。混凝土强度等级为 C35，钢筋为 HRB500 级，设已知受压钢筋为 A'_s 选用 $4\phi 20 (A'_s = 1256 \text{ mm}^2)$，环境类别为一类，试求纵向受力钢筋面积 A_s。

【解】 （1）列出已知参数。

C35 混凝土：$\alpha_1 = 1.0$，$f_c = 16.7$ N/mm²；HRB400 级钢筋：$f_y = f'_y = 435$ N/mm²，$\xi_b = 0.482$，取 $a_s = a'_s = 40$ mm，则 $h_0 = h - a_s = 500 - 40 = 460$（mm）。

（2）确定弯矩设计值。

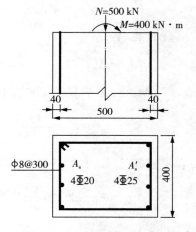

图 6-18 例题 6-4 配筋图

$$M_1/M_2 = 280/400 = 0.7 < 0.9$$

$$i = \sqrt{\frac{I}{A}} = \sqrt{\frac{400 \times 500^3/12}{400 \times 500}} = 144 \text{（mm）}$$

$$\frac{l_0}{i} = \frac{4.2 \times 10^3}{144} = 29.2 > 34 - 12\frac{M_1}{M_2} = 34 - 12 \times \frac{280}{400} = 25.6$$

故需要考虑偏心受压柱的二阶效应。

$$e_a = \text{Max}(20, 500/30) = 20 \text{ (mm)}$$

偏心距调节系数

$$C_m = 0.7 + 0.3(M_1/M_2) = 0.7 + 0.21 = 0.91$$

$$\zeta_c = \frac{0.5 f_c A}{N} = \frac{0.5 \times 14.3 \times 400 \times 500}{500 \times 10^3} = 2.86 > 1.0, \text{故取} \zeta_c = 1.0。$$

弯矩放大系数为

$$\eta_{ns} = 1 + \frac{1}{1300(M_2/N + e_a)/h_0}\left(\frac{l_c}{h}\right)^2 \zeta_c$$

$$= 1 + \frac{1}{1300 \times (400 \times 10^6/500 \times 10^3 + 20)/460}\left(\frac{4.2 \times 10^3}{500}\right)^2 \times 1.0 = 1.030$$

$$C_m \eta_{ns} = 0.91 \times 1.030 = 0.937 < 1.0$$

故取 $C_m \eta_{ns} = 1.0$，弯矩设计值为 $M = C_m \eta_{ns} M_2 = 1.0 \times 400 = 400(\text{kN} \cdot \text{m})$。

（3）初步判断大小偏心构件。

$$e_i = e_0 + e_a = \frac{M}{N} + e_a = \frac{400 \times 10^6}{500 \times 10^3} + 20 = 820 \text{ (mm)}$$

则 $e_i = 820 \text{ mm} > 0.3h_0 = 0.3 \times 460 = 138(\text{mm})$，故可初步按大偏心受压构件计算。

$$e = e_i + h/2 - a_s = 820 + 500/2 - 40 = 1030 \text{ (mm)}$$

（4）计算 A_s。

$$M_1 = A_s' f_y'(h_0 - a_s') = 1256 \times 435 \times (460 - 40) = 229.47(\text{kN} \cdot \text{m})$$

$$M_2 = Ne - M_1 = 500 \times 10^3 \times 1030 - 229.47 \times 10^3 = 285.53(\text{kN} \cdot \text{m})$$

$$\alpha_{s2} = \frac{M_2}{\alpha_1 f_c b h_0^2} = \frac{285.53 \times 10^6}{1.0 \times 16.7 \times 400 \times 460^2} = 0.202$$

$$\xi = 1 - \sqrt{1 - 2\alpha_s} = 1 - \sqrt{1 - 2 \times 0.202} = 0.228 < \xi_b = 0.482，满足要求。$$

$$A_s = \frac{\alpha_1 f_c b h_0 \xi}{f_y} = \frac{1.0 \times 16.7 \times 400 \times 460 \times 0.228}{435} = 1611 \text{ (mm}^2)$$

实选配 4 Φ 25（$A_s = 1964 \text{ mm}^2$）。

（5）复核适用条件。

$$x = \frac{N - f_y' A_s' + f_y A_s}{\alpha_1 f_c b} = \frac{500 \times 10^3 - 435 \times 1256 + 435 \times 1964}{1.0 \times 16.7 \times 400}$$

$$= 121(\text{mm}) < \xi_b h_0 = 0.482 \times 460 = 222(\text{mm})$$

且 $x = 121\,\mathrm{mm} > 2a_s' = 2 \times 40 = 80(\mathrm{mm})$，故满足适用条件。

3. 小偏心受压构件的配筋计算

将式(6-25)代入式(6-21)和(6-23)，并将 $x = \xi h_0$ 代入，则小偏心受压的基本公式为

$$N \leqslant \alpha_1 f_c \xi b h_0 + f_y' A_s' - f_y \frac{\xi - \beta_1}{\xi_b - \beta_1} A_s \tag{6-35}$$

$$Ne \leqslant \alpha_1 f_c b h_0^2 \xi(1 - 0.5\xi) + f_y' A_s'(h_0 - a_s) \tag{6-36}$$

式(6-35)和式(6-36)中有三个未知数 ξ、A_s' 及 A_s，故无法得出唯一解，需增加补充条件。按下列步骤进行设计：

(1) 确定 A_s：试验研究表明，小偏心受压构件破坏时，远离轴向力作用一侧纵向钢筋应力较小，可能受压，也可能受拉，一般达不到相应的设计值 f_y 或 f_y'。当 $N \leqslant f_c b h$ 时，A_s 可按最小配筋率确定，即取 $A_s = 0.002bh$；当 $N > f_c b h$ 时，A_s 可由式(6-42)求出，必须满足 $A_s \geqslant 0.002bh$。

(2) 确定 A_s'：确定 A_s 后，式(6-35)和式(6-36)未知数减为两个，可消去 A_s'，得

$$\xi = m + \sqrt{m^2 + n} \tag{6-37}$$

$$m = \frac{a_s'}{h_0} + \frac{f_y A_s}{(\xi_b - \beta_1)\alpha_1 f_c b h_0}\left(1 - \frac{a_s'}{h_0}\right) \tag{6-38}$$

$$n = \frac{2Ne'}{\alpha_1 f_c b h_0^2} - \frac{2\beta_1 f_y A_s}{(\xi_b - \beta_1)\alpha_1 f_c b h_0}\left(1 - \frac{a_s'}{h_0}\right) \tag{6-39}$$

求解出 ξ 后，根据下列三种情况，最终确定 A_s' 的值。

① $\xi_b < \xi < (2\beta_1 - \xi_b)$ 时，代入力或力矩平衡方程，即式(6-21)或式(6-22)可求得

$$A_s' = \frac{Ne - \alpha_1 f_c b h_0^2 \xi(1 - 0.5\xi)}{f_y'(h_0 - a_s')} \tag{6-40}$$

② $(2\beta_1 - \xi_b) \leqslant \xi < h/h_0$ 时，A_s 受拉或受压均未屈服，受压区计算高度在截面内，已计算的 ξ 无效，此时，令 $\sigma_s = -f_y'$，按下式重新计算 ξ：

$$\xi = \frac{a_s'}{h_0} + \sqrt{\left(\frac{a_s'}{h_0}\right)^2 + 2\left[\frac{Ne'}{\alpha_1 f_c b h_0^2} - \frac{f_y' A_s}{\alpha_1 f_c b h_0}\left(1 - \frac{a_s'}{h_0}\right)\right]} \tag{6-41}$$

然后再利用式(6-21)或式(6-22)直接求解 A_s'。

③ 当 $\xi \geqslant h/h_0$，且 $\xi \geqslant (2\beta_1 - \xi_b)$ 时，表示受压区过大，小偏心受压构件处于全截面受压状态，此时 A_s 受压屈服，已计算的 ξ 无效，令 $\sigma_s = -f_y'$，$\xi = h/h_0$，$\alpha_1 = 1$，可利用式(6-21)或式(6-22)直接求解 A_s'。

需注意，按照上述方法确定的 A_s'，必须满足 $A_s' \geqslant 0.002bh$。若计算结果为 $A_s' < 0.002bh$，应取 $A_s' = 0.002bh$。

此外，对于小偏心受压构件，当偏心距很小，A_s' 比 A_s 大很多时，会出现"反向破坏"现象(图6-19)，即可能先会在

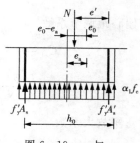

图 6-19　e_a 与 e_0
反向全截面受压

离轴向力较远一侧的混凝土发生破坏。《规范》规定,当 $N > f_cA$ 时,对 A'_s 合力中心取矩,按下列公式进行验算:

$$Ne'' \leqslant f_cbh\left(h_0' - \frac{h}{2}\right) + f'_yA_s(h_0' - a_s) \qquad (6-42)$$

式中:h_0'—— 纵向受压钢筋合力点至截面远边的距离,e'' 为轴向力 N 至 A'_s 合力点的距离,这时取对 A_s 最不利,故取:

$$e'' = h/2 - a'_s - (e_0 - e_a) \qquad (6-43)$$

按式(6-42)求得的 A_s 应不小于 $0.002bh$,否则应取 $A_s = 0.002bh$。

在小偏心受压情况下,A_s 可直接由式(6-42)或 $0.002bh$ 中的较大值确定,与 ξ 及 A'_s 的大小无关,是独立的条件,因此,当 A_s 确定后,小偏心受压的基本公式,即式(6-35)和式(6-36)中只有两个未知数 ξ 及 A'_s,故可求得唯一的解。将式(6-42)或 $0.002bh$ 中的 A_s 较大值代入基本公式消去 A'_s 求解 ξ。

【例6-5】 如图6-20所示,已知矩形截面偏心受压构件 $b \times h = 400 \text{ mm} \times 500 \text{ mm}$,计算长度 $l_c = 3.6 \text{ m}$,承受的竖向轴向力设计值为 $N = 4000 \text{ kN}$,柱端弯矩设计值为 $M_1 = 120 \text{ kN} \cdot \text{m}$,$M_2 = 125 \text{ kN} \cdot \text{m}$,采用的混凝土强度等级为 C35,钢筋等级为 HRB500 级,环境类别为一类,试求纵向受力钢筋面积 A_s 和 A'_s。

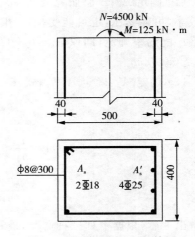

图 6-20　例题 6-5 配筋图

【解】 (1)列出已知参数。

C35 混凝土,$\alpha_1 = 1.0$,$\beta_1 = 0.8$,$f_c = 16.7 \text{ N/mm}^2$;取 $a_s = a'_s = 40 \text{ mm}$,则 $h_0 = h - a_s = 500 - 40 = 460(\text{mm})$;HRB500 级钢筋:$f_y = f'_y = 435 \text{ N/mm}^2$,$\xi_b = 0.482$。

(2)判断是否需要考虑二阶效应。

$$M_1/M_2 = 120/125 = 0.96 > 0.9$$

故需要考虑偏心受压柱的二阶效应。

$$e_a = \text{Max}(20, 500/30) = 20 \text{ (mm)}$$

偏心距调节系数

$$C_m = 0.7 + 0.3(M_1/M_2) = 0.7 + 0.3 \times 0.96 = 0.988$$

$$\zeta_c = \frac{0.5f_cA}{N} = \frac{0.5 \times 16.7 \times 400 \times 500}{4000 \times 10^3} = 0.4175 < 1.0$$

弯矩放大系数

$$\eta_{ns} = 1 + \frac{1}{1300(M_2/N + e_a)/h_0}\left(\frac{l_c}{h}\right)^2\zeta_c$$

　　　　　　　　　　　　　　　　钢筋混凝土结构设计原理

$$=1+\frac{1}{1300\times(125\times10^6/4000\times10^3+20)/460}\left(\frac{3.6\times10^3}{500}\right)^2\times0.4175=1.149$$

$$C_m\eta_{ns}=0.988\times1.149=1.135>1.0$$

故弯矩设计值为 $M=C_m\eta_{ns}M_2=1.135\times125=141.88(\text{kN}\cdot\text{m})$。

（3）初步判断大小偏心构件。

$$e_i=e_0+e_a=\frac{M}{N}+e_a=\frac{141.88\times10^6}{4000\times10^3}+20=55.5\,(\text{mm})$$

则 $e_i=55.5\,\text{mm}<0.3h_0=0.3\times460=138(\text{mm})$。

故可初步按小偏心受压构件计算

$$e=e_i+h/2-a_s=55.5+500/2-40=265.5\,(\text{mm})$$

（4）计算 A_s 和 A_s'。

由于 $N=4000\,\text{kN}>f_cbh=16.7\times400\times500=3340\,\text{kN}$，为防止发生反向破坏，由式（6-42）计算受拉钢筋 A_s。

先按式（6-43）确定 e''：

$$e''=h/2-a_s'-(e_0-e_a)=500/2-40-\left(\frac{141.88\times10^6}{4000\times10^3}-20\right)=194.5\,(\text{mm})$$

$$A_s=\frac{Ne''-f_cbh\left(h_0'-\dfrac{h}{2}\right)}{f_y'(h_0'-a_s)}=\frac{4000\times10^3\times194.5-16.7\times400\times500(460-500/2)}{435\times(460-40)}$$

$$=419(\text{mm}^2)>0.002bh=0.002\times400\times500=400(\text{mm}^2)$$

实配钢筋 2 Φ 18($A_s=509\,\text{mm}^2$)

$$e'=h/2-e_i-a_s'=500/2-55.5-40=154.5\,(\text{mm})$$

由式（6-23）和式（6-25）得

$$Ne'\leqslant\alpha_1f_cbh_0\xi(0.5\xi h_0-a_s')-\sigma_sA_s(h_0-a_s')$$

$$4000\times10^3\times154.5=1.0\times16.7\times400\times460\xi(0.5\times460\xi-40)$$

$$-\frac{\xi-0.8}{0.482-0.8}\times509\times(460-40)$$

求解得

$$\xi_1=-1.025(\text{不符合实际，舍去})$$

$$\xi_b=0.482<\xi_2=1.024<2\beta_1-\xi_b=2\times0.8-0.482=1.118$$

表明 A_s 未屈服，此时，可利用式（6-40）计算 A_s' 得

$$A_s'=\frac{Ne-\alpha_1f_cbh_0^2\xi(1-0.5\xi)}{f_y'(h_0-a_s')}$$

$$=\frac{4000\times10^3\times265.5-1.0\times16.7\times400\times460^2(1-0.5\times1.024)}{435\times(460-40)}=2037(mm^2)$$

实配钢筋 $2\,\Phi\,25+2\,\Phi\,28(A_s=2214\ mm^2)$

【例 6 - 6】 已知矩形截面偏心受压构件 $b\times h=400\ mm\times500\ mm$,计算长度 $l_c=3.6\ m$,承受轴向力设计值 $N=1200\ kN$,柱端弯矩设计值 $M_1/M_1=0.6$。钢筋为 HRB500 级,受拉区和受压区分别配置了 $2\,\Phi\,20(A_s=628\ mm^2)$ 和 $3\,\Phi\,25(A_s'=1473\ mm^2)$,混凝土强度等级为 C30,试确定此柱可承受的最大弯矩设计值。

【解】 (1) 列出已知参数。

C30 混凝土,$\alpha_1=1.0,\beta_1=0.8,f_c=14.3\ N/mm^2$,取 $a_s=a_s'=40\ mm$,$h_0=h-a_s=500-40=460(mm)$;HRB500 级钢筋,$f_y=f_y'=435\ N/mm^2$,$\xi_b=0.482$。

(2) 判断是否需要考虑二阶效应。

$$M_1/M_2=0.6<0.9$$

轴压比 $N/f_cA=120\times10^3/(14.3\times400\times500)=0.42<0.9$,$i=\sqrt{\dfrac{I}{A}}=$

$$\sqrt{\frac{400\times500^3/12}{400\times500}}=144(mm),则$$

$$\frac{l_0}{i}=\frac{3.6\times10^3}{144}=25<34-12\frac{M_1}{M_2}=34-12\times0.6=26.8$$

故无须考虑弯矩二阶效应的影响。

(3) 判断偏心受压类型,取 $\xi=\xi_b=0.482$,代入式(6 - 27),得临界轴向力为

$$N_b=\alpha_1 f_c\xi_b bh_0+f_y'A_s'-f_yA_s$$

$$=1.0\times14.3\times0.482\times400\times460+435\times1473-435\times628$$

$$=1635.813(kN)>N=1200\ kN$$

故该偏心受压柱为大偏心受压。

(4) 求解受压区高度 x。

基于力的平衡条件式(6 - 16),得

$$x=\frac{N-f_y'A_s'+f_yA_s}{\alpha_1 f_c b}=\frac{1200\times10^3-435\times1473+435\times628}{1.0\times14.3\times400}$$

$$=145.5(mm)>2a_s'=2\times40=80(mm)$$

(5) 计算 e,e_i,e_0。

由式(6 - 17) 得

$$e=\frac{\alpha_1 f_c bx(h_0-\dfrac{x}{2})+f_y'A_s'(h_0-a_s')}{N}$$

$$=\frac{1.0\times14.3\times400\times145.5(460-145.5/2)+435\times1473\times(460-40)}{1200\times10^3}=492.8(mm)$$

即 $e = e_i + h/2 - a_s = e_i + 500/2 - 40 = 492.8(\text{mm})$，故可得初始偏心距为 $e_i = 282.8\ \text{mm}$。
又因为 $e_a = \text{Max}(20, 500/30) = 20(\text{mm})$，所以 $e_0 = e_i - e_a = 282.8 - 20 = 262.8(\text{mm})$。

（6）计算弯矩设计值 M。

$$M = Ne_0 = 1200 \times 10^3 \times 262.8 = 315.36(\text{kN} \cdot \text{m})$$

6.4.5　矩形截面偏心受压构件对称配筋计算

实际工程设计中，当构件承受变号弯矩作用，或为构造简单便于施工时，常采用对称配筋截面，即 $A_s = A_s'$，一般可同时取 $f_y = f_y'$。对称配筋截面设计与非对称配筋类似，首先需要进行大小偏心的判断，由式（6-16）得

$$N = \alpha_1 f_c b h_0 \xi - f_y A_s + f_y' A_s' = \alpha_1 f_c b h_0 \xi$$

因此，对称配筋情况下，$N_b = \alpha_1 f_c b h_0 \xi_b$ 为临界状态，可据此判断大小偏心。

（1）当 $N \leqslant \alpha_1 f_c b h_0 \xi_b$ 时，为大偏心受压。此时，$N = \alpha_1 f_c b h_0 \xi$，则 $\xi = N/\alpha_1 f_c b h_0$，代入式（6-17），可得

$$A_s = A_s' = \frac{Ne - \alpha_1 f_c b h_0^2 \xi(1 - 0.5\xi)}{f_y'(h_0 - a_s')} \tag{6-44}$$

（2）当 $N \geqslant \alpha_1 f_c b h_0 \xi_b$ 时，为小偏心受压。将 $f_y A_s = f_y' A_s'$ 代入式（6-21），可得

$$N = \alpha_1 f_c b h_0 \xi + f_y' A_s' \frac{\xi_b - \xi}{\xi_b - \beta_1} \tag{6-45}$$

将上式代入（6-22）可得

$$Ne \frac{\xi_b - \xi}{\xi_b - \beta_1} = \alpha_1 f_c b h_0^2 \xi(1 - 0.5\xi) \frac{\xi_b - \xi}{\xi_b - \beta_1} + (N - \alpha_1 f_c b h_0 \xi)(h_0 - a_s') \tag{6-46}$$

这是一个 ξ 的三次方程，难以求解。为简化计算，可近似取：

$$\xi(1 - 0.5\xi) \frac{\xi_b - \xi}{\xi_b - \beta_1} \approx 0.43 \frac{\xi_b - \xi}{\xi_b - \beta_1} \tag{6-47}$$

则在 $\xi = 0.5 \sim 0.8$ 常用范围内带来的误差是可接受的。将上式代入式（6-46），经整理后可得 ξ 的计算公式为

$$\xi = \frac{N - \alpha_1 f_c b h_0 \xi_b}{\dfrac{Ne - 0.43\alpha_1 f_c b h_0^2}{(\beta_1 - \xi_b)(h_0 - a_s')} + \alpha_1 f_c b h_0} + \xi_b \tag{6-48}$$

将 ξ 代入式（6-22），则矩形截面对称配筋小偏心受压构件的钢筋截面面积，可按下列公式计算：

$$A_s' = A_s = \frac{Ne - \alpha_1 f_c b h_0^2 \xi(1 - 0.5\xi)}{f_y'(h_0 - a_s')} \tag{6-49}$$

同样，最终确定的钢筋需满足 $A_s = A_s' \geqslant 0.002bh$ 的要求。

【例 6-7】　如图 6-21 所示，已知矩形截面柱 $b \times h = 400\ \text{mm} \times 600\ \text{mm}$，设计轴向压

力 $N = 2000$ kN,弯矩设计值 $M_2 = 200$ kN·m,$M_1/M_2 =$ 0.85,混凝土强度等级为 C35,钢筋为 HRB500 级,柱的计算长度 $l_c = 4.2$ m。试按对称配筋确定受力钢筋面积 A_s 和 A'_s。

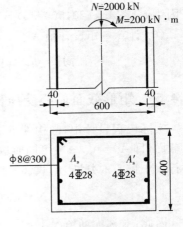

图 6-21　例题 6-7 配筋图

【解】 (1) 列出已知参数。

C30 混凝土:$\alpha_1 = 1.0$,$f_c = 16.7$ N/mm²;取 $a_s = a'_s = 40$ mm,$h_0 = h - a_s = 600 - 40 = 560$(mm);HRB500 钢筋:$f_y = f'_y = 435$ N/mm²,$\xi_b = 0.482$。

(2) 判断是否需要考虑二阶效应。

$$M_1/M_2 = 0.85 < 0.9$$

轴压比 $N/f_c A = 2000 \times 10^3/(16.7 \times 400 \times 600) = 0.50 <$

0.9,$i = \sqrt{\dfrac{I}{A}} = \sqrt{\dfrac{400 \times 600^3/12}{400 \times 600}} = 173.2$(mm),则

$$\frac{l_c}{i} = \frac{4.2 \times 10^3}{173.2} = 24.2 > 34 - 12\frac{M_1}{M_2}$$

$$= 34 - 12 \times 0.85 = 23.8$$

故需要考虑弯矩二阶效应的影响。

(3) 确定弯矩设计值。

$$e_a = \mathrm{Max}(20, 600/30) = 20 \text{ (mm)}$$

偏心距调节系数

$$C_m = 0.7 + 0.3(M_1/M_2) = 0.7 + 0.3 \times 0.85 = 0.955$$

$$\zeta_c = \frac{0.5 f_c A}{N} = \frac{0.5 \times 16.7 \times 400 \times 600}{2000 \times 10^3} = 1.002 > 1.0$$

故取 $\zeta_c = 1.0$。

弯矩放大系数

$$\eta_{ns} = 1 + \frac{1}{1300(M_2/N + e_a)/h_0}\left(\frac{l_c}{h}\right)^2 \zeta_c$$

$$= 1 + \frac{1}{1300 \times (200 \times 10^6/2000 \times 10^3 + 20)/560}\left(\frac{4.2 \times 10^3}{600}\right)^2 \times 1.0 = 1.176$$

$$C_m \eta_{ns} = 1.0 \times 1.176 = 1.176 > 1.0$$

故弯矩设计值为 $M = C_m \eta_{ns} M_2 = 1.176 \times 200 = 235.2$(kN·m)。

(4) 判断偏心受压类型,取 $\xi = \xi_b = 0.482$,代入式(6-25),得临界轴压力为

$$N_b = \alpha_1 f_c b h_0 \xi_b = 1.0 \times 16.7 \times 0.482 \times 400 \times 560 = 1803 \text{(kN)} < N = 2000 \text{ kN}$$

故该偏心受压柱为小偏心受压。

钢筋混凝土结构设计原理

(5) 计算 e, e_i。

$$e_i = e_0 + e_a = M/N + e_a = 235200/2000 + 20 = 137.6 \text{ (mm)}$$

故 $e = e_i + h/2 - a_s = 137.6 + 600/2 - 40 = 397.6 \text{(mm)}$。

(6) 求解受压区高度 x，钢筋截面面积 A_s 和 A'_s。

根据式(6-48)，得

$$\xi = \frac{N - \alpha_1 f_c b h_0 \xi_b}{\dfrac{Ne - 0.43\alpha_1 f_c b h_0^2}{(\beta_1 - \xi_b)(h_0 - a'_s)} + \alpha_1 f_c b h_0} + \xi_b$$

$$= \frac{2000 \times 10^3 - 1.0 \times 16.7 \times 400 \times 560 \times 0.482}{\dfrac{2000 \times 10^3 \times 397.6 - 0.43 \times 1.0 \times 16.7 \times 400 \times 560^2}{(0.8 - 0.482) \times (560 - 40)} + 1.0 \times 16.7 \times 400 \times 560}$$

$$+ 0.482 = 0.545$$

故由式(6-49)，得钢筋截面面积 A_s 和 A'_s 为

$$A'_s = A_s = \frac{Ne - \alpha_1 f_c b h_0^2 \xi(1 - 0.5\xi)}{f'_y(h_0 - a'_s)}$$

$$= \frac{2000 \times 10^3 \times 397.6 - 1.0 \times 16.7 \times 400 \times 560^2 \times 0.545 \times (1 - 0.5 \times 0.545)}{435 \times (560 - 40)}$$

$$= -156 \text{(mm}^2)$$

选配 $4 \Phi 18$，$A_s = A'_s = 804 \text{ mm}^2 > 0.002bh = 0.002 \times 400 \times 600 = 480 \text{(mm}^2)$，同时满足全部纵向钢筋配筋率不小于 0.5% 的要求。

6.4.6　矩形截面偏心受压构件截面承载力复核

对称配筋和非对称配筋的偏心受压构件正截面承载力的复核问题相似，这里仅介绍非对称配筋的截面复核问题。当构件的截面尺寸、配筋面积 A_s 和 A'_s、材料强度及计算长度均为已知，要求根据给定的轴力设计值 N 和弯矩设计值 M（或确定两者其中之一）时，属于截面承载力复核问题。

1. 给定轴力设计值 N，求弯矩作用平面的弯矩设计值 M

由于给定截面尺寸、配筋和材料强度均已知，未知数只有 x 和 M 两个，由于 $N_b = \alpha_1 f_c b \xi_b + f'_y A'_s - f_y A_s$。

(1) 若 $N \leqslant N_b$，为大偏心受压，由式(6-16)求 x，再代入式(6-17)求 e，然后求 e_i，进而求出 $e_0 = e_i - e_a$，故弯矩设计值为 $M = Ne_0$。

(2) 若 $N > N_b$，为小偏心受压，由式(6-25)和式(6-21)求 x，当 $x < (2\beta_1 - \xi_b)h_0$，表明假设正确，将 x 带入式(6-22)求解 e，进而求得 e_0 和 M；当 $x \geqslant (2\beta_1 - \xi_b)h_0$，取 $\sigma_s = -f'_y$，带入式(6-25)和式(6-21)重新求解 x，得到 M；当 $x \geqslant h$ 时，取 $x = h$，得到 M。

2. 给定轴力作用的偏心距 e_0，求轴力设计值 N

由于截面配筋已知，故可对 N_u 的作用点取矩，得到关于 x 的一元二次方程：

$$f_y A_s e = \alpha_1 f_c b x \left(e_i - \frac{h}{2} - \frac{x}{2} \right) + f_y' A_s' e'$$

$$e' = e_i - \frac{h}{2} + a_s'$$

当 $x \leqslant \xi_b h_0$ 时,为大偏心受压,将 x 和已知参数代入式(6-16),即可求出轴向力设计值 N;
当 $x > \xi_b h_0$ 时,为小偏心受压,将 x 和已知参数代入式(6-35),即可求出 N。

6.5 Ⅰ形截面偏心受压构件正截面承载力计算

工业厂房中的刚架、排架及拱结构中常出现Ⅰ形截面偏心受压构件,其计算仍可分为 $\xi \leqslant \xi_b$ 的大偏心受压和 $\xi > \xi_b$ 的小偏心受压两种情况,如图 6-22 所示。

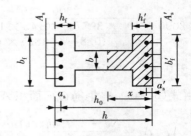

6.5.1 大偏心受压构件($\xi \leqslant \xi_b$)

1. 中性轴在翼缘内($x \leqslant h_f'$)

截面相当于 $h_f' \times h$ 的矩形截面,即将式(6-16)和式(6-17)中的"b"替换成"b_f'":

图 6-22 Ⅰ形截面偏心受压构件

$$N \leqslant \alpha_1 f_c b_f' x + f_y' A_s' - f_y A_s \tag{6-50}$$

$$Ne \leqslant \alpha_1 f_c b_f' x (h_0 - 0.5x) + f_y' A_s' (h_0 - a_s') \tag{6-51}$$

2. 中性轴在腹板内($x > h_f'$)

受压区为 T 形,需考虑腹板的受压作用,受压情况与 T 形截面类似,按下列公式计算:

$$N \leqslant \alpha_1 f_c [bx + (b_f' - b)h_f'] + f_y' A_s' - f_y A_s \tag{6-52}$$

$$Ne \leqslant \alpha_1 f_c [bx(h_0 - 0.5x) + (b_f' - b)h_f'(h_0 - 0.5h_f')] + f_y' A_s'(h_0 - a_s') \tag{6-53}$$

3. 采用不对称配筋的设计方法

与矩形截面柱一样,当取 $x = h_0 \xi_b$ 时的截面用钢量最少,此时有

$$A_s' = \frac{Ne - \alpha_1 f_c b h_0^2 \xi_b (1 - 0.5\xi_b) - \alpha_1 f_c (b_f' - b)h_f'(h_0 - 0.5h_f')}{f_y'(h_0 - a_s')} \tag{6-54}$$

$$A_s = \frac{\alpha_1 f_c b h_0 \xi_b + \alpha_1 f_c (b_f' - b)h_f' + f_y' A_s' - N}{f_y} \tag{6-55}$$

6.5.2 小偏心受压构件($\xi > \xi_b$)

1. 当 $x \leqslant h - h_f$ 时

受压区高度位于腹板,按下列公式计算:

$$N \leqslant \alpha_1 f_c [bx + (b_f' - b)h_f'] + f_y' A_s' - \sigma_s A_s \tag{6-56}$$

钢筋混凝土结构设计原理

$$Ne \leqslant \alpha_1 f_c [bx(h_0 - 0.5x) + (b_f' - b)h_f'(h_0 - 0.5h_f')] + f_y'A_s'(h_0 - a_s') \quad (6-57)$$

2. 当 $h - h_f < x < h$ 时

受压区高度已进入受拉侧翼缘内,按下列公式计算:

$$N \leqslant \alpha_1 f_c [bx + (b_f' - b)h_f' + (b_f - b)(h_f - h + x)] + f_y'A_s' - \sigma_s A_s \quad (6-58)$$

$$Ne \leqslant \alpha_1 f_c [bx(h_0 - 0.5x) + (b_f' - b)h_f'(h_0 - 0.5h_f')$$
$$+ (b_f - b)(h_f - h + x)(2h_0 + h_f - h - x)/2] + f_y'A_s'(h_0 - a_s') \quad (6-59)$$

3. 当 $x \geqslant h$ 时

此时为全截面受压状态,一般情况下,受拉侧翼缘的钢筋压应力也可达到 f_y',此时有

$$N \leqslant \alpha_1 f_c [bh + (b_f' - b)h_f' + (b_f - b)h_f] + f_y'A_s' + f_y'A_s \quad (6-60)$$

对 A_s 合力点取矩,可得

$$Ne \leqslant \alpha_1 f_c [bh(h_0 - 0.5h) + (b_f' - b)h_f'(h_0 - 0.5h_f') + (b_f - b)h_f(0.5h_f - a_s)]$$
$$+ f_y'A_s'(h_0 - a_s') \quad (6-61)$$

4. 采用非对称配筋的设计方法

与矩形截面相似,为避免求解三次方程,可按下列近似公式计算:

$$\xi = \frac{N - \alpha_1 f_c(b_f' - b)h_f' - \alpha_1 f_c b \xi_b h_0}{\dfrac{Ne - \alpha_1 f_c(b_f' - b)(h_0 - 0.5h_f') - 0.43\alpha_1 f_c bh_0^2}{(\beta_1 - \xi_b)(h_0 - a_s')} + \alpha_1 f_c bh_0} + \xi_b \quad (6-62)$$

$$A_s = A_s' = \frac{Ne - \alpha_1 f_c(b_f' - b)h_f'(h_0 - 0.5h_f') - \alpha_1 f_c bh_0^2 \xi(1 - 0.5\xi)}{f_y'(h_0 - a_s')} \quad (6-63)$$

采用非对称配筋的小偏心受压构件,当 $N > f_c A$ 时,尚应按下列公式进行验算:

$$Ne' \leqslant f_c [bh(h_0' - 0.5h) + (b_f - b)h_f(h_0' - 0.5h_f) + (b_f' - b)h_f'(0.5h_f' - a_s')]$$
$$+ f_y'A_s(h_0' - a_s) \quad (6-64)$$

式中:$e' = y' - a_s' - (e_0 - e_a)$;

y'—— 截面重心至离轴向压力较近一侧受压边的距离,当截面对称时,取 $y' = h/2$。

注:对仅在离轴向压力较近一侧有翼缘的 T 形截面,可取 $b_f = b$;对仅在离轴向压力较远一侧有翼缘的倒 T 形截面,可取 $b_f' = b$。

6.6 正截面承载力 $N_u - M_u$ 相关曲线及其应用

对于给定截面尺寸和材料强度的偏心受压构件,在不同的内力 N 和 M 组合作用下,会得到不同的纵向钢筋截面积 A_s 和 A_s'。在进行构件截面配筋计算时,往往要考虑多种

内力组合,因此必须判断哪些内力组合对截面起控制作用。事实上,偏心受压构件达到承载能力极限状态时,截面承担的内力设计值 N 和 M 并不是独立的,而是相关的。即给定轴力 N 时,有其唯一对应的弯矩 M;或者说构件可以在不同的 N 和 M 组合下达到极限强度。

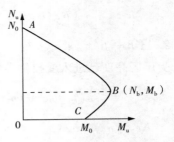

图 6-23 $N-M(N_u-M_u)$ 相关曲线

以对称配筋截面($A_s = A_s'$)为例说明轴向力 N 与弯矩 M 的关系,在平面上绘出极限内力 N 和 M 的关系曲线(图 6-23)。

6.6.1 对称矩形截面大偏心受压构件的 $N_u - M_u$ 相关曲线

在式(6-16)中,取 $f_y A_s = f_y' A_s'$,则受压区高度为 $x = N_u/\alpha_1 f_c b$,当不考虑附加偏心距,即 $e_a = 0$,则

$$e = e_0 + \frac{h}{2} - a_s = \frac{M}{N} + \frac{h}{2} - a_s$$

将 e 代入式(6-17),经移项后可得出

$$M = \alpha_1 f_c bx\left(h_0 - \frac{x}{2}\right) + f_y' A_s'(h_0 - a_s) - N\left(\frac{h}{2} - a_s\right)$$

将 $x = N/\alpha_1 f_c b$ 代入,经整理后可得 $N_u - M_u$ 的关系曲线为

$$M = -\frac{N^2}{2\alpha_1 f_c b} + N\frac{h}{2} + f_y' A_s'(h_0 - a_s) \tag{6-65}$$

上式表明:在大偏心受压情况下,N_u 与 M_u 为二次抛物线关系(图6-23中 CB 段),随着 N_u 增大,M_u 也增大,当 $N_u = N_b = \alpha_1 f_c h_0 \xi_b$ 时为界限受压情况,M_u 达到其最大值 M_b。

6.6.2 对称矩形截面小偏心受压构件的 $N_u - M_u$ 相关曲线

将 σ_s 即式(6-25)代入式(6-21),取 $f_y A_s = f_y' A_s'$,可得

$$\xi = \frac{N(\xi_b - \beta_1) - f_y' A_s' \xi_b}{\alpha_1 f_y (\xi_b - \beta_1) - f_y' A_s'} \tag{6-66}$$

将 $e = \frac{M}{N} + \frac{h}{2} - a_s$ 代入式(6-22)可得

$$M = \alpha_1 f_c bh_0^2 \xi(1 - 0.5\xi) + f_y' A_s'(h_0 - a_s') - N\left(\frac{h}{2} - a_s\right) \tag{6-67}$$

将式(6-66)代入式(6-67)可得

$$M = \alpha_1 f_c bh_0^2 \frac{N(\xi_b - \beta_1) - f_y' A_s' \xi_b}{\alpha_1 f_c (\xi_b - \beta_1) - f_y' A_s'}\left[1 - 0.5\frac{N(\xi_b - \beta_1) - f_y' A_s' \xi_b}{\alpha_1 f_c (\xi_b - \beta_1) - f_y' A_s'}\right]$$
$$+ f_y' A_s'(h_0 - a_s') - N\left(\frac{h}{2} - a_s\right) \tag{6-68}$$

式(6-68)表明:在小偏心受压情况下,M_u 与 N_u 也是二次抛物线关系(图 6-23 中 AB 段),随着 N_u 增大,M_u 减小。

6.6.3 $N_u - M_u$ 相关曲线的特点和应用

1. $N_u - M_u$ 相关曲线的特点

$N_u - M_u$ 相关曲线反映了在压力和弯矩共同作用下正截面承载力的规律,具有以下特点:

(1)相关曲线上的任一点表示截面处于正截面承载力极限状态时的一种内力组合。如一组内力 (M,N) 在曲线内侧说明截面未达到极限状态,截面安全;如 (M,N) 在曲线外侧,则表明截面承载力不足。

(2)当弯矩为零时,轴向承载力达到最大,即为轴心受压承载力 N_0(A 点);当轴力为零时,为受纯弯承载力 M_0(C 点)。

(3)截面受弯承载力 M 与作用的轴压力 N 大小有关。当轴压力较小时,M 随 N 的增加而增加(CB 段);当轴压力较大时,M 随 N 的增加而减小(AB 段)。

(4)截面受弯承载力在 B 点 (N_b,M_b) 达到最大,该点近似为界限破坏。CB 段($N \leqslant N_b$)为受拉破坏;AB 段($N > N_b$)为受压破坏。

(5)如截面尺寸和材料强度保持不变,M_u 与 N_u 相关曲线随配筋率的增加而向外侧增大。

(6)对于对称配筋截面,达到界限破坏时的轴力 N_b 是一致的。

2. $N_u - M_u$ 相关曲线的应用

由 $N_u - M_u$ 相关曲线,可以看出:

(1)A 点的坐标 $(0,N_0)$ 是轴心受压的承载能力;B 点的坐标 (M_b,N_b) 是大、小偏心的界限;C 点坐标 $(M_0,0)$ 是受弯构件的承载能力。

(2)$N_u - M_u$ 相关曲线上任意一点 $D(M,N)$ 代表此截面在这一组内力组合下恰好处于承载能力极限状态,如 D 点位于 $N_u - M_u$ 曲线的内侧,说明截面未达到极限状态,截面安全;如 D 点位于 $N_u - M_u$ 曲线的外侧,则表明截面承载力不足。

(3)在大偏心受压时,在某一 M_u 值下,N_u 值越小越不安全,而需要配置更多的钢筋。小偏心受压则相反,在相同的 M_u 值下,N_u 值越大越不安全,N_u 值越小越安全。

利用 N_u 与 M_u 的变化规律,有利于设计时确定最不利的内力组合。

6.7 偏心受压构件斜截面受剪承载力计算

钢筋混凝土偏心受压柱,当受到较大的剪力 V 作用时(如受地震作用的框架柱),除进行正截面受压承载力计算外,还要验算其斜截面的受剪承载力。由于轴向压应力的存在,延缓了斜裂缝的出现和开展,使混凝土的受压区高度增大,构件的受剪承载力得到提高。试验表明,当 $N \leqslant 0.3 f_c bh$ 时,轴力引起的受剪承载力的增量 ΔV_N 与轴力 N 近乎成比例增长;当 $N > 0.3 f_c bh$ 时,ΔV_N 将不再随 N 的增大而提高。如 $N > 0.5 f_c bh$ 将发生偏心受压破坏。《规范》对 T 形、矩形和 I 形截面偏心受压构件的受剪承载力采用下列

公式计算:

$$V \leqslant \frac{1.75}{\lambda + 1.0} f_t b h_0 + f_{yv} \frac{A_{sv}}{s} h_0 + 0.07N \qquad (6-69)$$

式中:λ—— 偏心受压构件的计算剪跨比。对框架柱,取 $\lambda = \frac{M}{V h_0}$,当反弯点在柱高以内时,

取 $\lambda = \frac{H_n}{2 h_0}$;当 $\lambda < 1$ 时,取 $\lambda = 1$;当 $\lambda > 3$ 时,取 $\lambda = 3$。此处 H_n 为柱净高。

N—— 与剪力设计值 V 相应的轴向压力设计值;当 $N > 0.3 f_c A$ 时,取 $N = 0.3 f_c A$;A 为构件的截面面积。

与受弯构件相似,当箍筋配置过多时,其强度不能充分利用,式(6-69)中的第二项,箍筋提高的受剪承载力将减弱。《规范》规定,T 形、矩形和 I 形截面偏心受压构件,其受剪截面应符合下列条件:

$$V \leqslant 0.25 \beta_c f_c b h_0 \qquad (6-70)$$

当符合下列条件时,可不进行斜截面受剪承载力计算,仅需按构造要求配置箍筋。

$$V \leqslant \frac{1.75}{\lambda + 1.0} f_t b h_0 + 0.07N \qquad (6-71)$$

思考题

1. 什么是应力重分布现象? 它对普通配筋轴心受压构件截面应力状态有何影响?

2. 轴心受压构件中纵筋的作用是什么?

3. 长柱和短柱的破坏特征有何不同? 怎样考虑长细比对轴心受压构件承载力的影响?

4. 螺旋箍筋轴心受压构件的破坏特征如何? 怎样考虑螺旋箍筋对混凝土强度的影响? 螺旋箍筋柱设计时应满足的条件有哪些?

5. 在什么情况下不能考虑螺旋箍筋对承载力提高的影响? 为什么?

6. 为什么说在实际工程中严格的轴心受压构件是不存在的,需要考虑附加偏心距?

7. 计算偏心受压构件时,对于轴向力为什么必须考虑附加偏心距? 有哪两种附加值?

8. 试说明弯矩放大系数 η_{ns} 的意义,并扼要说明建立 η_{ns} 计算公式的途径。

9. 试从破坏原因、破坏性质及影响承载力的主要因素来分析偏心受压构件的两种破坏特征。当构件的截面尺寸、配筋及材料强度给定时,形成两种破坏特征的条件是什么?

10. 大偏心受压和小偏心受压的破坏特征有何区别? 截面应力状态有何不同? 它们的分界条件是什么?

11. 试比较大偏心受压构件和双筋受弯构件的应力分布,计算公式有何异同?

12. 在大偏心和小偏心受压构件截面设计时为什么都要补充一个条件(或方程)? 这补充条件是根据什么建立的?

13. 试写出界限受压承载力设计值 N_b 的表达式,该表达式说明了什么?

14. 对称配筋与不对称配筋偏心受压构件的判别式、计算公式有何不同？

15. 在偏心受压构件的截面配筋计算中，如当(1)A_s及A_s'均未知；(2)A_s(或A_s')为已知时，应如何进行截面的配筋计算？

习 题

1. 某混合结构多层房屋，门厅为现浇内框架结构，底层中间柱截面为方形，受力以恒载为主，可按轴心受压构件设计。该柱安全等级为一级，轴向力设计值$N=3000$ kN。基础顶面至楼板面的距离$H=6$ m，计算长度$l_0=1.0H$。混凝土为C30级，纵筋和箍筋均采用HRB400级钢筋。求柱截面尺寸及纵向钢筋和箍筋。

2. 已知某公共建筑门厅现浇钢筋混凝土底层柱，采用圆形截面直径$d=500$ mm，轴向力设计值$N=4000$ kN。基础顶面至二层楼面高度$H=6$ m，计算长度$l_0=1.0H$。采用C35级混凝土，纵筋为HRB400级钢筋，螺旋筋为HRB400级钢筋，求柱中配筋。

3. 已知矩形截面柱$b\times h=400$ mm$\times 600$ mm，$a_s=a_s'=35$ mm。计算长度$l_0=7$ m，作用轴向力设计值$N=2200$ kN，弯矩设计值$M=600$ kN·m，混凝土强度等级为C30，钢筋采用HRB400级钢。求柱的纵向钢筋和箍筋。

4. 已知矩形截面柱$b\times h=450$ mm$\times 600$ mm，$a_s=a_s'=40$ mm。计算长度$l_0=3.5$ m，作用轴向力设计值$N=5400$ kN，弯矩设计值$M=30$ kN·m，混凝土强度等级为C35，钢筋采用HRB400级钢。求柱的纵向钢筋和箍筋。

5. 已知矩形截面柱$b\times h=500$ mm$\times 600$ mm，计算长度$l_0=7.5$ m，作用轴向力设计值$N=2100$ kN，弯矩设计值$M=450$ kN·m，混凝土强度等级为C30，钢筋采用HRB400级钢。采用对称配筋，求柱的纵向钢筋。

6. 已知矩形截面柱$b\times h=400$ mm$\times 400$ mm，$a_s=a_s'=35$ mm，$l_0=3$ m，作用轴向力设计值$N=350$ kN，弯矩设计值$M=200$ kN·m，混凝土强度等级为C20，钢筋采用HRB400级钢。采用对称配筋，求柱的纵向钢筋。

7. 已知柱轴力设计值为$N=600$ kN，弯矩为$M=185$ kN·m，$b\times h=400$ mm$\times 400$ mm，$a_s=a_s'=35$ mm，采用HRB400级钢筋，C30混凝土，构件计算长度$l_0=5.2$ m。按对称配筋求所需纵筋。

8. 已知 I 形截面柱，尺寸如图 6-24 所示，计算长度$l_0=7.2$ m，作用轴向力设计值$N=900$ kN，弯矩设计值$M=400$ kN·m，混凝土强度等级为C35，钢筋采用HRB400级钢。采用对称配筋，求柱的纵向钢筋。

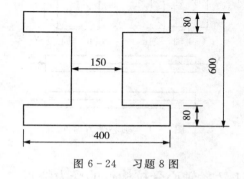

图 6-24 习题 8 图

第7章 受拉构件承载力计算

本章主要介绍轴心受拉构件和偏心受拉构件的受力过程、破坏形态、正截面受拉承载力的计算方法及相关构造要求等，并简要介绍了偏心受拉构件斜截面受剪承载力的计算。使学生形成轴心受拉构件和偏心受拉构件的设计能力。

7.1 概　述

7.1.1 轴心受拉构件的概念

当在结构构件的截面作用与其形心相重合的力时，该构件称为轴心受力构件。当其轴心力为拉力时称为轴心受拉构件，如图7-1所示。

与轴心受压构件类似，严格而言，钢筋混凝土结构中的轴心受拉构件几乎是不存在的。实际工程中，对于刚架、拱及桁架中的拉杆、系杆，拱桥中的系杆以及有高内压力的圆形水管壁、圆形水池壁环向部分等可近似按轴心受拉构件计算（图7-2）。钢筋混凝土受拉构件需配置纵向钢筋和箍筋，箍筋的直径应不小于6 mm。间距一般为150～200 mm。由于混凝土抗拉强度很低，所以，钢筋混凝土受拉构件在外力稍大时，混凝土便会出现裂缝。为此，对轴心受拉构件不仅应进行承载力的计算，还要根据构件的使用要求对其抗裂度或裂缝宽度进行验算，必要时可对受拉构件施加一定的预应力而形成预应力混凝土受拉构件，以提高其抗裂性能。

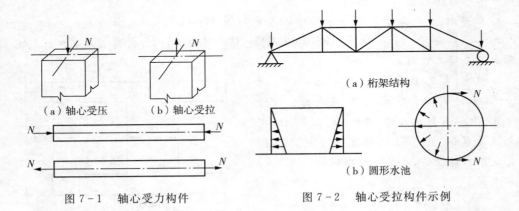

（a）轴心受压　（b）轴心受拉

图7-1　轴心受力构件

（a）桁架结构

（b）圆形水池

图7-2　轴心受拉构件示例

7.1.2 轴心受拉构件的受力特点

轴心受拉构件裂缝的出现和开展过程类似于受弯构件。轴心拉力 N 与构件伸长变形

钢筋混凝土结构设计原理

Δl 之间的关系如图 7 - 3 所示。由图可知：当拉力较小，构件截面未出现裂缝时，N - Δl 曲线的 oa 段接近于直线。随着拉力的增大，构件截面裂缝的出现和开展，混凝土承受拉力能力逐渐减弱，N - Δl 曲线的 ab 段逐渐向纯钢筋的 ob 段靠近。试验表明，轴心受拉构件的裂缝间距和宽度也是不均匀的，它们与配筋率的大小和受拉钢筋的直径等因素密切相关。在配筋率高的构件中，其裂缝"密而细"，反之则"稀而宽"。当配筋率相同时，直径较大钢筋配筋的构件裂缝"稀而宽"，反之则"密而细"。这些特点与受弯构件类似。不同的是轴心受拉构

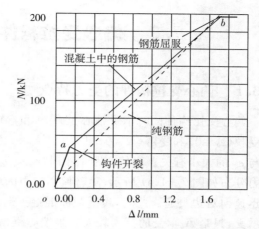

图 7 - 3 轴心受拉构件受力和变形特点

件全截面受拉，一般裂缝贯穿整个截面。在轴心受拉构件中，当拉力使裂缝截面的钢筋应力达到屈服强度时，构件便进入破坏阶段。

7.2 轴心受拉构件正截面承载力计算

与适筋梁相似，轴心受拉构件从加载到破坏，其受力过程分为三个阶段：从加载到混凝土受拉开裂前，混凝土开裂后到钢筋即将屈服，受拉钢筋开始屈服到全部受拉钢筋达到屈服。

轴心受拉破坏时混凝土裂缝贯通，纵向拉钢筋达到其受拉屈服强度，正截面承载力公式如下：

$$N \leqslant N_u = f_y A_s \tag{7-1}$$

式中：f_y——纵向钢筋抗拉强度设计值；

$\quad\quad N$——轴心受拉承载力设计值；

$\quad\quad A_s$——纵向受拉钢筋截面面积，应满足 $A_s \geqslant (0.9 f_t / f_y) A$，$A$ 为构件全截面面积。

【例 7 - 1】 某钢筋混凝土屋架下弦 $b \times h = 200\ \text{mm} \times 200\ \text{mm}$，其受轴心受拉力为 300 kN，混凝土强度等级为 C35，钢筋等级为 HRB400。视确定所需要纵向受力钢筋的截面面积。

【解】 钢筋为 HRB400 级，$f_y = 360\ \text{N/mm}^2$，混凝土强度等级 C30，$f_t = 1.57\ \text{N/mm}^2$。

由 $N \leqslant N_u = f_y A_s$ 得

$$A_s = \frac{N_u}{f_y} = \frac{300000}{360} = 833\ (\text{mm}^2)$$

选用 3 Φ 20，$A_s = 942\ \text{mm}^2$，$A_s = 942\ \text{mm}^2 \geqslant \dfrac{0.9 f_t}{f_y} A = 0.9 \times \dfrac{1.57}{360} \times 200 \times 200 = 157 (\text{mm}^2)$，满足要求。

7.3 偏心受拉构件正截面承载力计算

7.3.1 偏心受拉构件的受力特点

偏心受拉构件同时承受轴心拉力 N 和弯矩 M 作用,其偏心距 $e_0 = M/N$。它是介于轴心受拉($e_0 = 0$)和受弯($N = 0$,相当于 $e_0 = \infty$)之间的一种受力构件。因此,其受力和破坏特点与 e_0 的大小有关。当偏心距很小时($e_0 < h/6$),构件处于全截面受拉的状态,开裂前的应力分布如图 7-4(a) 所示,随着偏心拉力的增大,截面受拉较大一侧的混凝土将先开裂,并迅速向对边贯通。此时,裂缝截面混凝土退出工作,偏心拉力由两侧的钢筋(A_s 和 A_s')共同承受,只是 A_s' 承受的拉力较大。当偏心距稍大时($h/6 < e_0 < h/2 - a_s$),起初,截面一侧受拉另一侧受压,其应力分布如图 7-4(b) 所示。随着偏心拉力的增大,靠近偏心拉力一侧的混凝土先开裂。由于偏心拉力作用于 A_s 和 A_s' 之间,在 A_s 一侧的混凝土开裂后,为保持力的平衡,在 A_s' 一侧的混凝土将不可能再存在有受压区,此时中性轴已经移至截面之外,而使这部分混凝土转化为受拉,并随偏心拉力的增大而开裂。由于截面应变的变化 A_s' 也转为受拉钢筋。因此,如图 7-4(a)、(b) 所示的两种受力情况,截面混凝土都将裂通,偏心拉力全由左、右两侧的纵向受拉钢筋承受。只要两侧钢筋均适量,则当截面达到承载力极限状态时,钢筋 A_s 和 A_s' 的拉应力均可能达到屈服强度。因此可以认为,对 $h/2 - a_s > e_0 > 0$ 的偏心受拉构件,当正常设计时,其破坏特征为混凝土完全不参加工作,而两侧钢筋 A_s 及 A_s' 均屈服。通常这种破坏称为小偏心受拉破坏。

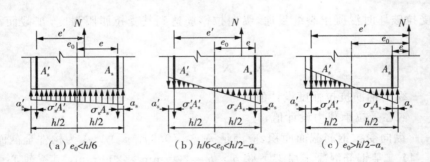

图 7-4 偏心受拉构件截面受力状态

当偏心距 $e_0 > h/2 - a_s$ 时,截面初始面应力分布如图 7-4(c) 所示,混凝土受压区较图 7-4(b) 明显增大,随着偏心拉力的增加,靠近偏心拉力一侧的混凝土开裂,裂缝虽能开展,但不会贯通全截面,而始终保持一定的受压区。其破坏特点取决于靠近偏心拉力一侧的纵向受拉钢筋 A_s 的数量。当 A_s 适量时,它将先达到屈服强度,随着偏心拉力的继续增大,裂缝开展、混凝土受压区缩小。最后,因受压区混凝土达到极限压应变及纵向受压钢筋 A_s' 达到屈服,而使构件达到承载力极限状态,如图 7-5 所示。当 A_s 过量时,受压区混凝土先被破坏,A_s' 达到屈服强度,而 A_s 则不能屈服,类似于受弯构件的超筋破坏。这两种破坏都称为大偏心受拉破坏,但设计时是以正常用钢量为前提的。

钢筋混凝土结构设计原理

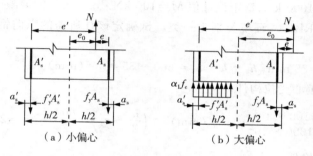

图 7-5　偏心受拉构件承载力计算图

7.3.2　偏心受拉构件正截面承载力计算

偏心受拉构件的两类破坏形态可由偏心力的作用位置来区分。当 $e_0 < h/2 - a_s$ 时,为小偏心受拉破坏,截面上只有受拉钢筋起作用,不考虑混凝土的抗拉强度。当 $e_0 \geqslant h/2 - a_s$ 时,为大偏心受拉构件,截面上有混凝土受压区的存在。由图 7-5 偏心受拉构件承载力极限状态的计算图式,可建立基本计算方程。

1. 矩形截面小偏心受拉构件正截面承载力计算

(1) 不对称配筋基本计算公式

由图 7-5(a) 建立力和力矩的平衡方程:

$$Ne = f'_y A'_s (h_0 - a'_s) \tag{7-2}$$

$$Ne' = f_y A_s (h_0{}' - a_s) \tag{7-3}$$

式中:e——N 为作用点至受拉钢筋 A_s 合力点的距离:

$$e = \frac{h}{2} - e_0 - a_s \tag{7-4}$$

e'——N 为作用点至受拉钢筋 A'_s 合力点的距离:

$$e' = \frac{h}{2} + e_0 - a'_s \tag{7-5}$$

(2) 对称配筋基本计算公式

在此情况下,离轴力较远一侧的钢筋 A'_s 必然不屈服,设计时取:

$$A'_s = A_s = \frac{Ne'}{f_y (h_0 - a'_s)} \tag{7-6}$$

(3) 配筋计算方法

① 截面设计:已知构件尺寸、材料强度等级和小偏心拉力值,计算受拉钢筋截面面积。在此情况下基本公式中有两个未知数,可直接求解。

② 截面校核:一般已知构件尺寸、配筋、材料强度,偏心距 e_0,由式(7-2)和式(7-3)均可直接求出 N,并取其较大者。

【例7-2】　已知截面尺寸为 $b \times h = 300\,\text{mm} \times 600\,\text{mm}$ 的钢筋混凝土偏拉构件,承受轴

向拉力设计值 $N=1000$ kN,弯矩设计值 $M=100$ kN·m。采用的混凝土强度等级为C30,钢筋强度等级为 HRB400,环境类别为一类。试确定该柱所需的纵向钢筋截面面积 A_s 和 A_s'。

【解】 取 $a_s=35$ mm, $h_0=h-a_s=600-35=565$(mm)。

(1)判别大小偏心受拉构件。

$$e_0=\frac{M}{N}=\frac{100\times10^6}{1000\times10^3}=100\ (\text{mm})<\left(\frac{h}{2}-a_s\right)=\frac{600}{2}-35=265\ (\text{mm})$$

故属于小偏心受拉构件。

(2)求纵向受力钢筋截面面积 A_s 和 A_s'。

$$e'=0.5h-a_s+e_0=600/2-35+100=300-35+100=365\ (\text{mm})$$

$$e=0.5h-a_s-e_0=600/2-35-100=300-35-100=165\ (\text{mm})$$

$$A_s=\frac{Ne'}{f_y(h_0-a_s')}=\frac{1000\times10^3\times365}{360\times(565-35)}=1913\ (\text{mm}^2)$$

$$A_s'=\frac{Ne}{f_y(h_0-a_s')}=\frac{1000\times10^3\times165}{360\times(565-35)}=865\ (\text{mm}^2)$$

(3)选配钢筋。

实际受拉、受压钢筋分别选用 5Φ22,$A_s=1900$ mm^2 和 2Φ25,$A_s'=982$ mm^2。

2. 矩形截面大偏心受拉构件正截面承载力计算

(1)基本计算公式

由图 7-5(b)建立力和力矩的平衡方程:

$$N=f_yA_s-f_y'A_s'-\alpha_1f_cbx \tag{7-7}$$

$$Ne=\alpha_1f_cbx\left(h_0-\frac{x}{2}\right)+f_y'A_s'(h_0-a_s') \tag{7-8}$$

式中:e—— 轴向力作用点至受拉钢筋 A_s 合力点之间的距离:

$$e=e_0-\frac{h}{2}+a_s \tag{7-9}$$

(2)计算公式适用条件

为保证构件不发生超筋和少筋破坏,并在破坏时保证受压钢筋 A_s' 达到屈服强度,上述公式的适用条件:$2a_s'\leqslant x\leqslant \xi_bh_0$,同时,须满足 $A_s\geqslant \rho_{\min}bh$ 要求。

与双筋截面梁类似,当 $x<2a_s'$,截面破坏时受压钢筋未屈服,此时取 $x=2a_s'$,即假定受压区混凝土的压力与受压钢筋压力的作用点重合。于是,利用对受压钢筋形心的力矩平衡条件即可得

$$Ne=f_yA_s(h_0-a_s') \tag{7-10}$$

同时还应指出:偏心受拉构件在弯矩和轴心拉力的作用下,也发生纵向弯曲。但与偏心受压构件不同,这种纵向弯曲将有助于减小轴向拉力的偏心距。为简化计算,偏于安全

考虑,设计计算中一般不考虑这种有利影响。

(3)配筋计算方法

大偏心受拉时,方法类似于受弯构件的双筋截面设计,分以下两种情况:

① 钢筋 A_s 及 A_s' 均未知

此时式(7-7)及式(7-8)中有三个未知数 A_s、A_s' 及 x,需要补充一个方程才能求解。为节约钢筋,充分发挥受压混凝土的作用,为使总配筋面积($A_s + A_s'$)最小。令 $x = \xi_b h_0$。将 x 代入式(7-8)即可求得受压钢筋 A_s'。

$$A_s' = \frac{Ne - \alpha_1 f_c bh_0^2 \xi_b (1 - 0.5\xi_b)}{f_y'(h_0 - a_s')} \tag{7-11}$$

若 $A_s' \geqslant \rho_{min} bh$,可进一步将 $x = \xi_b h_0$ 及 A_s' 代入式(7-7)求得 A_s。

$$A_s = \frac{\alpha_1 f_c bh_0 \xi_b + f_y' A_s' + N}{f_y} \tag{7-12}$$

如果 $A_s' < \rho_{min} bh$ 或为负值,此时应根据构造要求选用钢筋 A_s' 的直径及根数,然后按 A_s' 为已知的情况(2)进行计算。

② 已知钢筋 A_s',求 A_s

此时公式为两个方程解两个未知数。故可由式(7-7)及式(7-8)联立求解。其步骤如下:由式(7-8)求得混凝土受压区高度 x。若 $2a_s' \leqslant x \leqslant \xi_b h_0$,则可将 x 代入式(7-7)求得靠近偏心拉力一侧的受拉钢筋截面面积 A_s:

$$A_s = \frac{\alpha f_c bx + f_y' A_s' + N}{f_y} \tag{7-13}$$

若 $x < 2a_s'$ 或为负值,则表明受压钢筋位于混凝土受压区合力作用点的内侧,破坏时将达不到其屈服强度,即 A_s' 的应力为未知量,此时可取 $x = 2a_s'$ 或 $A_s' = 0$ 分别计算 A_s 值,然后取两者中的较小值作为截面配筋的依据。

7.4 偏心受拉构件斜截面受剪承载力计算

一般偏心受拉构件,在承受拉力的同时,也存在有剪力。设计中除按偏心受拉构件计算正截面承载力外,还需计算其斜截面受剪承载力。

由于拉力的存在,使斜裂缝较受弯构件提前出现,并在弯剪区段出现斜裂缝后,其斜裂缝末端混凝土的剪压区高度远小于受弯构件,甚至在小偏心受拉情况下形成贯通全截面的斜裂缝,纵向应力会因此发生很大变化,从而影响到构件的破坏形态和抗剪承载力。

当纵向拉力较小时,构件发生剪压破坏,抗剪强度较低;当纵向拉力较大时,构件发生斜拉破坏,抗剪强度很低。纵向拉力使构件受剪承载力明显降低,降低幅度与纵向拉力近似成正比,但对箍筋的受剪承载力几乎没有影响。

《规范》对矩形截面偏心受拉构件受剪承载力:

$$V \leqslant \frac{1.75}{\lambda + 1.0} f_t bh_0 + f_{yv} \frac{A_{sv}}{s} h_0 - 0.2N \tag{7-14}$$

式中:N—— 与剪力设计值 V 相应的纵向拉力设计值;

λ—— 计算截面的剪跨比,取用方法同偏心受压构件。

当式(7-14)右侧计算值小于 $f_{yv}\dfrac{A_{sv}}{s}h_0$ 时,即斜裂缝贯通全截面,剪力全部由箍筋承担,受剪承载力应取等于 $f_{yv}\dfrac{A_{sv}}{s}h_0$,且 $f_{yv}\dfrac{A_{sv}}{s}h_0$ 值不得小于 $0.36f_t bh_0$。

与偏心受压构件相同,受剪截面尺寸尚应符合《规范》有关要求。

思考题

1. 轴心受拉构件有哪些受力特点(开裂前、开裂瞬间、开裂后和破坏时)?

2. 如何判别偏心受拉构件的类型?

3. 试说明为什么大、小偏心受拉构件的区分只与轴向力的作用位置有关,与配筋率无关?

4. 对于小偏心受拉构件的截面配筋计算,是否可以作为轴心受拉构件与对称配筋受弯构件的组合来计算,为什么?

5. 大偏心受拉构件的正截面承载力计算中,x_b 为什么取与受弯构件相同?

6. 分别对大偏心受拉和受压构件从破坏形态、截面应力、计算公式等方面分析二者的异同点。

7. 说明对称配筋大、小偏心受拉构件的特点:

(1) 在小偏心受拉情况下,为什么 A'_s 不可能达到屈服强度 f'_y?

(2) 在大偏心受拉情况下,为什么 A'_s 不可能达到屈服强度 f'_y?

(3) 为什么大偏心受拉情况下不可能出现 $x > x_b$ 的情况?

习 题

1. 已知矩形截面偏心受拉构件,截面尺寸 $b \times h = 300\,\text{mm} \times 400\,\text{mm}$,截面上作用的弯矩设计值为 $M = 68\,\text{kN·m}$,轴向拉力设计值 $N = 260\,\text{kN}$。设 $a_s = a'_s = 35\,\text{mm}$,混凝土采用 C30 级,纵向钢筋采用 HRB400 级,求该截面所需的 A_s 和 A'_s。

2. 已知矩形截面偏心受拉构件,截面尺寸 $b \times h = 300\,\text{mm} \times 500\,\text{mm}$,配置受拉钢筋 2$\Phi$25($A_s = 982\,\text{mm}^2$)和受压钢筋 3$\Phi$20($A'_s = 942\,\text{mm}^2$)。混凝土强度等级采用 C30,纵向钢筋采用 HRB400 级,设轴向拉力的偏心距 $e_0 = 120\,\text{mm}$,求该偏心受拉构件的受拉承载力设计值 N。

3. 已知矩形截面偏心受拉构件,$b \times h = 300\,\text{mm} \times 400\,\text{mm}$,$a_s = a'_s = 35\,\text{mm}$,混凝土为 C25,纵筋为 HRB400 级钢筋。此构件承受的轴向拉力设计值 $N = 240\,\text{kN}$,弯矩设计值 $M = 60\,\text{kN·m}$,求受力钢筋。

第 8 章　受扭构件承载力计算

本章主要介绍钢筋混凝土纯扭构件、剪扭构件和弯剪扭构件的受扭承载力计算原则和方法及相关构造要求；纯扭构件受力性能与开裂扭矩的计算；受扭纵筋和箍筋强度比、剪切相关性的概念及其计算方法，矩形截面纯扭构件承载力的计算；矩形、T形、I形和箱形截面弯、剪、扭构件计算原则和方法。使学生具备受扭构件的设计能力，具备各类截面同时承受弯、剪、扭复合受力状态下的构件设计能力。

8.1　概　述

8.1.1　扭转的类型

工程中的钢筋混凝土受扭构件如图 8-1 所示：有两种类型 —— 平衡扭转和约束扭转。

1. 平衡扭转

由荷载的直接作用所产生的扭矩，这种构件所承受的扭矩可由静力平衡求出，与构件的抗扭刚度无关，一般称为平衡扭矩，如图 8-1 所示的各种梁。

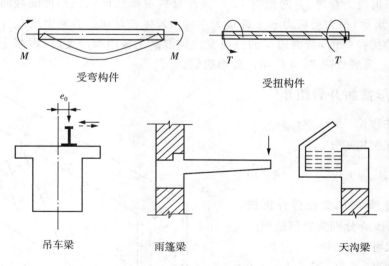

图 8-1　常见的受扭构件

2. 约束扭转

多发生在超静定结构中，产生扭转是因为临近构件的变形受到约束；扭矩的大小与构件间的抗扭刚度比有关;扭矩的大小不是一个定值,计算时需要考虑内力重分布的影响。如图8-2所示与次梁相连的边框架的主梁所受的扭转作用。

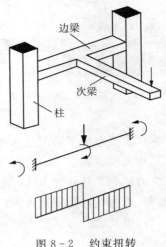

图8-2 约束扭转

8.1.2 工程中的受扭构件

在实际工程中纯扭构件是很少的,大多为弯矩、剪力和扭矩共同作用下的复合受扭构件,但纯扭构件的受力性能,是复合受扭构件承载力计算的基础,也是目前研究得较为充分的受扭构件。钢筋混凝土纯扭构件的承载力,与受剪构件相似,也是由混凝土和钢筋(纵筋和箍筋)两部分组成。而混凝土部分的承载力与截面的开裂扭矩有关。本章先讨论纯扭构件截面的开裂扭矩,其次讨论钢筋混凝土纯扭构件的承载力计算,最后介绍复合受扭构件的承载力计算方法和配筋构造。

8.2 纯扭构件的试验研究

8.2.1 开裂前的应力状态

钢筋混凝土纯扭构件裂缝出现前处于弹性工作阶段,构件的变形很小,钢筋的应力也很小,因此可忽略钢筋对开裂扭矩的影响,按素混凝土构件计算。图8-3所示为矩形截面受扭构件,在扭矩T作用下产生的剪应力τ及相应的主应力σ_{cp}及σ_{tp}。根据平衡关系,主应力在数值上与剪应力相等,方向相差$45°$。弹性材料矩形截面纯扭构件的截面剪应力分布如图8-4(a)所示,最大剪应力τ_{max}即最大主应力发生在截面长边的中点。当主拉应力σ_{tp}超过混凝土的抗拉强度,截面边缘的拉应变达到混凝土极限拉应变时,混凝土将沿主拉应力方向开裂,并发展成图8-3所示螺旋形裂缝。

8.2.2 矩形截面开裂扭矩

按照弹性理论,当$\sigma_{cp}=\sigma_{tp}=f_t$时的扭矩即为开裂扭矩$T_{cr}$:

$$T_{cr}=f_t W_{te} \qquad (8-1)$$

式中:W_{te}—— 截面的受扭弹性抵抗矩$W_{te}=\alpha b^2 h$,b、h分别为矩形截面的短边和长边尺寸。

α—— 形状系数,当$h/b=1.0$时,$\alpha=0.2$;当$h/b=\infty$时,$\alpha=0.33$,一般情况下,$\alpha\approx0.25$。

按照塑性理论,当截面某一点的

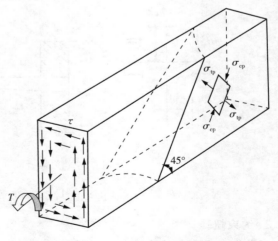

图8-3 扭矩作用下裂缝

应力达到极限强度时,构件进入塑性状态。该点应力保持在极限应力,而应变可继续增长,荷载仍可增加,直到截面上的应力全部达到材料的极限强度,构件才达到极限承载力,图 8-4(b) 为矩形截面纯扭构件在全塑性状态时的剪应力分布。截面上的剪应力分为四个区域,分别计算其合力及所组成的力偶,取 $\tau = f_t$,可得总扭矩:

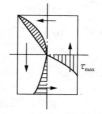
（a）弹性剪应力分布

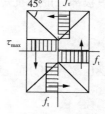
（b）塑性剪应力分布

图 8-4　纯扭构件开裂前的剪应力状态

$$T_{cr,p} = f_t \frac{b^2}{6}(3h - b) = f_t W_t \qquad (8-2)$$

式中:W_t—— 矩形截面受扭塑性抵抗矩,$W_t = \dfrac{b^2}{6}(3h - b)$;

　　　　b,h—— 分别为矩形截面短边和长边尺寸。

混凝土材料既非完全弹性,也非理想弹塑性,因此构件的开裂扭矩 T_{cr} 应介于 $T_{cr,e}$ 和 $T_{cr,p}$ 之间,为简单起见,可按塑性理论计算,并引入修正系数以考虑非完全塑性剪应力分布的影响。根据实验结果,《规范》取修正系数为 0.7,即开裂扭矩的计算公式为

$$T_{cr} = 0.7 f_t W_t \qquad (8-3)$$

钢筋混凝土受扭构件多数为带有翼缘的截面,如 T 形、I 形及 L 形的截面。试验表明充分参与腹板受力的伸出翼缘宽度一般不超过翼缘厚度的 3 倍,故《规范》规定计算受扭构件承载力时取用的翼缘宽度应符合 $b'_f \leqslant b + 6h'_f$ 及 $b_f \leqslant b + 6h_f$ 的条件[图 8-5(a)],且 $h_w/b \leqslant 6$。混凝土扭曲截面承载力计算的截面限制条件是以 $h_w/b \leqslant 6$ 的试验为依据的,目的是保证构件在破坏时混凝土不先被压碎。

对于有受压翼缘的 T 形和 I 形截面,其受扭塑性抵抗矩同样可按处于全塑性状态时的截面剪应力分布,用分块计算其合力和力偶的方法求解。可按图 8-5(b) 划分为腹板部分和翼缘部分,二者叠加得到总塑性抵抗矩 W_t:

$$W_t = W_{te} + W'_{tf} + W_{tf} \qquad (8-4)$$

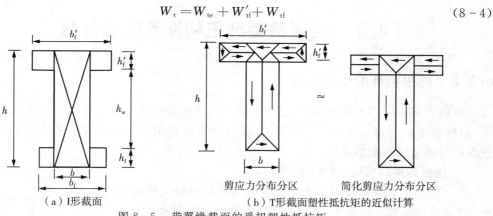

（a）I形截面

（b）T形截面塑性抵抗矩的近似计算

剪应力分布分区　　　简化剪应力分布分区

图 8-5　带翼缘截面的受扭塑性抵抗矩

腹板部分的抵抗矩 W_{tw}：

$$W_{tw} = \frac{b^2}{6}(3h - b) \qquad (8-5a)$$

受压翼缘部分的塑性抵抗矩 W'_{tf}：

$$W'_{tf} = \frac{h'^2_f}{2}(b'_f - b) \qquad (8-5b)$$

同理,对于 Ⅰ 形受拉翼缘部分的塑性抵抗矩 W_{tf}：

$$W_{tf} = \frac{h^2_f}{2}(b_f - b) \qquad (8-5c)$$

式中：b，h—— 分别为截面的腹板宽度、截面高度；

b'_f，b_f—— 分别为截面受压区、受拉区的翼缘宽度；

h'_f，h_f—— 分别为截面受压区、受拉区的翼缘高度。

8.2.3　箱形截面的受扭塑性抵抗矩

在扭矩作用下,沿截面四周的剪应力较大,截面中心部分的剪应力较小。因此箱形截面的抗扭能力与同样外形尺寸的实心矩形截面基本相同。在实际工程中,对承受较大扭矩的构件,多采用箱形截面以减轻自重,如桥梁中常用的箱形截面梁。为避免因钢筋混凝土箱形截面壁厚过薄产生的不利影响,《规范》规定壁厚 $t_w \geqslant b_h/7$，$h_w/t_w \leqslant 6$。此处 b_h 为箱形截面的宽度；h_w 为腹板的净高(图 8-6)。

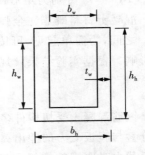

图 8-6　箱形截面

箱形截面塑性截面抵抗矩可按实心矩形截面 $b_h \times h_h$ 与内部空心截面 $h_w \times (b_h - 2t_w)$ 抵抗矩之差计算,即

$$W_t = \frac{b^2_h}{6}(3h_h - b_h) - \frac{(b_h - 2t_w)^2}{6}[(3h_w - (b_h - 2t_w)] \qquad (8-6)$$

式中：b_h、h_h—— 分别为箱形截面的短边尺寸、长边尺寸。

8.3　矩形截面纯扭构件承载力计算

8.3.1　纯扭构件的受扭性能

由前述主拉应力方向可知,受扭构件最有效的配筋形式是沿主拉应力迹线成螺旋形布置,但螺旋形配筋施工复杂,且不能适应变号扭矩的作用。实际工程中采用封闭箍筋与抗扭纵筋形成的空间配筋方式。

1. 纯扭构件的扭矩-扭率($T-\theta$)关系

$T < T_{cr}$ 时,$T-\theta$ 基本呈直线关系,θ 为沿构件轴向单位长度的扭转角。

$T = T_{cr}$ 时,部分混凝土退出受拉工作,构件的抗扭刚度明显降低,$T-\theta$ 关系曲线上出现一水平段。

$T_{cr} < T < T_u$ 时,对于适筋构件,$T-\theta$ 关系曲线沿斜线继续上升。裂缝向构件内部和沿主压应力迹线发展延伸,在构件表面裂缝呈螺旋状。

$T = T_u$ 时,长边上出现临界裂缝,向短边延伸,与这条空间(斜)裂缝相交的箍筋和纵筋达到屈服,另一长边上的混凝土受压破坏(图 8-7),$T-\theta$ 关系曲线趋于水平。

2. 破坏特征

根据配筋率的大小,受扭构件的破坏形态可分为适筋破坏、少筋破坏、完全超筋破坏和部分超筋破坏。

(1)适筋破坏 —— 箍筋和纵筋配置量合适,破坏时钢筋先屈服,混凝土后被压碎,随着扭矩的增大,与主裂缝相交的纵筋和箍筋逐渐达到屈服状态,混凝土裂缝继续开展,形成三面受拉开裂,一面受压的空间扭曲破坏曲面,最终导致受压区混凝土压碎而破坏。该类型破坏与适筋梁类似,具有延性破坏特征,破坏时的极限扭矩与配筋量有关。

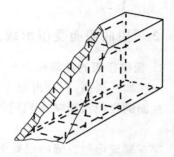

图 8-7　纯扭构件的破坏状况

(2)少筋破坏 —— 箍筋或纵筋配置过少或两者均配置过少,不足以承担混凝土开裂后释放的拉应力。一旦开裂,将导致扭转角迅速增大,具有受拉脆性破坏特征。受扭承载力主要取决于混凝土的抗拉强度。

(3)完全超筋破坏 —— 箍筋和纵筋配置均过大或混凝土强度等级过低,混凝土压碎时,钢筋仍未屈服,破坏过程具有受压脆性破坏特征。受扭承载力取决于混凝土的抗压强度。

(4)部分超筋破坏 —— 箍筋配筋量过大,纵筋的配筋量相对较少,或纵筋配置过多而箍筋量较少,破坏时只有一部分钢筋达到屈服,具有较小的延性破坏特征。

注意:设计中不允许采用少筋和完全超筋受扭构件,可以采用部分超筋构件,但不经济。一般情况下应采用适筋受扭构件。

3. 配筋强度比 ζ

构件的受扭性能和极限承载力不仅与配筋量有关,还与封闭箍筋和受扭纵筋的配筋强度比 ζ 有关。

配筋强度比 ζ 为受扭纵筋与封闭箍筋的体积比和强度比的乘积,即

$$\zeta = \frac{\dfrac{A_{stl} f_y}{u_{cor}}}{\dfrac{A_{st1} f_{yv}}{s}} = \frac{f_y A_{stl} s}{f_{yv} A_{st1} u_{cor}} \tag{8-7}$$

式中:f_y,f_{yv} —— 纵筋、箍筋的抗拉强度设计值;

$\quad$ s —— 箍筋的间距;

$\quad$ A_{stl} —— 对称布置的全部受扭纵筋截面面积;

$\quad$ A_{st1} —— 受扭箍筋单肢截面面积;

$\quad$ u_{cor} —— 截面核心部分的周长 $u_{cor} = 2(b_{cor} + h_{cor})$,$b_{cor}$ 和 h_{cor} 分别为从箍筋内表面计算

的截面核心的短边和长边尺寸。

试验表明,只有 $0.5 \leqslant \zeta \leqslant 2.0$ 时,才能保证构件破坏时构件的纵筋和箍筋的强度均能得到充分利用。当 $0.6 \leqslant \zeta \leqslant 1.7$ 时,纵筋和箍筋破坏时均已屈服,为适筋破坏。因此,《规范》要求 ζ 值应符合:$0.6 \leqslant \zeta \leqslant 1.7$ 的条件,当 $\zeta < 0.6$ 时,箍筋不能充分发挥作用,应改变配筋提高 ζ 值;当 $\zeta > 1.7$ 时,纵筋不能充分发挥作用,故应取 $\zeta = 1.7$。实际设计中通常取 $\zeta = 1.0 \sim 1.2$。

8.3.2　扭曲截面受扭承载力计算

1. 极限扭矩的计算模型 —— 变角空间桁架模型

对比实验表明,钢筋混凝土矩形截面纯扭构件的极限扭矩,与挖去部分核心混凝土的空心截面的极限扭矩基本相同,因此可忽略中间部分混凝土的受扭作用,按箱形截面构件分析。

存在螺旋形斜裂缝的混凝土管壁通过纵筋和箍筋的联系形成空间桁架作用抵抗外扭矩。斜裂缝间的混凝土可设想为斜压杆,纵筋为受拉弦杆,箍筋为受拉腹杆。假定桁架节点为铰接,在每个节点处,斜向压力由纵筋及箍筋的拉力所平衡。不考虑裂缝面上的骨料咬合力及钢筋的销栓作用。混凝土斜压杆与构件轴线的倾斜角 φ 不一定等于 $45°$ 而是与纵筋和箍筋的配筋量和强度的比值(配筋强度比 ζ)有关,故称变角空间桁架模型。按该模型得出的极限扭矩表达式为

$$T = 2\sqrt{\zeta}\,\frac{f_{yv}A_{st1}A_{cor}}{s} \qquad (8-8)$$

式中:A_{cor}—— 为截面核心部分的面积。

2. 极限扭矩的计算公式

矩形截面受扭承载力基本随抗扭配筋的增加而线性增大,无抗扭配筋时截面混凝土仍承受一定的扭矩。《规范》在试验结果的基础上,考虑可靠性要求后,给出纯扭构件极限扭矩的计算公式:

$$T_u = 0.35f_t W_t + 1.2\sqrt{\zeta} \cdot \frac{f_{yv}A_{st1}}{s} \cdot A_{cor} \qquad (8-9)$$

与受弯、受剪构件相似,受扭承载力公式的应用有其配筋率的上限和下限。为防止出现混凝土被先压碎的超配筋构件的脆性破坏,配筋的上限以截面限制条件给出为

$$T \leqslant 0.2\beta_c f_c W_t \qquad (8-10)$$

式中:β_c—— 高强混凝土的强度折减系数。

当符合下列条件时:

$$T \leqslant 0.7f_t W_t \qquad (8-11)$$

可按配筋率的下限及构造要求配筋。纯扭构件配筋率的下限原则上应根据 $T = T_{cr}$ 的

条件得出。《规范》为与受剪构件协调,取受扭箍筋的配箍率 ρ_{sv} 的表达式为 $\rho_{sv} = \dfrac{2A_{st1}}{bs}$,要求 ρ_{sv} 应不小于最小配箍率 $\rho_{sv, min}$,对纯扭构件取:

$$\rho_{sv, min} = 0.28 \frac{f_t}{f_{yv}} \qquad (8-12)$$

受扭构件的纵筋配筋率 $\rho_{tl} = \dfrac{A_{stl}}{bh}$ 不应小于受扭纵筋最小配筋率 $\rho_{tl, min}$:

$$\rho_{tl, min} = 0.6\sqrt{\frac{T}{Vb}}\frac{f_t}{f_y} \qquad (8-13)$$

当 $T/(Vb) > 2.0$ 时,取 $T/(Vb) = 2.0$。$\rho_{tl, min}$ 受扭纵向钢筋的最小配筋率取 $A_{stl}/(bh)$,A_{stl} 为沿截面周边布置的受扭纵向钢筋总截面面积。受扭纵向钢筋沿截面周边均匀对称布置。

3. 箱形截面受扭承载力计算

《规范》给出如下的计算公式:

$$T_u = 0.35\alpha_h f_t W_t + 1.2\sqrt{\zeta}\frac{f_{yv}A_{st1}}{s}A_{cor} \qquad (8-14)$$

式中:A_{cor} —— 箱形截面核心面积,取 $A_{cor} = b_{cor}h_{cor}$。

t_w —— 箱形截面的壁厚,如图 8-8 所示。

b_h —— 箱形截面的宽度,如图 8-8 所示。

α_h —— 箱形截面壁厚影响系数,主要是为了考虑壁厚对混凝土部分受扭承载力的影响。$\alpha_h = 2.5\dfrac{t_w}{b_h}$,当 $\alpha_h > 1.0$ 时,取 $\alpha_h = 1.0$。

4. 带翼缘截面的受扭承载力计算

截面的矩形划分如图 8-9 所示,对 T 形、I 形和 L 形截面的纯扭构件,可将其截面划分为几个矩形截面。划分原则为先按截面总高度确定腹板截面,再确定受压翼缘或受拉翼缘。

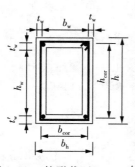

图 8-8 箱形截面($t_w \leqslant t'_{wf}$)

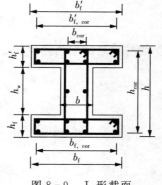

图 8-9 I 形截面

扭矩设计值的分配：为简化计算，各矩形截面部分所承受的扭矩设计值，与其受扭塑性抵抗矩成比例，即

$$T_{\rm w} = \frac{W_{\rm tw}}{W_{\rm t}} T \qquad (8-15{\rm a})$$

$$T_{\rm f}' = \frac{W_{\rm tf}'}{W_{\rm t}} T \qquad (8-15{\rm b})$$

$$T_{\rm f} = \frac{W_{\rm tf}}{W_{\rm t}} T \qquad (8-15{\rm c})$$

式中：$T_{\rm w}$——腹板所承受的扭矩设计值；

$T_{\rm f}'$——受压翼缘所承受的扭矩设计值；

$T_{\rm f}$——受拉翼缘所承受的扭矩设计值；

$W_{\rm t}$——$W_{\rm t} = W_{\rm tw} + W_{\rm tf} + W_{\rm tf}'$，$W_{\rm tw}$，$W_{\rm tf}'$ 按式(8-5a)～式(8-5c)计算。

各矩形部分的受扭承载力可按式(8-9)计算。

【例8-1】 一钢筋混凝土矩形截面纯扭构件(图8-10)，截面尺寸为 $b \times h = 300\ {\rm mm} \times 600\ {\rm mm}$，承受的扭矩设计值为 $T = 35\ {\rm kN \cdot m}$，混凝土强度等级为 C30，纵筋和箍筋均采用 HRB400 级钢筋。环境类别为一类，求此构件所需的受扭纵筋和箍筋数量。

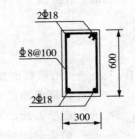

图 8-10 例 8-1 配筋图

【解】 (1)列出已知参数。

C30 混凝土：$f_{\rm t} = 1.43\ {\rm N/mm^2}$；HRB400 钢筋：$f_{\rm yv} = f_{\rm y} = 360\ {\rm N/mm^2}$；依据环境类别，$h_{\rm cor}$，$b_{\rm cor}$ 分别按 $h_{\rm cor} = 600 - 40 \times 2 = 520({\rm mm})$ 和 $b_{\rm cor} = 300 - 40 \times 2 = 220({\rm mm})$ 计算。

(2)计算截面受扭塑性抵抗矩。

$$W_{\rm t} = \frac{b^2}{6}(3h - b) = \frac{300^2}{6}(3 \times 600 - 300) = 225 \times 10^5\ ({\rm mm^3})$$

(3)计算配箍量。

$$A_{\rm cor} = h_{\rm cor} b_{\rm cor} = 520 \times 220 = 114400\ ({\rm mm^2})$$

设受扭纵筋与箍筋的配筋强度比 $\zeta = 1.1$，代入式(8-9)，求 $A_{\rm st1}/s$

$$\frac{A_{\rm st1}}{s} = \frac{T - 0.35 f_{\rm t} W_{\rm t}}{1.2\sqrt{\zeta} f_{\rm yv} A_{\rm cor}} = \frac{35 \times 10^6 - 0.35 \times 1.43 \times 225 \times 10^5}{1.2 \times \sqrt{1.1} \times 360 \times 114400}$$

$$= 0.458\ ({\rm mm^2/mm})$$

选用 $\oplus$ 8 双肢箍筋，$A_{\rm st1} = 50.3\ {\rm mm^2}$，则箍筋间距为 $s = \dfrac{50.3}{0.458} = 109.8({\rm mm})$，实取 $s = 100\ {\rm mm}$。

验算配箍率：

$$\rho_{sv} = \frac{2A_{st1}}{bs} = \frac{2 \times 50.3}{300 \times 100} = 0.34\% > \rho_{sv,min} = 0.28\frac{f_t}{f_{yv}} = 0.28 \times \frac{1.43}{360} = 0.11\%$$

故满足要求。

（4）计算纵筋。

$$u_{cor} = 2(h_{cor} + b_{cor}) = 2 \times (520 + 220) = 1480 (mm)$$

按式（8-7）计算 A_{stl}，由纵筋与箍筋的配筋强度比定义可得

$$A_{stl} = \frac{\zeta f_{yv}A_{st1}u_{cor}}{f_y s} = \frac{1.1 \times 360 \times 50.3 \times 1480}{360 \times 80} = 1024 (mm^2)$$

实际选配 4 Φ 18 对称布置（$A_s = 1017\ mm^2$，虽然略小于 $1024\ mm^2$，但误差明显小于 5%，符合工程要求），配筋如图 8-10 所示。

【例 8-2】 已知一 T 形截面纯扭构件，$b = 300\ mm$，$h = 900\ mm$，$b'_f = 800\ mm$，$h'_f = 120\ mm$，混凝土强度等级采用 C35，纵筋和箍筋分别采用 HRB500 级和 HRB400 级钢筋。扭矩设计值为 $T = 65\ kN \cdot m$，环境类别为一类；试求所需抗扭箍筋面积和纵向抗扭钢筋面积。

【解】 （1）列出已知参数。

C35 混凝土：$f_t = 1.57\ N/mm^2$；HRB500 钢筋：$f_y = 435\ N/mm^2$，HRB400：$f_{yv} = 360\ N/mm^2$；依据环境类别，箍筋内表面距离混凝土外边缘距离按 40 mm 考虑。

（2）截面塑性抵抗矩。

经验算翼缘宽度符合下列条件：$b'_f = 800\ mm \leqslant b + 6h'_f = 300 + 6 \times 120 = 1020 (mm)$ 及 $b_f \leqslant b + 6h_f$。

将截面划分为两部分：腹板、上翼缘。

各自塑性抵抗矩分别为

腹板：$W_{tw} = \frac{b^2}{6}(3h - b) = \frac{300^2}{6}(3 \times 900 - 300) = 36 \times 10^6 (mm^3)$

翼缘：$W'_{tf} = \frac{h'^2_f}{2}(b'_f - b) = \frac{120^2}{2} \times (800 - 300) = 36 \times 10^5 (mm^3)$

故整个 T 形截面的塑性抵抗矩为

$$W_t = W_{tw} + W'_{tf} = 36 \times 10^6 + 36 \times 10^5 = 396 \times 10^5 (mm^3)$$

（3）分配扭矩。

腹板：$T_w = \frac{W_{tw}}{W_t}T = \frac{36 \times 10^6}{396 \times 10^5} \times 65 = 59.091 (kN \cdot m)$

翼缘：$T'_f = \frac{W'_{tf}}{W_t}T = \frac{36 \times 10^5}{396 \times 10^5} \times 65 = 5.909 (kN \cdot m)$

（4）腹板受扭配筋计算。

$$A_{cor} = h_{cor}b_{cor} = (900 - 40 \times 2) \times (300 - 40 \times 2) = 820 \times 220 = 180400 (mm^2)$$

设受扭纵筋与箍筋的配筋强度比 $\zeta=1.2$，代入式(8-9)，求 A_{st1}/s

$$\frac{A_{st1}}{s}=\frac{T_w-0.35f_tW_{tw}}{1.2\sqrt{\zeta}f_{yv}A_{cor}}=\frac{59.091\times10^6-0.35\times1.57\times36\times10^6}{1.2\times\sqrt{1.2}\times360\times180400}=0.460\;(\text{mm}^2/\text{mm})$$

选用 Φ 8 双肢箍筋，$A_{st1}=50.3\;\text{mm}^2$，则箍筋间距为 $s=\dfrac{50.3}{0.460}=109.3(\text{mm})$，实取 $s=$ 100 mm。

验算配箍率：

$$\rho_{sv}=\frac{2A_{st1}}{bs}=\frac{2\times50.3}{300\times100}=0.34\%>\rho_{sv,min}=0.28\frac{f_t}{f_{yv}}=0.28\times\frac{1.57}{360}=0.12\%$$

故满足要求。

（5）计算腹板所需的受扭纵筋

$$u_{cor}=2(h_{cor}+b_{cor})=2\times(820+220)=2080\;(\text{mm})$$

按式(8-6)计算 A_{stl}，由纵筋与箍筋的配筋强度比定义可得

$$A_{stl}=\frac{\zeta f_{yv}A_{st1}u_{cor}}{f_ys}=\frac{1.2\times360\times50.3\times2080}{435\times100}=1039\;(\text{mm}^2)$$

实际选配 $8\Phi14$ 对称布置（$A_{stl}=1231\;\text{mm}^2$）。

（6）上翼缘受扭配筋计算。

$$A_{cor}=h'_{f,cor}b'_{f,cor}=(120-40\times2)\times(800-40\times2)=40\times720=28800\;(\text{mm}^2)$$

设受扭纵筋与箍筋的配筋强度比 $\zeta=1.2$，代入式(8-9)，求 A_{st1}/s

$$\frac{A_{st1}}{s}=\frac{T'_f-0.35f_tW'_{tf}}{1.2\sqrt{\zeta}f_{yv}A_{cor}}=\frac{5.909\times10^6-0.35\times1.57\times36\times10^5}{1.2\times\sqrt{1.2}\times360\times28800}=0.294\;(\text{mm}^2/\text{mm})$$

选用 Φ 6 双肢箍筋，$A_{st1}=28.3\;\text{mm}^2$，则箍筋间距为 $s=\dfrac{28.3}{0.294}=96.3(\text{mm})$，实取 $s=$ 80 mm。

（7）计算上翼缘所需的受扭纵筋

$$u_{cor}=2(h'_{f,cor}+b'_{f,cor})=2\times(40+720)=1520\;(\text{mm})$$

按式(8-7)计算 A_{stl}，由纵筋与箍筋的配筋强度比定义得

$$A_{stl}=\frac{\zeta f_{yv}A_{st1}u_{cor}}{f_ys}$$

$$=\frac{1.2\times360\times28.3\times1520}{435\times80}=534(\text{mm}^2)$$

实际选配 $4\Phi14$ 对称布置（$A_{stl}=615\;\text{mm}^2$）。

最终的截面配筋图如图 8-11 所示。

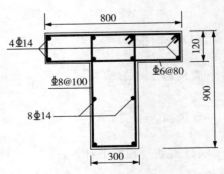

图 8-11　例 8-2 配筋图

8.4 弯剪扭构件承载力计算

8.4.1 试验研究与计算模型

1. 破坏类型

当构件承受的弯矩较大,扭矩较小时,二者的叠加导致截面上部纵筋中的压应力较小,但仍处于受压状态;下部纵筋承受的压应力较大,它对截面承载力起控制作用,这就导致下部纵筋的屈服加速,使受弯承载力降低。T 越大,M 降低越多,裂缝首先在弯曲受拉底面出现,然后发展到两个侧面,构件的破坏是由于下部的纵筋先达到屈服,然后上部混凝土压碎,这种破坏称为弯型破坏,如图 8-12(a) 所示。

当构件承受的扭矩 T 较大,弯矩 M 较小时,扭矩引起的上部纵筋压应力很大,而弯矩引起的压应力很小,由于下部纵筋的数量多于上部纵筋,下部纵筋由 T 和 M 引起的拉应力将低于上部纵筋,截面承载力由上部纵筋拉应力控制。构件的破坏是由于上部纵筋先达到屈服,然后截面下部混凝土压碎,这种破坏称为扭型破坏,如图 8-12(b) 所示。M 越大,上部纵筋的拉应力增长越慢,截面受扭承载力 T 也越大。但对于顶部和底部纵筋对称布置情况,总是底部纵筋先达到屈服,不会出现扭型破坏。

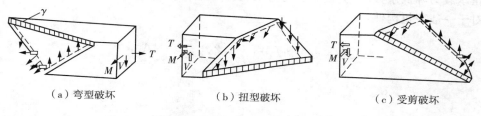

(a) 弯型破坏   (b) 扭型破坏   (c) 受剪破坏

图 8-12 弯剪扭构件的破坏形态

当弯矩较小,对构件的承载力不起控制作用,构件主要在扭矩和剪力共同作用下产生剪扭型或扭剪型的受剪破坏,如图 8-12(c) 所示。裂缝从一个长边(与剪力方向一致的一侧)中点附近开始出现,并向顶面和底面延伸,最后在另一侧长边混凝土压碎而最终导致构件破坏。若配筋合适,破坏时与斜裂缝相交的纵筋和箍筋达到屈服。当扭矩较大时,以受扭破坏为主;当剪力较大时,以受剪破坏为主。由于扭矩和剪力产生的剪应力总会在构件的一个侧面上叠加,因此承载力总是小于剪力和扭矩单独作用的承载力,其相关作用关系曲线接近 1/4 圆(图 8-13)。

2. 计算模型

由于弯剪扭构件的承载力三者之间的相互影响、相互联系过于复杂,目前采用分别按剪扭承载力和弯扭承载力之间的相互影响进行研究,

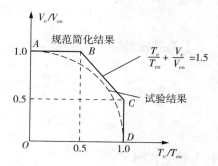

图 8-13 混凝土部分剪扭承载力
相关的计算模式

以建立相应构件的承载力设计方法。

《规范》在试验研究基础上,采用混凝土部分相关、钢筋部分不相关的近似计算方法。箍筋按剪扭构件的受剪承载力和受扭承载力分别计算所需的箍筋用量,采用叠加配筋方法。混凝土部分为防止双重利用而降低承载能力必须考虑其相关关系。

图 8-13 中所示的混凝土部分承载力相关关系可近似取 1/4 圆,为简化计算,1/4 圆可近似用三段折线 AB、BC 及 CD 代替。当 $\dfrac{T_c}{T_{c0}} \leqslant 0.5$ 时,取 $\dfrac{V_c}{V_{c0}} = 1.0$($AB$ 段)当 $\dfrac{V_c}{V_{c0}} \leqslant 0.5$ 时,取 $\dfrac{T_c}{T_{c0}} = 1.0$($CD$ 段);当位于 BC 斜线上时:

$$\frac{T_c}{T_{c0}} + \frac{V_c}{V_{c0}} = 1.5$$

取 $\beta_t = \dfrac{T_c}{T_{c0}}, \beta_v = \dfrac{V_c}{V_{c0}}$,并近似取 $\dfrac{V}{T} \approx \dfrac{V_c}{T_c}$,已知 $T_{c0} = 0.35 f_t W_t$,$V_{c0} = 0.7 f_t b h_0$,则

$$\beta_t = \frac{1.5}{1 + 0.5 \dfrac{V W_t}{T b h_0}} \tag{8-16a}$$

由于式(8-16a)是根据 BC 段导出来的,因此 β_t 的取值范围应为 $0.5 \sim 1.0$,β_t 为混凝土受扭承载力降低系数,β_v 为混凝土受剪承载力降低系数。

对于一般剪扭构件:

$$T_u = 0.35 \beta_t f_t W_t + 1.2 \sqrt{\zeta} f_{yv} \frac{A_{st1}}{s} A_{cor} \tag{8-17}$$

$$V_u = 0.7 \beta_v f_t b h_0 + f_{yv} \frac{n A_{sv1}}{s} h_0 \tag{8-18a}$$

对于集中荷载作用下的剪扭构件,应考虑剪跨比 λ 的影响,则式(8-16a)及(8-18a)应改为

$$\beta_t = \frac{1.5}{1 + 0.2(\lambda + 1) \dfrac{V W_t}{T b h_0}} \tag{8-16b}$$

$$V_u \leqslant (1.5 - \beta_t) \frac{1.75}{\lambda + 1} f_t b h_0 + f_{yv} \frac{n A_{sv1}}{s} h_0 \tag{8-18b}$$

对于箱形截面的一般剪扭构件:

$$T_u \leqslant 0.35 \alpha_h \beta_t f_t W_t + 1.2 \sqrt{\zeta} f_{yv} \frac{A_{st1} A_{cor}}{s} \tag{8-19}$$

$$V_u \leqslant 0.7 (1.5 - \beta_t) f_t b h_0 + f_{yv} \frac{n A_{sv1}}{s} h_0 \tag{8-18c}$$

式中 β_t 按下式确定:

$$\beta_t = \frac{1.5}{1 + 0.5 \dfrac{V \alpha_h W_t}{T b h_0}} \tag{8-16c}$$

　　　　　　　　　　　　　　　　　　钢筋混凝土结构设计原理

当 $\beta_t < 0.5$ 时，取 $\beta_t = 0.5$；当 $\beta_t > 1.0$ 时，取 $\beta_t = 1.0$。

对于 T 形和 I 形截面的剪扭构件，剪扭构件的受剪承载力应按式（8-18a）与式（8-16a）或式（8-18b）与式（8-16b）进行计算，但计算时，应将 T 及 W_t 分别以 T_w 及 W_{tw} 代替。剪扭构件的受扭承载力，按式（8-15）进行截面划分和扭矩分配；腹板按剪扭构件即式（8-17）与式（8-16a）或式（8-16b）进行承载力计算，计算时应将 T 及 W_t 分别以 T_w 及 W_{tw} 代替；受压翼缘及受拉翼缘按纯扭构件即式（8-9）进行承载力计算，计算时应将 T 及 W_t 分别以 T_f' 及 W_{tf}' 或 T_f 及 W_{tf} 代替；翼缘中配置的箍筋应贯穿整个翼缘。

8.4.2 弯剪扭构件的配筋计算方法、步骤

1. 适用条件。

（1）截面限制条件

承受弯矩、剪力和扭矩共同作用的矩形、T 形、I 形和箱形钢筋混凝土构件，为防止在剪扭作用下发生梁腹混凝土先被压碎的脆性破坏，其截面应符合下列条件：

当 $h_w/b \leqslant 4$ 或 $h_w/t_w \leqslant 4$ 时，

$$\frac{V}{bh_0} + \frac{T}{0.8W_t} \leqslant 0.25\beta_c f_c \qquad (8-20)$$

当 $h_w/b = 6$ 或 $h_w/t_w = 6$ 时，

$$\frac{V}{bh_0} + \frac{T}{0.8W_t} \leqslant 0.2\beta_c f_c \qquad (8-21)$$

当 $4 < h_w/b < 6$ 或 $4 < h_w/t_w < 6$ 时，按线性内插法确定。

式中：h_w——截面的腹板高度：对矩形截面，取有效高 h_0；对 T 形截面，取有效高度减去翼缘高度；对 I 形和箱形截面，取腹板净高。

t_w——箱形截面壁厚，其值不应小于 $b_h/7$，其中 b_h 为箱形截面的宽度。

若不满足式（8-20）或式（8-21）的要求，则需加大构件截面尺寸或提高混凝土的强度等级。

（2）为避免少筋破坏，采用限制最小配箍率和最小配筋率的方法。《规范》规定弯剪扭构件中的配箍率 ρ_{sv} 应符合

$$\rho_{sv} = \frac{A_{sv}}{bs} \geqslant \rho_{sv,min} = 0.28\frac{f_t}{f_{yv}} \qquad (8-22)$$

弯曲受拉边纵向受拉钢筋的最小配筋量不应小于按弯曲受拉钢筋最小配筋率计算出的钢筋面积与按受扭纵向受力钢筋最小配筋率计算并布置到弯曲受拉边的钢筋面积之和。

受扭纵筋最小配筋率 $\rho_{tl,min} = 0.6\sqrt{\dfrac{T}{Vb}} \cdot \dfrac{f_t}{f_y}$，若 $\dfrac{T}{Vb} > 2$，取 $\dfrac{T}{Vb} = 2$。结构设计时，纵筋最小配筋率应取抗弯与抗扭纵筋最小配筋率之和。

（3）当满足下面条件时：

$$\frac{V}{bh_0} + \frac{T}{W_t} \leqslant 0.7f_t \qquad (8-23)$$

可不进行剪扭承载力计算,仅按最小配筋率、配箍率和构造要求配筋。

(4) 当符合下列条件时:

$$T \leqslant 0.175 f_t W_t \qquad (8-24)$$

可忽略扭矩的影响,仅按正截面受弯承载力和斜截面承载力分别进行纵筋和箍筋的配筋计算。

(5) 当符合下列条件时:

$$V \leqslant 0.35 f_t b h_0 \text{ 或 } V \leqslant 0.875 \frac{f_t b h_0}{\lambda + 1} \qquad (8-25)$$

可忽略剪力的影响,仅按正截面受弯承载力和纯扭构件的受扭构件承载力分别进行纵筋和箍筋的配筋计算。

(6) 当符合下列条件时:

$$V > 0.35 f_t b h_0 \text{ 或 } V > 0.875 \frac{f_t b h_0}{\lambda + 1} \text{ 且 } T > 0.175 f_t W_t \qquad (8-26)$$

其纵筋应按正截面受弯承载力和剪扭构件的受扭承载力计算,箍筋应分别按下列剪扭构件的受剪承载力和受扭承载力公式计算;

一般剪扭构件:

$$T_u = 0.35 \beta_t f_t W_t + 1.2 \sqrt{\xi} f_{yv} \frac{A_{st1}}{s} A_{cor} \qquad (8-27)$$

$$V_u = 0.7(1.5 - \beta_t) f_t b h_0 + f_{yv} \frac{n A_{sv1}}{s} h_0 \qquad (8-28a)$$

集中荷载作用的独立构件,受剪承载力按下式计算:

$$V \leqslant \frac{1.75}{\lambda + 1} (1.5 - \beta_t) f_t b h_0 + f_{yv} \frac{n A_{sv1}}{s} h_0 \qquad (8-28b)$$

按剪扭构件受剪承载力计算的纵向钢筋应沿截面周边均匀对称布置,按受弯承载力计算的纵筋截面面积可与相应位置的受扭纵筋截面面积合并考虑配筋。

箍筋应按剪扭构件的承载力和受扭承载力所需箍筋截面面积总和进行配置。

(7) 带翼缘截面的弯剪扭构件承载力计算仍按上述规定进行,但在剪扭承载力计算时,应按前述划分为几个矩形截面分别计算,腹板按剪扭构件计算,计算时应将代换为腹板承担的扭矩 T_w;翼缘按纯扭构件计算,计算时应作相应代换。

2. 弯剪扭构件承载力计算

(1) 验算适用条件。

(2) 确定箍筋用量。

根据剪扭相关作用,分别计算受扭箍筋、受剪箍筋:

受扭箍筋: $\dfrac{A_{st1}}{s} = \dfrac{T - \beta_t T_{c0}}{1.2 \sqrt{\xi} \cdot f_{yv} A_{cor}}$

$$受剪箍筋: \quad \frac{nA_{\mathrm{sv1}}}{s} = \frac{V - \beta_{\mathrm{v}} V_{\mathrm{c0}}}{\alpha_{\mathrm{sv}} f_{\mathrm{yv}} h_0}$$

式中,对一般受弯构件 $\alpha_{\mathrm{sv}} = 1.25$;对集中荷载作用的受弯构件 $\alpha_{\mathrm{sv}} = 1.0$。

$$抗扭纵筋: \quad A_{\mathrm{st}l} = \xi \frac{A_{\mathrm{st1}}}{s} \cdot \frac{f_{\mathrm{yv}}}{f_{\mathrm{y}}} \cdot u_{\mathrm{cor}}$$

箍筋的配置方法如图 8-14 所示。设受剪箍筋肢数 $n=4$,受剪的箍筋 $\frac{nA_{\mathrm{sv1}}}{s}$ 配置如图 8-14(a) 所示,受扭箍筋 $\frac{A_{\mathrm{st1}}}{s}$ 应沿截面周边配置[图8-14(b)],叠加配置结果如图8-14(c) 所示。

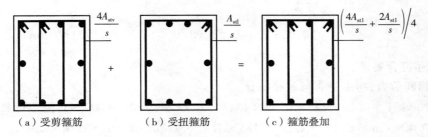

（a）受剪箍筋　　　　（b）受扭箍筋　　　　（c）箍筋叠加

图 8-14　剪、扭箍筋的叠加(单肢箍单位间距总面积)

（3）确定纵筋用量

由抗弯计算和考虑剪扭相关性的抗扭计算分别确定所需的纵筋数量;抗弯纵筋数量按受弯构件正截面强度计算方法确定。受扭纵筋应沿截面四周均匀配置,如图 8-15(b) 所示;受弯纵筋 A_{s} 和 A_{s}' 应配置在截面的受拉侧和受压侧[图8-15(a)],叠加配置结果如图8-15(c) 所示。

【例 8-3】　如图 8-16 所示,某矩形截面构件,其截面尺寸为 $b \times h = 300 \mathrm{~mm} \times 600$ mm,弯矩、剪力、扭矩设计值分别为 $M = 160 \mathrm{~kN \cdot m}$,$V = 100 \mathrm{~kN}$ 和 $T = 20 \mathrm{~kN \cdot m}$,混凝土采用 C30,纵筋采用 HRB500 级,箍筋采用 HPB300 级,试求该构件的配筋。

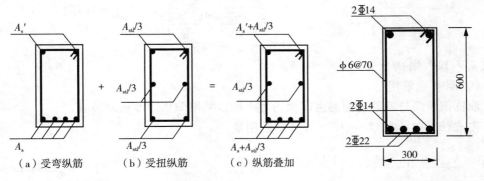

（a）受弯纵筋　　（b）受扭纵筋　　（c）纵筋叠加

图 8-15　弯、扭纵筋的叠加

图 8-16　例题 8-3 配筋图

【解】 (1) 列出已知参数。

C30 混凝土：$\alpha_1 = 1.0, f_t = 1.43 \text{ N/mm}^2, f_c = 14.3 \text{ N/mm}^2, \beta_c = 1.0$；

HRB500 钢筋：$f_y = 435 \text{ N/mm}^2, \xi_b = 0.482$，HPB300 钢筋：$f_{yv} = 270 \text{ N/mm}^2$；

取 $a_s = 40 \text{ mm}$。$h_0 = h - a_s = 600 - 40 = 560(\text{mm})$。

(2) 验算构件截面尺寸。

$$h_w/b = h_0/b = 560/300 = 1.87 < 4$$

$$W_t = \frac{b^2}{6}(3h - b) = \frac{300^2}{6}(3 \times 600 - 300) = 225 \times 10^5 \text{ (mm}^3)$$

$$\frac{V}{bh_0} + \frac{T}{0.8W_t} = \frac{100 \times 10^3}{300 \times 560} + \frac{20 \times 10^6}{0.8 \times 225 \times 10^5} = 1.706 \text{ (N/mm}^2)$$

$$< 0.25\beta_c f_c = 0.25 \times 1.0 \times 14.3 = 3.575(\text{N/mm}^2)$$

故截面尺寸符合要求。

(3) 判断剪力、扭矩是否可忽略不计。

$V = 100 \text{ kN} > 0.35f_t bh_0 = 0.35 \times 1.43 \times 300 \times 560 = 84.084(\text{kN})$，故不可忽略剪力。

$T = 20 \text{ kN} \cdot \text{m} > 0.175f_t W_t = 0.175 \times 1.43 \times 225 \times 10^5 = 5.631(\text{kN} \cdot \text{m})$，故不可忽略扭矩。

(4) 检验是否需要进行构件受剪扭承载力计算。

$$\frac{V}{bh_0} + \frac{T}{W_t} = \frac{100 \times 10^3}{300 \times 560} + \frac{20 \times 10^6}{225 \times 10^5}$$

$$= 1.484(\text{N/mm}^2) > 0.7f_t = 0.7 \times 1.43 = 1.001(\text{N/mm}^2)$$

故需按计算配置抗剪、抗扭钢筋。

(5) 计算剪扭构件混凝土承载力降低系数 β_t。

$$\beta_t = \frac{1.5}{1 + 0.5 \dfrac{V}{T} \cdot \dfrac{W_t}{bh_0}} = \frac{1.5}{1 + 0.5 \times \dfrac{100 \times 10^3 \times 225 \times 10^5}{20 \times 10^6 \times 300 \times 560}} = 1.124 > 1.0$$

故取 $\beta_t = 1.0$，则 $\beta_v = 1.5 - \beta_t = 0.5$。

(6) 计算箍筋用量。

取抗扭纵筋与箍筋的配筋强度比为 $\zeta = 1.1$，采用 HPB300 级双肢箍。

按式(8-17)和式(8-18a)计算箍筋用量

$$\frac{2A_{sv1}}{s} = \frac{V_u - 0.7\beta_v f_t bh_0}{f_{yv}h_0} = \left(\frac{100 \times 10^3 - 0.7 \times 0.5 \times 1.43 \times 300 \times 560}{270 \times 560}\right) = 0.105 \text{ (mm}^2/\text{mm})$$

$$A_{cor} = b_{cor}h_{cor} = (300 - 2 \times 40)(600 - 2 \times 40) = 220 \times 520 = 114400 \text{ (mm}^2)$$

$$\frac{A_{stl}}{s} = \frac{T_u - 0.35\beta_t f_t W_t}{1.2\sqrt{\xi} f_{yv} A_{cor}} = \frac{20\times10^6 - 0.35\times1.0\times1.43\times225\times10^5}{1.2\times\sqrt{1.1}\times270\times114400} = 0.225\ (\text{mm}^2/\text{mm})$$

故总的箍筋用量,即单肢箍筋单位间距的总面积为

$$\frac{A_{sv总}}{s} = \frac{A_{sv1}}{s} + \frac{A_{stl}}{s} = \frac{0.105}{2} + 0.225 = 0.278\ (\text{mm}^2/\text{mm})$$

选用直筋为 6 mm 的箍筋,则箍筋间距 $s = 28.3/0.278 = 102(\text{mm})$,实取 $s = 100$ mm。即 $\phi 6@100(A_s = 283\ \text{mm}^2)$。

$$\rho_{sv} = \frac{2A_{sv1}}{bs} = \frac{2\times28.3}{300\times100} = 0.00189 < \rho_{sv,\min} = 0.28\frac{f_t}{f_{yv}} = 0.28\times\frac{1.43}{270} = 0.00228$$

不满足要求,故可取 $\rho_{sv} = 0.00228$,得 $s = \frac{2A_{sv1}}{b\rho_{sv,\min}} = \frac{2\times28.3}{300\times0.00228} = 83(\text{mm})$,实取 $s = 70$ mm,即 $\phi 6@70(A_s = 404\ \text{mm}^2)$。

（7）计算纵筋用量。

① 根据选定的 $\zeta = 1.1$ 和经计算得出的单侧抗扭箍筋用量 $\frac{A_{stl}}{s}$,计算纵筋用量 A_{stl}:

$$u_{cor} = 2(h_{cor} + b_{cor}) = 2\times(220 + 520) = 1480\ (\text{mm})$$

按式(8-7)计算 A_{stl},由纵筋与箍筋的配筋强度比定义得

$$A_{stl} = \frac{\zeta f_{yv} A_{stl} u_{cor}}{f_y s} = \frac{1.1\times270\times28.3\times1480}{435\times70} = 409\ (\text{mm}^2)$$

实际选配 4 Φ 14 对称布置($A_{stl} = 615\ \text{mm}^2$),布置在截面的四角。

$$\rho_{tl} = \frac{A_{stl}}{bh} = \frac{615}{300\times600} = 0.00342 > \rho_{tl,\min}$$

$$= 0.6\sqrt{\frac{T}{Vb}}\frac{f_t}{f_y} = 0.6\times\sqrt{\frac{20\times10^6}{100\times10^3\times300}}\times\frac{1.43}{435} = 0.00161$$

② 计算抗弯纵筋数量

$$\alpha_s = \frac{M}{\alpha_1 f_c bh_0^2} = \frac{160\times10^6}{1.0\times14.3\times300\times560^2} = 0.119$$

$\xi = 1 - \sqrt{1 - 2\alpha_s} = 1 - \sqrt{1 - 2\times0.119} = 0.127 \leqslant \xi_b = 0.482$,故满足不超筋要求。

$$A_s = \frac{\alpha_1 f_c bh_0 \xi}{f_y} = \frac{1.0\times14.3\times300\times560\times0.127}{435} = 701\ (\text{mm}^2)$$

③ 确定纵筋用量。顶部纵筋 2 Φ 14,底部纵筋 $\frac{A_{stl}}{2} + A_s = \frac{615}{2} + 701 = 1009(\text{mm}^2)$,实际

选用钢筋 $2 \oplus 14 + 2 \oplus 22 (A_s = 1068 \text{ mm}^2)$。

8.5 受扭构件的配筋构造要求

8.5.1 箍筋的构造要求

《规范》规定,在弯剪扭构件中,箍筋的配筋率 $\rho_{sv}(\rho_{sv} = \dfrac{A_{sv}}{bs})$ 不应小于 $0.28\dfrac{f_t}{f_{yv}}$。箍筋间距应符合表 5-1 的规定,其中受扭所需的箍筋应做成封闭式,且应沿截面周边布置。当采用复合箍筋时,位于截面内部的箍筋不应计入受扭所需的箍筋面积。受扭所需箍筋的末端应做成 $135°$ 弯钩,弯钩端头平直段长度不应小于 $10d(d$ 为箍筋直径)。

在超静定结构中,考虑协调扭转而配置的箍筋,其间距不宜大于 $0.75b$,此处 b 按 $h_w/b \leqslant 6$ 的规定取用,但对箱形截面构件,b 均应以 b_h 代替。

8.5.2 纵向钢筋的构造要求

受扭纵筋应沿截面周边布置,其间距不应大于 200 mm 及梁截面短边长度;除应在梁截面四角设置受扭纵向钢筋外,其余受扭纵向钢筋宜沿截面周边均匀对称布置。受扭纵向钢筋应按受拉钢筋锚固在支座内。

在弯剪扭构件中,配置在截面弯曲受拉边的纵向受力钢筋,其截面面积不应小于按附录 6 规定的受弯构件受拉钢筋最小配筋率计算的钢筋截面面积与按受扭纵向钢筋配筋率计算并分配到弯曲受拉边的钢筋截面面积之和。

思考题

1. 素混凝土矩形截面纯扭构件的破坏特征是什么?

2. 钢筋混凝土纯扭构件有哪几种破坏形式?各有何特点?

剪扭构件计算中如何防止超筋和少筋破坏?试比较正截面受弯、斜截面受剪、受纯扭和受剪扭设计中防止超筋和少筋破坏的措施?

4. 在抗扭计算中,配筋强度比 ζ 的物理意义是什么?有什么限制?

5. 无腹筋构件的剪扭承载力之间有什么样的相关关系?《规范》的近似计算方法是如何考虑剪扭相关性的?

6. 影响弯扭承载力相关性的主要因素有哪些?《规范》采用什么方法进行弯扭构件承载力计算?

习 题

1. 已知一钢筋混凝土矩形截面纯扭构件,截面尺寸 $b \times h = 200 \text{ mm} \times 500 \text{ mm}$,作用其上的扭矩设计值 $T = 14 \text{ kN} \cdot \text{m}$,混凝土强度等级为 C25,纵筋采用 HRB400 级,箍筋采用

HPB300 级。试配置抗扭箍筋和纵筋。

2. 已知一矩形截面梁 $b \times h = 200 \text{ mm} \times 500 \text{ mm}$，采用 C20 级混凝土，纵筋采用 6$\Phi$12 的 HRB400 级钢筋，箍筋采用 ϕ8@150 的 HPB300 级钢筋。试求其能承担的设计扭矩 T。

3. 已知框架梁如图 8-17 所示，截面尺寸 $b \times h = 300 \text{ mm} \times 600 \text{ mm}$，净跨为 7500 mm，跨中有一短挑梁，挑梁上作用距梁一侧 800 mm 处的集中荷载设计值 $P = 300 \text{ kN}$，梁上均布荷载（包括自重）设计值 $g = 12 \text{ kN/m}$。采用 C35 级混凝土，纵筋采用 HRB400 级，箍筋采用 HPB300 级。试计算梁的配筋。

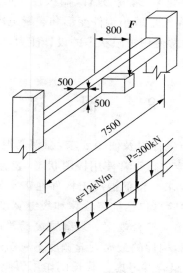

图 8-17　习题 3 计算简图

第9章 钢筋混凝土构件的变形、裂缝验算及耐久性

本章主要介绍构件的弯曲变形、裂缝、延性、耐久性;重点阐述了钢筋混凝土构件变形和裂缝宽度的验算方法;简要介绍了减小构件变形和裂缝宽度的措施以及增强构件延性和耐久性的措施。使学生具备正常使用极限状态的设计能力,同时具备耐久性极限状态基础概念设计能力。

9.1 概　述

根据钢筋混凝土结构工作条件以及使用要求,在钢筋混凝土结构设计中,除需要进行承载能力极限状态计算外,还应进行正常使用极限状态(裂缝与变形)的验算,同时还应满足在正常使用下的耐久性的要求。钢筋混凝土构件在正常使用极限状态下有裂缝和变形两方面的验算内容。裂缝控制验算包括抗裂验算和裂缝宽度验算。《规范》要求在荷载标准组合下,构件受拉边缘应力值应符合规定。裂缝宽度验算时,《规范》要求在荷载准永久组合并考虑长期作用的影响下,构件的最大裂缝宽度不应超过规定的允许值。对于挠度验算,《规范》要求按荷载准永久组合并考虑荷载长期作用影响,根据最小刚度原则并采用长期刚度 B 进行计算的受弯构件的最大挠度值不应超过规定的允许值。

考虑到结构构件不满足正常使用极限状态对生命财产的危害性较不满足承载力极限状态小,其相应的可靠指标较小,故结构构件变形及裂缝宽度验算均采用荷载标准值。由于构件的变形及裂缝宽度均随时间而增大,因此,验算变形及裂缝宽度时,应按荷载的准永久组合并考虑长期作用影响。

产生裂缝的因素有很多,包括荷载作用、施工养护不善、温度变化、基础不均匀沉降以及钢筋锈蚀等。例如,在大块体混凝土凝结、硬化过程中所产生的水化热将导致混凝土体内部的温度升高,当块体内外部温差很大而形成较大的温度应力时,即可产生裂缝。当构件外层混凝土干缩变形受到约束,也可能产生裂缝。本章中所讨论的内容主要指由荷载产生裂缝的控制问题。在使用阶段,普通钢筋混凝土构件往往是带裂缝工作的,特别是随着高强度钢筋的使用,钢筋的工作应力有较大的提高,裂缝宽度也随之按某种关系增大,对裂缝控制问题更应给予重视。

《规范》将结构构件正截面的受力裂缝控制等级分为三级:

一级 —— 严格要求不出现裂缝的构件,按荷载效应的标准组合进行计算时,构件受拉边缘混凝土不应产生拉应力。

二级 —— 一般要求不出现裂缝的构件,按荷载效应的标准组合计算时,构件受拉边缘混凝土拉应力不应大于混凝土抗拉强度的标准值。

按荷载效应准永久组合计算时，构件受拉边缘混凝土不宜产生拉应力，当有可靠经验时可适当放松。

三级——允许出现裂缝的构件：对钢筋混凝土构件，按荷载准永久组合并考虑长期作用影响计算时，构件的最大裂缝宽度不应超过表9-2规定的限值。对预应力混凝土构件，按荷载标准组合并考虑长期作用的影响计算时，构件的最大裂缝宽度不应超过表9-2规定的限值；对二 a 类环境的预应力混凝土构件，尚应按荷载准永久组合计算，且构件受拉边缘混凝土的拉应力不应大于混凝土的抗拉强度标准值。

9.2　钢筋混凝土受弯构件挠度验算

9.2.1　截面受弯刚度的概念

由材料力学可知，弹性均质材料梁的挠曲线微分方程为$\dfrac{\mathrm{d}^2 y}{\mathrm{d}x^2} = -\dfrac{1}{r} = -\dfrac{M}{EI}$，解此方程可得计算梁的最大挠度的一般计算公式为

$$f = s\frac{Ml_0^2}{EI} \text{ 或 } f = s\varphi l_0^2 \qquad\qquad (9-1)$$

式中：f——梁的跨中最大挠度；

s——与荷载形式、支承条件有关的系数，当计算跨度范围内承受均布荷载和集中荷载作用于跨中的简支梁跨中挠度时，s分别取 5/48 和 1/12；

M——跨中最大弯矩；

l_0——梁的计算跨度；

r——截面曲率半径；

EI——梁的截面抗弯刚度；

φ——截面曲率。

由 $EI = M/\varphi$ 可以得到，截面的抗弯刚度的物理意义是使截面产生单位转角所需施加的弯矩，它反映了截面抵抗弯曲变形的能力。

当截面尺寸与材料确定后，EI 为常数，则挠度 f 与弯矩 M 或截面曲率 φ 与弯矩 M 成正比例关系，如图9-1中的 OC 段。钢筋混凝土受弯构件仍然采用上述材料力学思想，但钢筋混凝土是由两种材料组成的非均质材料，钢筋混凝土受弯构件的截面抗弯刚度在受弯过程中是逐渐变化的。

理论上讲，钢筋混凝土受弯截面的抗弯刚度应取 M-φ 曲线上相应点的切线的斜率。混凝土截面经历了复杂的裂缝开展、弹塑性变化过程，因此计算抗弯刚度的难度很大，同时也不实用，《规范》采用简化方法确定截面抗弯刚度。

对不允许开裂的构件。在裂缝出现之前 M-φ 曲线可近似视为直线关系，截面抗弯刚度可视为常数，近似取为 $0.85E_cI_0$，其中 I_0 为换算截面惯性矩（将钢筋混凝土共同构成的截面等效为仅由混凝土构成的截面）。

对允许开裂的构件。钢筋混凝土受弯构件在正常使用阶段，正截面承担的弯矩约为其

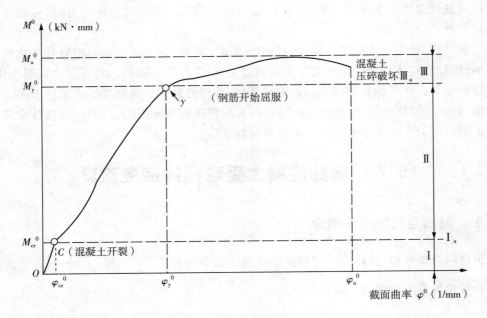

图 9-1　适筋梁 M-φ 关系曲线

最大受弯承载力试验值 M_u^0 的 $50\% \sim 70\%$。在按正常使用极限状态验算构件变形时,定义在 M-φ 曲线上 $0.5 \sim 0.7 M_u$ 区段内,任一点与坐标原点 O 连线的割线斜率为截面抗弯刚度,记为 B。$B = \tan\alpha = M/\varphi$,$M = 0.5 \sim 0.7 M_u$,截面抗弯刚度 B 随弯矩的增大而减小。

9.2.2　纵向受拉钢筋应变不均匀系数

钢筋混凝土构件的变形计算可归结为受拉区存在有裂缝情况下的截面刚度计算问题,因此需要了解裂缝开展过程对构件应变和应力的影响。

1. 钢筋及混凝土的应变分布特征

简支钢筋混凝土试验梁承受两个对称的集中荷载,在两个集中荷载之间形成了弯矩相等的纯弯段。梁纯弯段在出现裂缝以后各个截面应变与裂缝的分布情况如图 9-2 所示。

混凝土开裂以前,受压区边缘混凝土应变及受拉钢筋应变在纯弯段内沿梁长几乎平均分布。

当荷载增加,由于混凝土材料的非均质性,在抗拉能力最薄弱截面上先出现第一批裂缝(一条或几条)。随着弯矩 M 的增大,受拉区混凝土陆续产生裂缝,直到裂缝间距趋于稳定以后,裂缝在纯

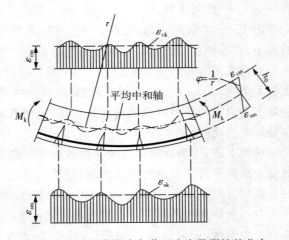

图 9-2　梁纯弯段内各截面应变及裂缝的分布

弯段内近乎等距离分布。

裁缝稳定以后，钢筋应变沿梁长是非均匀分布的，呈波浪形变化，钢筋应变的峰值出现在开裂截面处，裂缝中间处应变较小。

M 越大，开裂截面钢筋的应力继续增加，由于裂缝处钢筋与混凝土之间的黏结力逐渐遭到破坏，裂缝间的钢筋平均应变 ε_{sm} 与开裂截面钢筋应变 ε_{sk} 的差值减小，混凝土参与受拉的程度减小。M 越大，钢筋 ε_{sm} 越接近开裂截面钢筋 ε_{sk}。

受压区边缘混凝土的应变 ε_{ck} 分布也是非均匀的，开裂截面应变较大，裂缝之间应变较小，但其波动幅度明显小于钢筋应变波动幅度。峰值应变与平均应变 ε_{cm} 差别不大。

由于裂缝的影响，混凝土截面中性轴在纯弯段内呈波浪形变化。裂缝截面处中性轴高度最小，在钢筋屈服之前，对于平均中性轴而言，沿截面高度可认为平均截面的平均应变 ε_{sm}、ε_{cm} 符合平截面假设。

2. 纵向受拉钢筋应变不均匀系数 ψ

裂缝间纵向受拉钢筋应变不均匀系数 ψ 反映了裂缝间受拉混凝土对纵向受拉钢筋应变的影响程度，ψ 越小，在正常使用阶段受拉区混凝土参加工作的程度越大。纵向受拉钢筋不均匀系数 ψ 可用受拉钢筋平均应变与裂缝截面处受拉钢筋应变的比值来表示，即

$$\psi = \frac{\varepsilon_{sm}}{\varepsilon_{sk}} \tag{9-2}$$

式中：ε_{sm}——纵向受拉钢筋重心处的平均拉应变；

ε_{sk}——按荷载效应标准组合计算的钢筋混凝土构件裂缝截面处，纵向受拉钢筋重心处的拉应变。

ψ 值与混凝土强度、配筋率、钢筋与混凝土的黏结强度、构件的截面尺寸及裂缝截面钢筋应力等因素有关。图9-3给出了梁裂缝截面处钢筋应变 ε_{sk}、钢筋平均应变 ε_{sm} 及自由钢筋的应变与裂缝截面钢筋应力 σ_{sk} 间的相互关系。由图可知，当 $\varepsilon_{sm} < \varepsilon_{sk}$ 时，受拉混凝土正常参加工作。随着荷载增大，σ_{sk} 值不断提高，ε_{sm} 与 ε_{sk} 之间的差值减小，ψ 值逐渐增大，表明混凝土承受拉力的程度减小，各截面中钢筋应力渐趋均匀，说明裂缝间受拉混凝土逐渐退出工作。临近破坏时，ψ 值趋近于1.0。

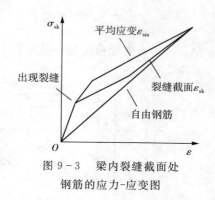

图9-3 梁内裂缝截面处钢筋的应力-应变图

根据国内矩形、T形、倒 T 形以及偏心受压柱的试验资料进行分析得出：

$$\psi = 1.1\left(1 - \frac{0.8M_c}{M_q}\right) \tag{9-3}$$

式中：M_c——受弯构件的截面抗裂弯矩值；

M_q——荷载的准永久组合下的弯矩值；

1.1——与钢筋和混凝土间黏结强度有关的系数。

其中，M_q 可按图9-4的情形进行计算：

$$M_q = A_s \sigma_{sq} \eta h_0 \tag{9-4}$$

$$\sigma_{sq} = \frac{M_q}{\eta A_s h_0} \tag{9-5}$$

$$\eta = 1 - \frac{0.4\sqrt{\alpha_E \rho}}{1 + 2\gamma_f'} \tag{9-6}$$

式中：σ_{sq}——按荷载准永久效应组合计算的钢筋混凝土
受弯构件纵向受拉钢筋的应力。

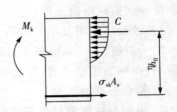

图 9-4　开裂截面受力简图

η——裂缝截面处内力臂系数，与配筋率及截面形
状有关，可以通过试验确定，对常用的混凝土强度等级
及配筋率，可以近似取 $\eta = 0.87$。

γ_f'——受压翼缘截面面积与腹板有效面积的比
值，$\gamma_f' = \dfrac{(b_f' - b)h_f'}{bh_0}$；其中 b_f'、h_f' 为受压翼缘的宽度和高度，
当 $h_f' > 0.2h_0$ 时，取 $h_f' = 0.2h_0$。

α_E——钢筋与混凝土的弹性模量比，$\alpha_E = E_s/E_c$。

ρ——纵向受拉钢筋的配筋率。

M_c 可按式(9-7)的情形进行计算。

$$M_c = [0.5bh + (b_f - b)h_f]\eta_2 h f_{tk} = A_{te}\eta_2 h f_{tk} \tag{9-7}$$

$$A_{te} = [0.5bh + (b_f - b)h_f] \tag{9-8}$$

式中：f_{tk}——混凝土的轴心抗拉强度标准值；

η_2——内力臂系数；

A_{te}——有效受拉混凝土截面面积(图 9-5 截面中性轴以下阴影部分面积)。

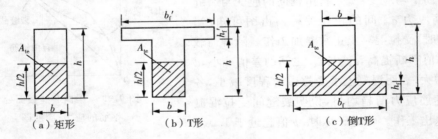

(a) 矩形　　　　　(b) T形　　　　　(c) 倒T形

图 9-5　有效受拉混凝土面积 A_{te}

受拉区的混凝土和钢筋之间是相互制约，相互影响的。但参与作用的混凝土，只包括
在钢筋周围一定距离范围内受拉区的混凝土的有效面积，忽略对距离钢筋较远的受拉区混
凝土与钢筋间的相互作用。

将式(9-4)和(9-7)代入式(9-3)中，取 $\eta_2/\eta = 0.67$，$h/h_0 = 1.1$，可得

$$\psi = 1.1 - \frac{0.65 f_{tk}}{\rho_{te}\sigma_{sq}} \tag{9-9}$$

钢筋混凝土结构设计原理

$$\rho_{te} = \frac{A_s}{A_{te}} \qquad\qquad (9-10)$$

式中：ρ_{te}——按有效受拉混凝土截面面积计算的纵向受拉钢筋的配筋率；在最大裂缝宽度计算中，当 $\rho_{te} < 0.01$ 时，取 $\rho_{te} = 0.01$。

当 $\psi < 0.2$ 时，取 $\psi = 0.2$；当 $\psi > 1$ 时，取 $\psi = 1$；对直接承受重复荷载的构件，取 $\psi = 1$。

9.2.3 截面抗弯刚度的计算公式

1. 荷载效应的准永久组合作用下受弯构件的短期刚度 B_s 的计算

大量试验资料表明，钢筋屈服前其平均应变符合平截面假定。在物理关系上，考虑 $\sigma - \varepsilon$ 的非线性关系，在几何关系上考虑某些截面上开裂的影响。

（1）截面的平均曲率

由图 9-2 可得

$$\varphi = \frac{1}{r_{cm}} = \frac{\varepsilon_{sm} + \varepsilon_{cm}}{h_0} \qquad\qquad (9-11)$$

式中：r_{cm}——与平均中性轴相应的平均曲率半径；

ε_{cm}——受压区边缘混凝土的平均压应变。

截面抗弯刚度：

$$B_s = \frac{M_q}{\varphi} = \frac{M_q h_0}{\varepsilon_{sm} + \varepsilon_{cm}} \qquad\qquad (9-12)$$

（2）裂缝截面弯矩与应力的平衡关系

根据力矩平衡条件，可确定受弯构件裂缝截面处受拉钢筋的应力 σ_{sq} 及受压混凝土边缘应力 σ_{cs}。

在裂缝截面以上，受压区混凝土应力图形为曲线形，可简化为矩形图形进行计算（图 9-6）。对受压区合力点取矩，得

$$\sigma_{sq} = \frac{M_q}{A_s \eta h_0} \qquad\qquad (9-13)$$

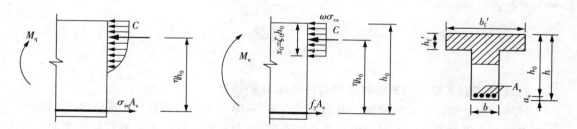

图 9-6　裂缝截面处的计算应力图形

对 T 形截面，混凝土的计算受压区的面积为 $(b'_f - b)h'_f + b\xi_0 h_0$，而受压区合力为 $\omega\sigma_{cs}(\gamma'_f + \xi_0)bh_0$。将曲线分布的压应力换算成平均压应力 $\omega\sigma_{cs}$，再对纵向受拉钢筋的重心取矩，得：

$$\sigma_{cs} = \frac{M_q}{\omega(\gamma'_f + \xi_0)\eta b h_0^2} \qquad (9-14)$$

式中：ω—— 应力图形丰满程度系数；

ξ_0—— 裂缝截面处受压区高度系数，$\xi_0 = x_0/h_0$。

（3）裂缝截面应力与平均应变间的物理关系

在使用荷载范围内，钢筋尚未屈服，裂缝截面处 $\varepsilon_{sk} = \sigma_{sk}/E_s$，而受拉区钢筋的平均应变 $\varepsilon_{sm} = \psi\varepsilon_{sk}$，即

$$\varepsilon_{sm} = \psi \frac{M_q}{A_s \eta h_0 E_s} \qquad (9-15)$$

类似地，可得

$$\varepsilon_{cm} = \frac{M_q}{\zeta b h_0^2 E_c} \qquad (9-16)$$

式中：ζ—— 受压区边缘混凝土平均应变综合系数，从材料力学观点看，ζ 也可称为截面弹塑性抵抗矩系数。

采用系数 ζ 后既可减轻计算工作量并避免误差的积累，更重要的是，易通过试验直接得到。

（4）短期刚度 B_s 的一般表达式

将式（9-15）、式（9-16）代入式（9-12）并简化后，可得出在荷载准永久组合作用下钢筋混凝土受弯构件短期刚度计算公式的基本形式为

$$B_s = \frac{E_s A_s h_0^2}{\dfrac{\psi}{\eta} + \dfrac{\alpha_E \rho}{\zeta}} \qquad (9-17)$$

为简化计算，直接给出根据试验资料回归分析 $\alpha_E\rho/\zeta$ 可按下式计算：

$$\frac{\alpha_E \rho}{\zeta} = 0.2 + \frac{6\alpha_E \rho}{1 + 3.5\gamma_f} \qquad (9-18)$$

《规范》按裂缝控制等级要求的荷载组合作用下，钢筋混凝土受弯构件的短期刚度，可按下列公式计算：

$$B_s = \frac{E_s A_s h_0^2}{1.15\psi + 0.2 + \dfrac{6\alpha_E \rho}{1 + 3.5\gamma'_f}} \qquad (9-19)$$

2. 考虑荷载长期作用影响时受弯构件刚度 B 的计算

计算荷载长期作用对梁挠度影响的方法有多种，第一类方法为采用不同方式不同程度上考虑混凝土徐变及收缩的影响以计算长期刚度，或者直接计算由于荷载长期作用而产生的挠度增长和由收缩引起的翘曲，第二类方法是根据试验结果确定的挠度增大系数来计算长期刚度。《规范》采用后者，即考虑荷载长期作用影响时受弯构件刚度 B 的计算公式。目前因缺乏部分荷载长期作用对挠度影响的资料，《规范》规定矩形、T 形、倒 T 形和 I 形截面受弯构件考虑荷载长期作用影响的刚度 B 可按下列规定计算：

采用荷载标准组合时：

$$B = \frac{M_k}{M_q(\theta - 1) + M_k} B_s \qquad (9-20)$$

采用荷载准永久组合时：

$$B = \frac{B_s}{\theta} \qquad (9-21)$$

式中：M_q—— 按荷载的准永久组合计算的弯矩值；

θ—— 考虑荷载长期作用对挠度增大的影响系数。

该式实质上是考虑荷载长期作用部分使刚度降低的因素后，对短期刚度 B_s 的修正。

根据天津大学和东南大学准永久荷载试验结果，考虑了受压钢筋在荷载准永久值下对混凝土受压徐变及收缩所起的约束作用，会减小刚度 B 的降低程度。对 θ 的取值可根据纵向受压钢筋配筋率 $\rho'(\rho' = A_s'/bh_0)$ 与纵向受拉钢筋配筋率 ρ 值的关系确定，对钢筋混凝土受弯构件，当 $\rho' = 0$ 时，取 $\theta = 2.0$；$\rho' = \rho$ 时，取 $\theta = 1.6$；当为中间值时，按线性内插法确定。对于翼缘在受拉区的倒 T 形截面，θ 值应增加 20%。

9.2.4 影响截面受弯刚度的主要因素

1. 影响短期刚度 B_s 的因素

通过试验梁 M-φ 的曲线、短期刚度 B_s 计算表达式建立过程的分析，影响短期刚度 B_s 的外在因素主要是截面上的弯矩大小，内在主要因素有截面有效高度 h_0、混凝土强度等级、截面受拉钢筋的配筋率 ρ 以及截面形式等。

M-φ 曲线表明，随着截面上弯矩的增加，在受拉区混凝土开裂以后，截面曲率增长的幅度很大，说明截面的抗弯刚度在减小，这主要是由受拉区混凝土开裂引起有效工作截面的减小以及混凝土塑性发展造成的。

通过短期刚度 B_s 计算表达式的参量进一步逐一分析可知：当混凝土强度、钢筋种类以及受拉钢筋截面确定时，矩形截面受弯构件的 B_s 与梁截面宽度 b 成正比、与梁截面有效高度 h_0 的三次方成正比，从而，增加截面有效高度 h_0 是提高刚度的最为有效的措施。当钢筋种类、截面尺寸给定，在常用配筋率 $\rho = 1\% \sim 2\%$ 的情况下，提高混凝土强度等级对构件 B_s 的提高作用不显著，但对低配筋率 $\rho = 0.5\%$ 左右时，提高混凝土强度等级则构件的 B_s 有所增大。当有受拉翼缘或受压翼缘时，都会使构件的 B_s 有所增长。

2. 影响长期刚度 B 的因素

在荷载长期作用下，受压区混凝土将发生徐变，使裂缝间受拉混凝土产生应力松弛现象，受拉区混凝土与钢筋间的滑移使受拉区混凝土不断退出工作，导致钢筋的平均应变随时间增加而增大，此外，由于纵向受拉钢筋周围混凝土的收缩受到钢筋的抑制，当受压区纵向钢筋用量较小时，受压区混凝土可较自由地产生收缩变形，这些因素均将导致梁长期刚度的减小。

试验表明，在加载初期，梁的挠度增长较快，随后，在荷载长期作用下，其增长趋势逐渐减缓，后期挠度虽然继续增长，但增幅较小。国内的试验表明，受压钢筋对荷载短期作用下的短期刚度影响较小,但对荷载长期作用下受压区混凝土的徐变以及梁的长期刚度下降起着抑制作用。抑制程度随着受压钢筋和受拉钢筋相对数量的增大而增大,但达到一定程度时抑制作用不再增强。

9.2.5 最小刚度原则与挠度验算

在求得钢筋混凝土构件的短期刚度 B_s 或长期刚度 B 后,挠度值可按一般材料力学公式计算,需将材料力学挠度公式中的弹性刚度 EI 替换为计算的刚度值。

由于沿构件长度方向的配筋量及弯矩均为变值,因此,沿构件长度方向的刚度也是变化的。例如,在承受对称集中荷载作用的简支梁,除纯弯区段外,在剪跨段各截面上的弯矩不相等,越靠近支座处弯矩越小。靠近支座的截面抗弯刚度要比纯弯段内的大,但在剪跨段内存在剪切变形,甚至可能出现少量斜裂缝,会使梁的挠度增大。为简化计算,基于偏于保守设计考虑,对等截面构件,假定同号弯矩的每一区段内各截面的刚度相等,并按该区段内最大弯矩处的刚度(最小刚度)来计算,这就是最小刚度原则。例如,对于均布荷载作用下的单跨简支梁的跨中挠度,按跨中截面最大弯矩 M_{max} 处的刚度 B(按 $B = B_{min}$)计算

$$f = \frac{5}{48} \frac{M_{max} l_0^2}{B} \tag{9-22}$$

又如对承受均布荷载的单跨外伸梁如图 9-7 所示,AE 段按 D 截面的抗弯刚度取用;EF 段按 C 截面的抗弯刚度取用。

受弯构件挠度应满足《规范》规定的要求,即 $B = B_{min}$ 代替匀质弹性材料梁截面抗弯刚度 EI,挠度验算应满足:

$$f_{max} \leqslant [f] \tag{9-23}$$

式中:f_{max}—— 根据最小刚度原则并采用长期刚度 B 进行计算的受弯构件的最大挠度。

$[f]$—— 受弯构件的允许挠度限值,取值见表 9-1。

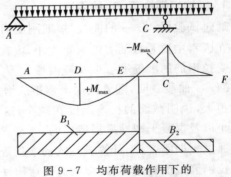

图 9-7 均布荷载作用下的单跨外伸梁的弯矩图及抗弯刚度取值

表 9-1 受弯构件的挠度限值

构件类型		挠度限值
吊车梁	手动吊车	$l_0/500$
	电动吊车	$l_0/600$
屋盖、楼盖及楼梯构件	当 $l_0 < 7$ m 时	$l_0/200(l_0/250)$
	当 7 m $\leqslant l_0 \leqslant 9$ m 时	$l_0/250(l_0/300)$
	当 $l_0 > 9$ m 时	$l_0/300(l_0/400)$

注:(1) 表中 l_0 为构件的计算跨度;计算悬臂构件的挠度限值时,其计算跨度 l_0 按实际悬臂长度的 2 倍取用。

钢筋混凝土结构设计原理

（2）表中括号内的数值适用于使用上对挠度有较高要求的构件。

（3）如果构件制作时预先起拱，且使用上也允许，则在验算挠度时，可将计算所得的挠度值减去起拱值；对预应力混凝土构件，尚可减去预加力所产生的反拱值。

（4）构件制作时的起拱值和预加力所产生的反拱值，不宜超过构件在相应荷载组合作用下的计算挠度值。

【例 9-1】 已知矩形截面简支梁为 $b \times h = 250\,\text{mm} \times 600\,\text{mm}$，计算跨度 $l_0 = 8.5\,\text{m}$，跨中承受集中荷载作用，按荷载效应准永久组合计算的弯矩值 $M_q = 90\,\text{kN} \cdot \text{m}$。混凝土强度等级为 C25，受拉区配置 HRB400 级 $2 \oplus 25 + 2 \oplus 28 (A_s = 2214\,\text{mm}^2)$ 钢筋，试验算梁的挠度。

【解】 （1）根据已知条件，查表列出相关参数。

强度等级 C25 混凝土：$f_{tk} = 1.78\,\text{N/mm}^2$，$E_c = 2.8 \times 10^4\,\text{N/mm}^2$；HRB400 级钢筋：$E_s = 2.0 \times 10^5\,\text{N/mm}^2$，故 $\alpha_E = E_s/E_c = 7.14$；考虑布置单排钢筋，取 $a_s = 35\,\text{mm}$，则 $h_0 = h - a_s = 600 - 35 = 565\,(\text{mm})$。

（2）计算短期刚度 B_s。

根据条件，显然可得纵向钢筋配筋率为

$$\rho = \frac{A_s}{bh_0} = \frac{2214}{250 \times 565} = 1.57\%$$

按有效受拉混凝土截面面积计算的纵向受拉钢筋配筋率为

$$\rho_{te} = \frac{A_s}{0.5bh} = \frac{2214}{0.5 \times 250 \times 600} = 2.95\%$$

裂缝截面处受拉钢筋的应力为

$$\sigma_{sq} = \frac{M_q}{0.87 A_s h_0} = \frac{90 \times 10^6}{0.87 \times 2214 \times 565} = 82.70\,(\text{N/mm}^2)$$

$$\psi = 1.1 - \frac{0.65 f_{tk}}{\rho_{te} \sigma_{sq}} = 1.1 - \frac{0.65 \times 1.78}{0.0295 \times 82.70} = 0.626$$

$$B_s = \frac{E_s A_s h_0^2}{1.15\psi + 0.2 + \dfrac{6\alpha_E \rho}{1 + 3.5\gamma_f'}} = \frac{2 \times 10^5 \times 2214 \times 565^2}{1.15 \times 0.626 + 0.2 + 6 \times 7.14 \times 0.0157}$$

$$= 8.88 \times 10^{13}\,(\text{N} \cdot \text{mm}^2)$$

（3）计算长期刚度 B。

未配置受压钢筋，故 $\rho' = 0$，因此取 $\theta = 2.0$，采用荷载准永久组合时，长期刚度为

$$B_2 = \frac{B_s}{\theta} = \frac{8.88 \times 10^{13}}{2} = 4.44 \times 10^{13}\,(\text{N} \cdot \text{mm}^2)$$

（4）计算跨中最大挠度。

根据材料力学公式，采用荷载准永久组合时，跨中挠度为

$$f_{max} = \frac{M_q l_0^2}{12B} = \frac{90 \times 10^6 \times 8500^2}{12 \times 4.44 \times 10^{13}} = 12.20\,(\text{mm})$$

(5) 验算挠度。

查表 9-1 可知,梁的允许挠度 $[f] = l_0 / 250$,故可验算荷载准永久组合下的挠度限值:

$\dfrac{f_{\max}}{l_0} = \dfrac{12.20}{8500} = 0.00144 = \dfrac{1}{694} < \dfrac{1}{250}$,故满足要求。

9.3 钢筋混凝土构件裂缝宽度验算

9.3.1 垂直裂缝的出现、分布与开展

钢筋混凝土受弯构件的纯弯段内,在混凝土未开裂之前,受拉区钢筋与混凝土共同受力。沿构件长度方向,钢筋应力与截面等高度处的混凝土应力大致相等。

随着荷载的增加,当混凝土的拉应力达到其抗拉强度时,由于混凝土的塑性发展,裂缝不会立刻产生;当混凝土的拉应变接近其极限拉应变值时,处于即将出现新裂缝的状态,如图 9-8(a) 所示。此时构件最薄弱的截面出现第一条(第一批)裂缝,如图 9-8(b) 所示。裂缝处混凝土因此迅速丧失拉应力,原来承担的拉力转由钢筋承担,裂缝截面处钢筋的应变与应力突然增大。混凝土一旦开裂,裂缝两侧原来紧张受拉的混凝土立即回缩,裂缝一出现即具有一定的宽度。在纯弯段内的裂缝主要由弯曲内力引起,受拉区应力单元体的主拉应力方向垂直于正截面,因此纯弯段受拉区产生的裂缝通常垂直于构件轴线。

随着裂缝截面钢筋应力的增大,裂缝两侧钢筋与混凝土之间产生黏结应力,钢筋将阻止混凝土的回缩,使混凝土不能回缩到完全放松的无应力状态。这种黏结应力将钢筋的应力向混凝土传递,使混凝土参与工作。随着离开裂缝截面距离的增加,钢筋应力逐渐减小,混凝土拉应力逐渐增加。当达到一定距离 $l_{cr,\min}$ 后,黏结应力消失,钢筋与周围的混凝土间又具有相同的应变。随着荷载的增加,此截面处的混凝土拉应变达到抗拉极限应变时,即将出现新的(第二条或第二批)裂缝,如图 9-8(c) 所示。

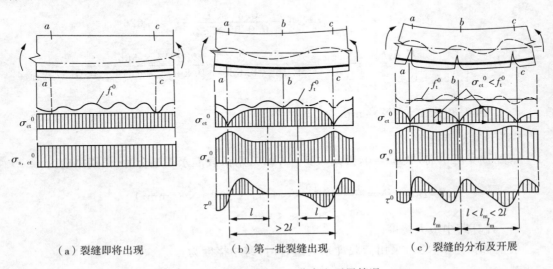

(a) 裂缝即将出现　　　　(b) 第一批裂缝出现　　　　(c) 裂缝的分布及开展

图 9-8 裂缝的出现、分布和开展情况

新的裂缝出现以后,该截面裂开的混凝土又退出工作,拉应力为零,钢筋的应力突增。沿构件长度方向,钢筋与混凝土应力随着离开裂缝面的距离而变化,距离越远,混凝土应力越大,钢筋应力越小,中性轴的位置也沿纵向呈波浪形变化。

试验表明,由于混凝土质量的不均匀性,裂缝间距也疏密不等,离散性较大,在同一纯弯区段内,理论上裂缝间距为平均裂缝间距的 $0.67 \sim 1.33$ 倍,但在原有裂缝两侧的范围内,或当已有裂缝间距小于 $2l_{cr,min}$ 时,其间不可能出现新的裂缝。因为此时通过累计黏结力传递混凝土拉力不足以使混凝土开裂。一般在荷载超过抗裂荷载的 50% 以上时,裂缝间距渐趋稳定。荷载持续增加情况下,裂缝宽度不断增大,并继续延伸,构件中不出现新的裂缝,当钢筋应力接近屈服时,黏结应力几乎完全消失,裂缝间混凝土基本退出工作,钢筋应力渐趋相等。

可见,裂缝的开展是混凝土的回缩,钢筋的伸长,导致混凝土与钢筋之间不断产生相对滑移的结果。《规范》定义的裂缝开展宽度是指受拉钢筋重心水平处构件侧面混凝土的裂缝宽度。试验表明,沿深度方向裂缝的宽度是不相等的,构件表面处裂缝的宽度比钢筋表面处的裂缝宽度大。

影响裂缝宽度的因素很多,如混凝土的徐变和拉应力的松弛,致使裂缝宽度增大;混凝土的收缩也会使裂缝加宽。由于材料的不均匀性以及截面尺寸的偏差等因素的影响,裂缝的出现具有一定的偶然性,裂缝的分布和宽度也是不均匀的。对荷载裂缝的机理存在不同观点。第一类是黏结滑移理论,其认为裂缝间距是由黏结力从钢筋传递到混凝土上所决定的,裂缝宽度是构件开裂后钢筋和混凝土之间的相对滑移造成的。第二类是无滑移理论,其假定在使用阶段范围内,裂缝开展后,钢筋与其周围混凝土之间黏结强度并未破坏,相对滑动很小可忽略不计,裂缝宽度主要由钢筋周围混凝土受力时变形不均匀造成的。第三类是将前两种裂缝理论相结合而建立的综合理论。《规范》基于黏结滑移理论,结合无滑移理论,采用先确定平均裂缝间距和平均裂缝宽度,然后乘以根据试验统计求得"扩大系数"的方法确定最大裂缝宽度。

9.3.2 平均裂缝间距

裂缝的分布规律与钢筋和混凝土之间的黏结应力密切相关。如图 9-9 所示,取 ab 段的钢筋为隔离体,a 截面处为第一条裂缝截面;b 截面为即将出现第二条裂缝截面。设平均裂缝间距为 l_{cr},基于内力平衡条件,有

$$\sigma_{s1}A_s - \sigma_{s2}A_s = \omega'\tau_{max}ul_{cr} \tag{9-24}$$

式中:τ_{max}——钢筋与混凝土之间黏结应力的最大值;

ω'——钢筋与混凝土之间黏结应力图形丰满系数;

u——受拉钢筋截面周长总和。

截面 a、b 承担的弯矩均为 M_{cr}。截面 a 上,钢筋的应力为 $\sigma_{s1} = \dfrac{M_{cr}}{A_s\eta h_0}$。截面 b 上的 M_{cr} 由两部分组成,一部分是由混凝土承担的 M_c,另一部分是由钢筋承担的 M_s,即 $M_{cr} = M_c + M_s$。钢筋的应力为 $\sigma_{s2} = \dfrac{M_s}{A_s\eta_1 h_0} = \dfrac{M_{cr} - M_c}{A_s\eta_1 h_0}$。

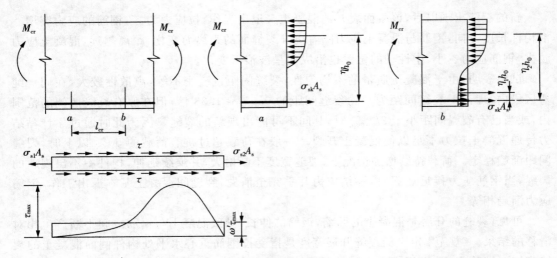

图 9-9 受弯构件即将出现第二批裂缝时钢筋、混凝土及其黏结应力

忽略截面 a、b 上的钢筋所承担内力臂的差异,取 $\eta \approx \eta_1$,将 σ_{s1}、σ_{s2} 代入式(9-24)整理得

$$l_{cr} = \frac{M_c}{\omega' \tau_{max} u \eta h_0} \qquad (9-25)$$

M_c 按式(9-7)计算,则

$$l_{cr} = \frac{\eta_2 h}{4 \eta h_0} \cdot \frac{f_{tk}}{\omega' \tau_{max}} \cdot \frac{d}{\rho_{te}} \qquad (9-26)$$

式中:d—— 受拉钢筋直径。

受拉区混凝土和钢筋是相互制约和相互影响的,起作用的混凝土为钢筋周围一定距离内受拉区有效面积内的混凝土,忽略距离钢筋较远的受拉区混凝土对钢筋的作用。受拉混凝土有效面积越大,所需传递黏结力的长度就越大,裂缝间距就越大。试验表明,混凝土和钢筋之间的黏结强度大致与混凝土的抗拉强度成正比,式(9-26)中的 $\frac{\omega' \tau_{max}}{f_{tk}}$ 可取为常数。此外,$\frac{\eta_2 h}{\eta h_0}$ 也可近似取为常数。考虑钢筋表面粗糙度对黏结力的影响,可得

$$l_{cr} = k_1 \frac{d}{\nu \rho_{te}} \qquad (9-27)$$

由于混凝土和钢筋的黏结作用,钢筋对受拉张紧的混凝土的回缩有约束作用,随着混凝土保护层厚度的增大,外表混凝土较靠近钢筋内芯混凝土受到的约束作用小,因此当出现第一条裂缝后,只有距离该裂缝较远处的外表混凝土才有可能达到抗拉强度,此处出现第二条裂缝。试验证明,混凝土的保护层厚度从 30 mm 降到 15 mm 时,平均裂缝间距减小30%。故在确定平均裂缝间距时,需适当考虑混凝土保护层厚度的影响,即

$$l_{cr} = k_2 c_s + k_1 \frac{d}{\nu \rho_{te}} \qquad (9-28)$$

钢筋混凝土结构设计原理

式中:c_s——最外层纵向受拉钢筋外边缘至受拉区底边的距离（mm）:当$c_s < 20$时,取$c_s = 20$;当$c_s > 65$时,取$c_s = 65$。

$\quad\quad k_1, k_2$——经验系数（常数）。

根据试验资料的分析并参考工程经验,取$k_1 = 0.08, k_2 = 1.9$。将式(9-28)中的d/ν值以纵向受拉钢筋的等效直径d_{eq}代入,则有

$$l_{cr} = \beta\left(1.9c_s + 0.08\frac{d_{eq}}{\rho_{te}}\right) \quad\quad\quad (9-29)$$

$$d_{eq} = \frac{\sum n_i d_i^2}{\sum n_i \nu_i d_i} \quad\quad\quad (9-30)$$

式中:β——对轴心受拉构件,取$\beta = 1.1$;对其他受力构件,均取$\beta = 1.0$。

$\quad\quad d_{eq}$——受拉区纵向钢筋的等效直径（mm）。

$\quad\quad n_i$——受拉区第i种纵向钢筋的根数。

$\quad\quad d_i$——受拉区第i种纵向钢筋的公称直径（mm）。

$\quad\quad \nu_i$——受拉区第i种纵向钢筋的相对黏结特征系数,对带肋钢筋,取$\nu_i = 1.0$;对光面圆钢筋,取$\nu_i = 0.7$。

式(9-29)包含了黏结滑移理论中重要的变量d_{eq}/ρ_{te}以及无滑移理论中的重要变量c_s的影响,实质上是把两种理论结合起来的综合理论计算公式。

黏结应力传递长度小,则裂缝分布较密。裂缝间距与黏结强度及钢筋表面面积大小有关,黏结强度高,裂缝间距小;钢筋面积相同,使用小直径钢筋时,裂缝间距较小。此外,裂缝间距也与配筋率有关,低配筋率下裂缝间距较长。

9.3.3 平均裂缝宽度

1. 受弯构件平均裂缝宽度

裂缝宽度的离散性较裂缝间距更大,平均裂缝宽度的计算必须以平均裂缝间距为基础。平均裂缝宽度等于两条相邻裂缝之间（计算取平均裂缝间距l_{cr}）钢筋的平均伸长与同水平处受拉混凝土平均伸长的差值（图9-10）,即

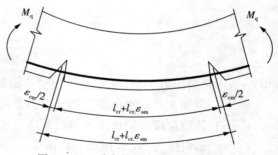

图9-10　受弯构件开裂后的裂缝宽度

$$\omega_m = \varepsilon_{sm}l_{cr} - \varepsilon_{cm}l_{cr} = \varepsilon_{sm}l_{cr}\left(1 - \frac{\varepsilon_{cm}}{\varepsilon_{sm}}\right) \quad\quad (9-31)$$

式中:ω_m——平均裂缝宽度。

令$\alpha_c = 1 - \dfrac{\varepsilon_{cm}}{\varepsilon_{sm}}$,又$\varepsilon_{sm} = \psi\dfrac{\sigma_{sk}}{E_s}$,则荷载效应准永久组合作用下平均裂缝宽度的计算公式为

$$\omega_m = \alpha_c\psi\frac{\sigma_{sq}}{E_s}l_{cr} \quad\quad\quad (9-32)$$

式中:α_c——裂缝间混凝土自身伸长对裂缝宽度的影响系数。

试验研究表明,该系数受弯、轴心受拉、偏心受力构件,其值与配筋率、截面形状及混凝土保护层厚度等因素影响,不过影响作用较小。式中按荷载效应标准组合下裂缝截面处的纵向受拉钢筋应力 σ_{sq} 按式(9-5)计算,钢筋应力不均匀系数 ψ 按式(9-9)计算。

2. 轴心受拉构件的平均裂缝宽度

轴心受拉构件的裂缝机理与受弯构件基本相同。根据试验资料,平均裂缝间距按式(9-29)计算(取 $\beta=1.1$),平均裂缝宽度按式(9-32)计算,其中 σ_{sq} 为

$$\sigma_{sq} = \frac{N_q}{A_s} \tag{9-33}$$

式中:N_q—— 按荷载效应准永久组合计算的轴向力值;

ψ—— 仍采用式(9-9)计算。

3. 偏心受力构件的平均裂缝宽度

偏心受力构件平均裂缝间距和平均裂缝宽度计算公式分别按受弯构件的式(9-29)(取 $\beta=1.0$)和式(9-32)计算。

偏心受力构件在标准轴向压(拉)力作用下裂缝截面的钢筋应力 σ_{sq} 按下列公式计算:

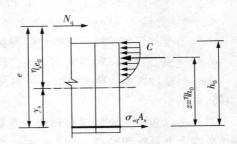

图 9-11 偏心受压构件受力简图

(1) 偏心受压构件

裂缝截面的应力如图 9-11 所示。

对受压区合力点取矩,得

$$\sigma_{sq} = \frac{N_q(e-z)}{zA_s} \tag{9-34}$$

$$e = \eta_s e_0 + y_s \tag{9-35}$$

$$\eta_s = 1 + \frac{1}{4000 e_0/h_0} \left(\frac{l_0}{h}\right)^2 \tag{9-36}$$

式中:e—— 轴向压力 N_q 作用点至纵向受拉钢筋合力点的距离;

y_s—— 截面重心至纵向受拉钢筋合力点的距离;

η_s—— 使用阶段的轴向压力偏心距增大系数,当 $l_0/h \leqslant 14$ 时,取 $\eta_s=1.0$;

e_0—— 轴向压力 N_q 作用点至截面重心的距离;

z—— 纵向受拉钢筋合力点至受压区合力点之间的距离,$z=\eta h_0 \leqslant 0.87$。

对于偏心受压构件,根据电算分析结果,适当考虑受压区混凝土的塑性影响,为简便起见,η 可近似取为

$$\eta = 0.87 - 0.12(1-\gamma'_f) \left(\frac{h_0}{e}\right)^2 \tag{9-37}$$

与受弯构件一样,取 $\gamma'_f = \dfrac{(b'_f-b)h'_f}{bh_0}$,当 $h'_f > 0.2h_0$ 时,取 $h'_f = 0.2h_0$。

(2) 偏心受拉构件

裂缝截面的应力图如图 9-12 所示。按荷载效应准永久组合计算的轴向力拉力 N_q,无

论其作用在纵向钢筋 A_s 及 A'_s 之间，还是作用在 A_s 及 A'_s 之外，均认为存在受压区，受压区合力点近似认为位于受压钢筋合力点处。轴向力拉力 N_q 对受压区合力点取矩，可得

$$\sigma_{sq} = \frac{N_q e'}{A_s (h_0 - a'_s)} \qquad (9-38)$$

式中：e'——轴向拉力作用点至受压区或受拉较小边纵向钢筋合力点的距离，$e' = e_0 + y_c - a'_s$，其中 y_c 为截面重心至受压或较小受拉边缘的距离。

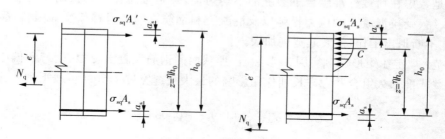

图 9-12　偏心受拉构件裂缝截面处应力图形

9.3.4　受拉区纵向普通钢筋的应力

在荷载标或准永久组合下，不同类型钢筋混凝土构件裂缝截面处纵向普通钢筋的应力可按下列公式计算。

1. **轴心受拉构件**

$$\sigma_{sq} = \frac{N_q}{A_s} \qquad (9-39a)$$

2. **偏心受拉构件**

$$\sigma_{sq} = \frac{N_q e'}{A_s (h_0 - a'_s)} \qquad (9-39b)$$

3. **轴心受拉构件**

$$\sigma_{sq} = \frac{M_q}{0.87 h_0 A_s} \qquad (9-39c)$$

4. **偏心受压构件**

$$\sigma_{sq} = \frac{N_q (e - z)}{A_s z}$$

$$z = \left[0.87 - 0.12 (1 - \gamma'_f) \left(\frac{h_0}{e} \right)^2 \right] h_0$$

$$e = \eta_s e_0 + y_s$$

$$\eta_s = 1 + \frac{1}{4000 e_0 / h_0} \left(\frac{l_0}{h} \right)^2 \qquad (9-39d)$$

式中：A_s——受拉区纵向普通钢筋截面面积：对轴心受拉构件，取全部纵向普通钢筋截面
面积；对偏心受拉构件，取受拉较大边的纵向普通钢筋截面面积；对受弯、偏
心受压构件，取受拉区纵向普通钢筋截面面积。

9.3.5 最大裂缝宽度及其验算

最大裂缝宽度由平均裂缝宽度乘以"扩大系数"得到。"扩大系数"主要考虑以下两种
情况：一是考虑在荷载标准组合下裂缝的不均匀性；二是考虑在荷载长期作用下的混凝土
进一步收缩、受拉混凝土的应力松弛以及混凝土和钢筋之间的滑移徐变等因素，裂缝间受
拉混凝土不断退出工作，使裂缝宽度加大。

《规范》规定在矩形、T形、倒T形和 I 形截面的钢筋混凝土受拉、受弯和偏心受压构
件，按荷载或准永久组合并考虑长期作用影响的最大裂缝宽度（mm）可按下列公式计算：

$$\omega_{max} = \alpha_{cr} \psi \frac{\sigma_s}{E_s} \left(1.9 c_s + 0.08 \frac{d_{ed}}{\rho_{te}} \right) \tag{9-40}$$

$$d_{eq} = \frac{\sum n_i d_i^2}{\sum n_i v_i d_i} \tag{9-41}$$

式中：α_{cr}——构件受力特征系数。对钢筋混凝土构件：轴心受拉构件取 $\alpha_{cr} = 2.7$；偏心受拉
构件取 $\alpha_{cr} = 2.4$；受弯和偏心受压构件取 $\alpha_{cr} = 1.9$。

注：(1) 对承受吊车荷载但不需作疲劳验算的受弯构件，可将计算求得的最大裂缝宽度
乘以系数 0.85；

(2) 对按规范配置表层钢筋网片的梁，按式(9-40)计算的最大裂缝宽度可适当折减，
折减系数可取 0.7；

(3) 对于 $e_0/h_0 \leqslant 0.55$ 的偏心受压构件，可不验算裂缝宽度。

构件在正常使用状态下，裂缝宽度应满足：

$$\omega_{max} \leqslant \omega_{lim} \tag{9-42}$$

式中：ω_{lim}——《规范》规定的允许最大裂缝宽度，见表 9-2。

表 9-2　结构构件的裂缝控制等级和最大裂缝宽度限值(mm)

环境类别	钢筋混凝土结构		预应力混凝土结构	
	裂缝控制等级	最大裂缝宽度限值	裂缝控制等级	最大裂缝宽度限值
一	三级	0.30(0.40)	三级	0.20
二 a		0.20		0.10
二 b			二级	—
三 a、三 b			一级	—

注：(1) 对处于年平均相对湿度小于 60% 地区一类环境下的受弯构件，其最大裂缝宽度限值可采用
括号内的数值。

(2) 在一类环境下，对钢筋混凝土屋架、托架及需作疲劳验算的吊车梁，其最大裂缝宽度限值应取为
0.20 mm，对钢筋混凝土屋面梁和托梁，其最大裂缝宽度限值应取为 0.30 mm。

（3）在一类环境下，对预应力混凝土屋架、托架及双向板体系，应按二级裂缝控制等级进行验算；对一类环境下的预应力混凝土屋面梁、托梁、单向板，应按表中二 a 类环境的要求进行验算；在一类和二 a 类环境下需作疲劳验算的预应力混凝土吊车梁，应按裂缝控制等级不低于二级的构件进行验算。

（4）表中规定的预应力混凝土构件的裂缝控制等级和最大裂缝宽度限值仅适用于正截面的验算；预应力混凝土构件的斜截面裂缝控制验算应符合《规范》相关规定。

（5）对于烟囱、筒仓和处于液体压力下的结构，其裂缝控制要求应符合专门标准的有关规定。

（6）对于处于四、五类环境下的结构构件，其裂缝控制要求应符合专门标准的有关规定。

（7）表中的最大裂缝宽度限值为用于验算荷载作用引起的最大裂缝宽度。

由裂缝宽度的计算公式可知，影响裂缝宽度的主要因素是钢筋应力，裂缝宽度与钢筋应力近似呈线性关系。钢筋的直径、外形、混凝土保护层厚度及配筋率等也是较为重要的影响因素，混凝土强度对裂缝宽度并无显著影响。

由于钢筋应力是影响裂缝宽度的主要因素，为控制裂缝，在普通钢筋混凝土结构中，不宜采用高强度钢筋。带肋钢筋的黏结强度较光面钢筋大得多，故采用带肋钢筋是减少裂缝宽度的一种有力措施。采用细而密的钢筋可使表面积增大，黏结力增大，裂缝间距及裂缝宽度减小，只要不给施工造成较大困难，应尽量选用直径较小的钢筋，这种方法是行之有效而且最为方便的。但对于带肋钢筋而言，因其黏结强度很高，钢筋直径已不再是影响裂缝宽度的重要因素。

混凝土保护层越厚，裂缝宽度越大，混凝土碳化区扩展到钢筋表面所需的时间就越长，从防止钢筋锈蚀的角度出发，混凝土保护层宜适当加厚。

此外，减小荷载裂缝最有效的办法是采用预应力混凝土结构，它能保证结构不开裂，即使开裂，裂缝宽度也相对较小。

【例 9-2】 已知矩形截面简支梁的截面尺寸 $b \times h = 300 \text{ mm} \times 600 \text{ mm}$，计算跨度 $l_0 = 8 \text{ m}$，跨中按荷载效应准永久组合计算的最大弯矩 $M_q = 215 \text{ kN} \cdot \text{m}$。混凝土强度等级为 C25，在受拉区配置 HRB400 级钢筋 $2\Phi 28 + 2\Phi 25$（$A_s = 2214 \text{ mm}^2$），混凝土保护层厚度 $c = 25 \text{ mm}$，梁最大裂缝宽度为限值是 $\omega_{\lim} = 0.3 \text{ mm}$。试验算最大裂缝宽度是否符合要求。

【解】 （1）根据已知条件，查表列出相关参数。

强度等级 C25 混凝土：$f_{tk} = 1.78 \text{ N/mm}^2$，$E_c = 2.8 \times 10^4 \text{ N/mm}^2$；HRB400 级钢筋：$E_s = 2.0 \times 10^5 \text{ N/mm}^2$；考虑布置单排钢筋，近似取 $c = c_s = 25 \text{ mm}$，$a_s = 35 \text{ mm}$，则 $h_0 = 600 - 35 = 565 (\text{mm})$。

（2）计算相关参数。

按荷载准永久组合计算的钢筋混凝土构件纵向受拉普通钢筋应力为

$$\sigma_{sq} = \frac{M_q}{0.87 A_s h_0} = \frac{215 \times 10^6}{0.87 \times 2214 \times 565} = 197.56 (\text{N/mm}^2)$$

按有效受拉混凝土截面面积计算的纵向受拉钢筋配筋率为

$$\rho_{te} = \frac{A_s}{0.5bh} = \frac{2214}{0.5 \times 300 \times 600} = 0.0246$$

裂缝间纵向受拉钢筋应变不均匀系数为

$$\psi = 1.1 - \frac{0.65 f_{tk}}{\rho_{te}\sigma_{sq}} = 1.1 - \frac{0.65 \times 1.78}{0.0246 \times 197.56} = 0.862$$

查《规范》可知,受拉区纵向钢筋的相对黏结特性系数 $v_i = 1.0$,故受拉区纵向钢筋的等效直径为

$$d_{eq} = \frac{\sum n_i d_i^2}{\sum n_i v_i d_i} = \frac{2 \times 25^2 + 2 \times 28^2}{2 \times 1 \times 25 + 2 \times 1 \times 28} = 26.58 \text{（mm）}$$

（3）验算裂缝宽度是否符合要求。

查《规范》得,裂缝构件受力特征系数 $\alpha_{cr} = 1.9$,代入公式,得裂缝最大宽度为

$$\omega_{max} = \alpha_{cr}\psi\frac{\sigma_{sq}}{E_s}\left(1.9 c_s + 0.08\frac{d_{ed}}{\rho_{te}}\right) = 1.9 \times 0.862 \times \frac{197.56}{2.0 \times 10^5}\left(1.9 \times 25 + 0.08 \times \frac{26.58}{0.0246}\right)$$

$$= 0.22 \text{（mm）} < \omega_{lim} = 0.3 \text{ mm}$$

故最大裂缝宽度满足要求。

【例9-3】 矩形截面偏心受拉构件的截面尺寸为 $b \times h = 200 \text{ mm} \times 300 \text{ mm}$,按荷载效应准永久组合计算的轴向拉力值 $N_q = 420 \text{ kN}$,偏心距 $e_0 = 30 \text{ mm}$,配置 HRB400 级钢筋 $4\oplus22$（$A_s = A_s' = 1520 \text{ mm}^2$）,混凝土强度等级为 C25,混凝土保护层厚度 $c = 25 \text{ mm}$,最大裂缝宽度为限值是 $\omega_{lim} = 0.3 \text{ mm}$。试验算最大裂缝宽度是否符合要求。

【解】 （1）根据已知条件,查表列出相关参数。

强度等级 C25 混凝土：$f_{tk} = 1.78 \text{ N/mm}^2$,$E_c = 2.8 \times 10^4 \text{ N/mm}^2$;HRB400 级钢筋：$E_s = 2.0 \times 10^5 \text{ N/mm}^2$;近似取 $c = c_s = 25 \text{ mm}$,$a_s = 35 \text{ mm}$,则 $h_0 = 300 - 35 = 265 \text{（mm）}$。

（2）计算相关参数。

轴向拉力作用点至受拉较小边纵向钢筋合力点的距离为

$$e' = e_0 + y_c - a_s' = 30 + \frac{300}{2} - 35 = 145 \text{（mm）}$$

按荷载准永久组合计算的钢筋混凝土构件纵向受拉普通钢筋应力为

$$\sigma_{sq} = \frac{N_q e'}{A_s(h_0 - a_s')} = \frac{420 \times 10^3 \times 145}{1520 \times (265 - 35)} = 174.20 \text{（N/mm}^2\text{）}$$

按有效受拉混凝土截面面积计算的纵向受拉钢筋配筋率为

$$\rho_{te} = \frac{A_s}{0.5 bh} = \frac{1520}{0.5 \times 200 \times 300} = 0.0507$$

裂缝间纵向受拉钢筋应变不均匀系数为

$$\psi = 1.1 - \frac{0.65 f_{tk}}{\rho_{te}\sigma_{sq}} = 1.1 - \frac{0.65 \times 1.78}{0.0507 \times 174.20} = 0.969$$

（3）验算裂缝宽度是否符合要求。

查《规范》得，裂缝构件受力特征系数 $\alpha_{cr} = 2.4$，代入公式，得裂缝最大宽度为

$$\omega_{max} = \alpha_{cr}\psi\frac{\sigma_{sq}}{E_s}\left(1.9 c_s + 0.08\frac{d_{ed}}{\rho_{te}}\right) = 2.4 \times 0.969 \times \frac{174.2}{2.0 \times 10^5}\left(1.9 \times 25 + 0.08 \times \frac{22}{0.0507}\right)$$

$$= 0.17(\text{mm}) < \omega_{lim} = 0.3 \text{ mm}$$

故最大裂缝宽度满足要求。

9.4　钢筋混凝土构件的截面延性

9.4.1　延性的概念

在设计钢筋混凝土结构构件时，不仅要满足承载力、刚度及稳定性的要求，而且还应具有一定的延性，尤其是对于有抗震设防要求的结构或构件。

结构、构件或截面的延性是指进入屈服阶段，达到最大承载力及以后，在承载力没有显著下降的情况下承受变形的能力，它反映了结构或构件耐受后期变形的能力。"后期"指的是从钢筋开始屈服进入破坏阶段直到最大承载力（或下降到最大承载力的85%）时的整个过程。结构或构件的破坏分为两个类型：一是脆性破坏；二是延性破坏。这两种破坏的典型应力-应变曲线如图9-13所示。

从图上可以看出，延性材料应变较大，说明其延性好，当达到最大承载力后，发生较大的后期变形才破坏，破坏时有明显预兆。反之，延性差，达到承载力后，容易产生突然的脆性破坏，破坏时缺乏预兆。

设计时，要求结构构件具有一定的延性，其目的在于使结构或构件破坏前有明显的预兆，破坏过程缓慢，因而可采用偏小的计算可靠度，相对经济；对出现非预计荷载（如偶然超载、温度升高、基础沉降引起附加内力、荷载反向等）情况下，有较强的承受和抗衡力；此外，有利于实现超静定结构的内力充分

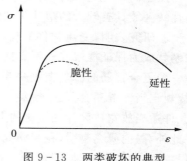

图9-13　两类破坏的典型应力-变形曲线

重分布，节约钢材；对于承受动力作用（如震动、地震、爆炸等）情况下，可减小惯性力，吸收更大的动能，减轻破坏程度，有利于结构或构件的修复。

9.4.2　提高混凝土构件截面延性的主要措施

钢筋混凝土结构的延性主要来源于其内部的钢筋种类、数量及布置等。根据我国钢筋标准，将最大力下总延伸率作为控制钢筋延性的指标。最大力下总延伸率反映了钢筋拉断前达到最大力（极限强度）时的均匀应变，故又称均匀伸长率。

《规范》规定普通钢筋及预应力筋的最大力总延伸率 δ_{gt} 不应小于表9-3规定的数值。

表9-3 普通钢筋及预应力筋的最大力总延伸率限值

钢筋品种	热轧钢筋				冷轧带肋钢筋		预应力筋	
	HPB300	HRB400、HRBF400、HRB500、HRBF500	HRB400E HRB500E	RRB400	CRB550	CRB600H	中强度预应力钢丝、预应力冷轧带肋钢筋	消除应力钢丝、钢绞线、预应力螺纹钢筋
$\delta_{gt}/\%$	10.0	7.5	9.0	5.0	2.5	5.0	4.0	4.5

此外,《规范》规定纵向受拉钢筋的极限拉应变值 0.01 为构件达到承载能力极限状态的标志之一。对有明显屈服点的钢筋,该值相当于钢筋应变进入了屈服阶段;对无屈服点的钢筋,设计所用的强度是以条件屈服点为依据的。极限拉应变的规定是限制钢筋的强化强度,同时,也表示设计采用的钢筋的极限拉应变不得小于 0.01,以保证结构构件具有必要的延性。对预应力混凝土结构构件,其极限拉应变应从混凝土消压时的预应力筋应力开始算起。

对于不同结构形式,不同构件、不同设计状态下的截面延性规定各有不同。这里简要介绍一下抗震设计状态下提高梁、柱构件延性的主要措施。

由于梁端区域能通过采取相对简单的抗震构造措施即可获得相对较高的延性,故常通过"强柱弱梁"措施人为引导框架中的塑性先在梁端形成。设计框架梁时,控制梁端截面混凝土受压区高度(主要是控制负弯矩下截面下部混凝土受压区的高度)的目的在于控制梁端塑性铰区域具有较大的塑性转动能力,以保证框架梁端截面具有足够的曲率延性。

试验研究表明,受压构件的位移延性随轴压比增加而减小,因此对设计轴压比上限进行控制就成为保证框架柱和框支柱具有必要延性的重要措施之一。螺旋箍筋等配筋方式,可在一般复合箍筋的基础上进一步提高对核心混凝土的约束效应,改善柱的位移延性性能,故规定当配置复合箍筋、螺旋箍筋或连续复合矩形螺旋箍筋,且配箍量达到一定程度时,允许适当放宽柱设计轴压比的上限控制条件。

此外,国内研究表明,在钢筋混凝土柱中设置矩形核芯柱不仅能提高柱的受压承载力,也可提高柱的位移延性,且有利于在大变形情况下防止倒塌,类似于型钢混凝土结构中型钢的作用。因此,在设置矩形核芯柱,且核芯柱的纵向钢筋配置数量达到一定要求的情况下,也适当放宽了设计轴压比的上限控制条件。在放宽轴压比上限控制条件后,箍筋加密区的最小体积配筋率应按放松后的设计轴压比确定。

9.5 混凝土结构的耐久性

9.5.1 耐久性及其主要影响因素

1. 混凝土结构的耐久性

混凝土结构应满足安全性、适用性和耐久性的要求。混凝土结构的耐久性是指在设计

钢筋混凝土结构设计原理

工作年限内,结构和结构构件在正常维护条件下应能保持其使用功能,而不需要进行大修加固。设计工作年限按现行国家标准《统一标准》确定,详见表2-2。若建设单位提出更高要求,也可按建设单位的要求确定。

混凝土结构耐久性可以归结为混凝土材料和钢筋材料的耐久性。材料的耐久性是指它暴露在使用环境下,抵抗各种物理和化学作用的能力。混凝土表面暴露在大气中,特别是在恶劣的环境中时,长期受到有害物质的侵蚀,以及外界温、湿度等不良气候环境往复循环的影响,使混凝土随使用时间的增长而质量劣化,钢筋发生锈蚀等,致使结构物承载能力降低。

混凝土结构的耐久性问题表现为混凝土损伤(裂缝、磨损、空蚀损伤,撞击损伤、生物性作用损伤等),钢筋的锈蚀、阴极或阳极保护措施失去作用等,以及钢筋与混凝土之间黏结锚固作用的削弱三方面。从短期效应看,影响结构的外观及使用功能,从长远看降低了结构的可靠度。因此,建筑物在承载能力设计时,应根据其所处环境,重要性程度和设计工作年限的不同,进行必要的耐久性设计,这是保证结构安全,延长工作年限的重要条件。

2. 影响材料耐久性的因素

钢筋混凝土结构长期暴露在使用环境中,使材料的耐久性降低,其影响因素较多。内部因素主要有混凝土的强度、密实性、水泥用量、Cl^- 及碱含量、外加剂用量、混凝土保护层厚度;外部因素主要为混凝土所处的环境条件,包括温度、CO_2 含量、侵蚀性介质等。耐久性能下降往往是内、外部因素综合作用的结果。此外,设计不周,施工质量差,使用中维修不当等也会影响混凝土的耐久性能。综合内外因素有以下几个具体方面。

(1) 材料的质量

钢筋混凝土材料的耐久性,主要取决于混凝土材料的耐久性,试验研究表明,混凝土取用水胶比的大小是影响混凝土质量的主要因素,当混凝土浇筑成型后,由于未参加水化反应的多余水分的蒸发,容易在集料和水泥浆体界面处或水泥浆体内产生微裂缝,水胶比越大,微裂缝增加也越多,在混凝土内形成的毛细孔率、孔径和畅通程度也显著增加,对材料的耐久性影响越大,试验表明,当水胶比不超过 0.55 时,其影响明显降低。

混凝土中水泥用量过少和强度等级过低,材料的孔隙率增加,密实性差,对材料的耐久性影响也大。

(2) 碱-集料反应

碱-集料反应是指混凝土中所含有的碱($Na_2O + K_2O$)与其活性集料之间发生化学反应,引起混凝土膨胀,开裂,表面掺出白色浆液,严重时会造成结构的破坏。

混凝土中的碱来源于水泥和外加剂。水泥中的碱主要由其原料黏土和含有钾、钠的燃料煤而引入。研究表明,水泥的碱含量为 0.6% ~ 1.0% 或碱含量低于 0.6% 时的低碱水泥,不会引起碱-集料反应破坏。外加剂中如最常用的萘系高效减水剂,其中含有 Na_2SO_4,当高效减水剂掺量较高时,会发生碱-集料反应,当高效减水剂掺量为水泥用量的 1% 时,折合成碱含量为 0.045%,一般不会发生碱-集料反应。

活性集料普遍认为有两种:一种是含有活性氧化硅的矿物集料,如硅质石灰岩等;另一种是碳酸盐集料中的活性矿物岩,如白云质石灰岩等。

混凝土孔隙中的碱溶液与集料中活性物质反应,生成的碱-硅酸盐凝胶吸水而体积膨胀,体积可增大 3 ~ 4 倍;生成的碱-碳酸盐体积不能膨胀,但活性炭酸盐晶体中包着黏土,当晶体破坏后黏土吸取水分体积膨胀。

混凝土结构碱-集料反应引起的开裂和破坏,必须同时具备以下三个条件:混凝土含碱量超标;集料是碱活性的;混凝土暴露在潮湿环境中。缺少其中任何一个,其破坏可能性减弱。因此,对潮湿环境下的重要结构及部位,应采用一定的措施。如集料是碱活性的,则应尽量选用低碱水泥,在混凝土拌和时,适当掺加较好的掺合料或引气剂,降低水胶比等措施。

(3) 混凝土的抗渗性及抗冻性

混凝土的抗渗性是指混凝土在潮湿环境下抵抗干湿交替作用的能力。由于混凝土拌合料的离析泌水,在集料和水泥浆体界面富集的水分蒸发,容易产生贯通的微裂缝而形成较大的渗透性,并随着水的含量的增加而增大,对混凝土的耐久性有较大的影响。粗集料粒径不宜过大,细集料表面应保持清洁;尽量减少水胶比;在混凝土拌合料中掺加适量掺合料,以增加密实度;掺加适量引气剂,减小毛细孔道的贯通性;使用合适的外加剂,如防水剂、减水剂、膨胀剂以及憎水剂等;加强养护,避免施工时产生干湿交替的作用。

混凝土的抗冻性是指混凝土在寒热变迁环境下,抵抗冻融交替作用的能力。混凝土的冻结破坏,主要是因为其孔隙内饱和状态的水冻结成冰后,体积膨胀(膨胀率9%)。混凝土大孔隙中的水温度降低到 $-1.0 \sim -1.5\,℃$ 时即开始冻结,而细孔隙中的水为结合水,一般最低可达到 $-12\,℃$ 才冻结,同时冰的蒸汽压小于水的蒸汽压,周围未冻结的水向大孔隙方向转移,并随之而冻结,增加了冻结破坏力。混凝土在压力的作用下,经过多次冻融循环所形成的微裂缝逐渐积累并不断扩大,导致冻结的破坏。粗集料应选择质量密实、粒径较小的材料,粗、细集料表面应保持清洁,严格控制含泥量;应采用硅酸盐水泥和普通硅酸盐水泥;控制水胶比;适量掺入减水剂、防冻剂、引气剂等措施,提高混凝土的抗冻性。

此外,混凝土碳化和钢筋的锈蚀对于耐久性的影响作用在下文中阐述。

9.5.2　混凝土的碳化

混凝土的碳化是指大气中的 CO_2 不断向混凝土孔隙中渗透,并与孔隙中碱性物质 $Ca(OH)_2$ 溶液发生中和反应,生成 $CaCO_3$ 使混凝土孔隙内碱度(pH 值)降低的现象。SO_2、H_2S 也能与混凝土中的碱性物质发生类似的反应,使碱度下降。碳化对混凝土本身是无害的,使混凝土变得坚硬,但对钢筋的保护不利。

混凝土孔隙中存在碱性溶液,钢筋在这种碱性介质条件下,生成一层厚度很薄的氧化膜 $Fe_2O_3 \cdot nH_2O$,氧化膜牢固吸附在钢筋表面,氧化膜是稳定的,它保护钢筋不锈蚀。但混凝土的碳化,使钢筋表面的介质转变为弱酸性状态,氧化膜遭到破坏。钢筋表面在混凝土孔隙中的水和氧共同作用下发生化学反应,生成氧化物 $Fe(OH)_3$(铁锈),这种氧化物生成后体积增大(最大可达 5 倍),使其周围混凝土产生拉应力直到引起混凝土的开裂和破坏;同时会加剧混凝土的收缩,导致混凝土开裂。

影响混凝土碳化的因素很多,归结为材料本身和外部环境因素。

(1) 材料自身的影响

混凝土胶结料中所含的能与 CO_2 反应的 CaO 总量越高,碳化速度越慢;混凝土强度等级越高,内部结构越密实,孔隙率越低,孔径也越小,碳化速度越慢。施工中水胶比越大、混凝土孔隙率越大,孔隙中游离水越多,碳化速度越快;混凝土振捣不密实,出现蜂窝、裂纹等缺陷,也会加快碳化速度。

（2）外部环境的影响

当混凝土经常处于饱和水状态下,CO_2 气体在孔隙中没有通道,碳化不易进行,若混凝土处于干燥条件下,CO_2 虽能经毛细孔道进入混凝土,但缺少足够的液相进行碳化反应,一般在相对湿度 70% ～ 85% 时最容易碳化。温度交替变化有利于 CO_2 的扩散,可加速混凝土的碳化。

研究分析表明,混凝土的碳化深度 d_c（mm）与暴露在大气中结构表面碳化时间 t（年）的 $\sqrt{t}$ 大致成正比。混凝土的保护层厚度越大,碳化至钢筋表面的时间越长。若混凝土表面设有覆盖层,可以提高其抗碳化的能力。

降低碳化对混凝土结构耐久性的影响,主要通过提高混凝土密实度实现。主要包括设计合理的混凝土配合比,限制水泥的最低用量,合理采用掺合料;保证混凝土保护层的最小厚度;施工时保证混凝土的施工质量;使用覆盖面层（水泥砂浆或涂料等）。

9.5.3 钢筋的锈蚀

在自然状态下的钢筋的表面从空气中吸收溶有 CO_2、O_2、或 SO_2 的水分,形成一种电解质的水膜时,会在钢筋的表面层的晶体界面或组成钢筋的成分之间构成无数微电池。阴极与阳极反应,形成电化学腐蚀,生成的 $Fe(OH)_2$ 在空气中进一步氧化成 $Fe(OH)_3$。$Fe(OH)_3$ 为疏松、多孔、非共格结构,极易透气和渗水。

混凝土中钢筋的锈蚀是一个长期过程。混凝土对钢筋具有保护作用,同时钢筋表面有层稳定的氧化膜,若氧化膜不遭到破坏,则钢筋不会锈蚀。

钢筋混凝土结构构件在正常使用的过程,一般都是带裂缝工作的,在个别裂缝处,氧化膜遭到破坏后,钢筋就会锈蚀。随后沿着钢筋的环向、纵向不断发展,最终会导致沿钢筋长度方向的混凝土出现纵向裂缝。

当混凝土不密实或保护层过薄时,容易沿钢筋纵向发生锈蚀,引起体积膨胀,从而产生纵向裂缝,并使锈蚀进一步恶性发展,甚至造成混凝土保护层的剥落,截面承载力下降,结构构件失效。

当钢筋表面的混凝土孔隙溶液中 Cl^- 浓度超过某一值时,也可破坏钢筋表面氧化膜,使钢筋锈蚀。混凝土中 Cl^- 来源于混凝土所用的拌和水和外加剂。

防止钢筋锈蚀的主要措施包括降低水胶比,增加水泥用量,加强混凝土的密实性;保证足够的混凝土保护层厚度;严格控制 Cl^- 的含量;使用覆盖层,防止 CO_2 和 O_2 的渗入。

9.5.4 耐久性设计

混凝土结构的耐久性应根据结构的设计工作年限、结构所处的环境类别和环境作用等级进行设计,《统一标准》和《混凝土结构耐久性设计标准》（GB/T 50476—2019,下文简称《耐久性标准》）从结构设计、施工、养护、管理、维护、修复等方面规定了混凝土结构耐久性设计的详细内容,主要包括确定结构的设计工作年限、环境类别及其作用等级,采用有利于减轻环境作用的结构形式和布置,结构材料的性能与指标,混凝土裂缝控制及防排水设计等。

混凝土结构的耐久性定量设计应针对具体环境作用下的性能劣化过程,确保结构和构件在工作年限内达到预期的性能要求。当具有经过验证并具有可靠工程应用的定量劣化模型时,可按规定针对耐久性参数和指标进行定量设计;对于工作年限大于50年的重要工程,其混凝土结构耐久性设计宜采用定量方法;对于暴露于氯化物环境下的重要混凝土结构,应按规定针对耐久性参数和指标进行定量设计与校核。

结构构件性能劣化的耐久性极限状态应按正常使用极限状态考虑,且不应损害到结构的承载能力和可修复性要求。混凝土结构和构件的耐久性极限状态可分为钢筋开始锈蚀的极限状态、钢筋适量锈蚀的极限状态和混凝土表面轻微损伤的极限状态三种。设计工作年限50年以上的混凝土结构主要构件以及使用期难以维护的混凝土构件,宜采用钢筋开始锈蚀的极限状态。

1. 环境类别及其作用等级

混凝土结构的耐久性设计与环境类别及其作用等级密切相关,《耐久性标准》规定了五种不同环境类别(表9-4),划分了16个不同环境作用等级(表9-5)。

表9-4　混凝土结构暴露的环境类别

环境类别	名称	定义	劣化机理
Ⅰ	一般环境	无冻融、氯化物和其他化学腐蚀物质作用的混凝土结构或构件的暴露环境	正常大气作用引起钢筋锈蚀
Ⅱ	冻融环境	混凝土结构或构件经受反复冻融作用的暴露环境	反复冻融导致混凝土损伤
Ⅲ	海洋氯化物环境	混凝土结构或构件受到氯盐侵入作用并引起内部钢筋锈蚀的暴露环境,包括海洋氯化物环境和除冰盐等其他氯化物环境	氯盐侵入引起俐筋锈蚀
Ⅳ	除冰盐等其他氯化物化境		氯盐侵入引起钢筋锈蚀
Ⅴ	化学腐蚀环境	混凝土结构或构件受到自然环境中化学物质腐蚀作用的暴露环境,具体包括水、土中化学腐蚀环境和大气污染腐蚀环境	硫酸盐等化学物质对混凝土的腐蚀

表9-5　环境作用等级

环境类别	环境作用等级					
	A 轻微	B 轻度	C 中度	D 严重	E 非常严重	F 极端严重
Ⅰ	Ⅰ-A	Ⅰ-B	Ⅰ-C			
Ⅱ			Ⅱ-C	Ⅱ-D	Ⅱ-E	
Ⅲ			Ⅲ-C	Ⅲ-D	Ⅲ-E	Ⅲ-F
Ⅳ			Ⅳ-C	Ⅳ-D	Ⅳ-E	
Ⅴ			Ⅴ-C	Ⅴ-D	Ⅴ-E	

钢筋混凝土结构设计原理

2. 混凝土材料的耐久性要求

《耐久性标准》规定了钢筋混凝土结构材料的耐久性设计基本要求:I类环境中热轧钢为受力主筋时,其直径不得小于 6 mm。预应力筋的公称直径不应小于 5 mm,冷加工钢筋不得用作预应力筋。同一构件中的受力普通钢筋,宜使用同牌号的钢筋;当混凝土构件使用不同牌号热轧钢筋时,各牌号钢筋耐久性设计要求相同。不锈钢钢筋和耐蚀钢筋等具有耐腐蚀性能的钢筋可用于环境作用等级为 D、E、F 的混凝土构件,其耐久性要求应经专门论证确定。

设计工作年限 50 年的混凝土结构,混凝土强度等级不宜低于 C25;素混凝土和预应力混凝土结构构件的混凝土强度等级不得低于 C15 和 C40;对于大截面受压墩柱等普通钢筋混凝土构件,在加大钢筋保护层的前提下其混凝土强度可适当降低。

胶凝材料是混凝土结构的重要组分,水胶比直接影响混凝土的强度和耐久性。水胶比越小,混凝土的密实度越高;胶凝材料用量过大,混凝土收缩严重而开裂,过小则无法保证混凝土密实性。因此,混凝土水胶比不得超过 0.6,最小胶凝材料用量不宜低于 260 kg/m³。

为增强混凝土结构的耐久性,《耐久性标准》还对 Cl^- 等含量进行了严格限定。混凝土中的 SO_3 不应超过胶凝材料总量 4%;对骨料无活性且处于相对湿度低于 75% 的混凝土构件,含碱量不应超过 3.5 kg/m³,相对湿度不低于 75% 时,含碱量不得超过 3 kg/m³;对骨料有活性且处于相对湿度不低于 75% 时,应严格控制混凝土含碱量不超过 3 kg/m³ 并掺加矿物掺和料。Cl^- 含量用单位体积混凝土中 Cl^- 与胶凝材料的重量比表示,其含量不得超过表 9-6 的规定。对设计工作年限 50 年以上的钢筋混凝土构件,混凝土的 Cl^- 含量不应超过 0.08%。

表 9-6 混凝土中 Cl^- 的最大含量(%)

环境作用等级	构件类型	
	钢筋混凝土	预应力混凝土
I - A	0.30	0.06
I' - B	0.20	
I - C	0.15	
III - C, III - D, III - E, III - F	0.10	
IV - C, IV - D, IV - E	0.10	
V - C, V - D, V - E	0.15	

3. 设计工作年限为 100 年的结构混凝土耐久性的规定

不同环境条件,设计工作年限为 100 年的混凝土结构应符合下列规定:混凝土中的最大碱含量为 3.0 kg/m³。长期浸没水中的地下结构构件,混凝土强度等级不宜低于 C35,不应低于 C25。

一般环境下,混凝土水胶比不大于 0.55;梁、柱等条形构件的混凝土保护层不得低于 25 mm,板墙等面形构件不得低于 20 mm;冻融环境中混凝土构件的保护层最小厚度应较一般环境增加 10 mm,水胶比不超过 0.40。氯化物环境时,各类混凝土构件的最小保护层为 45 mm;不同环境中的预应力构件的最小保护层厚度可较普通钢筋混凝土构件减少

5 mm。工厂预制的混凝土构件,其普通钢筋和预应力筋的混凝土保护层厚度可比现浇构件减少 5 mm。

4. 其他耐久性设计措施

混凝土结构构件的形状和构造应有效地避免水、汽和有害物质在混凝土表面的积聚,做好防排水措施。环境作用等级为 D、E、F 的混凝土构件,应采取减少混凝土结构构件表面的暴露面积,避免表面的凹凸变化,宜将构件的棱角做成圆角等措施减小环境作用。对可能遭受碰撞的混凝土结构,应设置防止出现碰撞的预警设施和避免碰撞损伤的防护措施。暴露在混凝土结构构件外的吊环、紧固件、连接件等金属部件,表面应采用防腐措施。

为提高混凝土结构抵抗外界侵蚀能力,提高混凝土寿命,可根据环境作用和条件、施工条件、便于维护以及全寿命成本等因素综合考虑采取防腐蚀附加措施,主要包括混凝土的表面涂层、硅烷浸渍,钢筋的环氧涂层、阻锈剂、阴极保护等措施。对于重要的钢筋混凝土结构构件,当 Ⅲ、Ⅳ 类环境,作用等级为 E、F 级时应采用防腐蚀附加措施。处于 Ⅴ 类环境中 SO_4^{2-} 浓度大于 1500 mg/L 的流动水或 pH 值小于 3.5 的水中的混凝土结构构件,应在混凝土表面采取专门的防腐蚀附加措施。严重化学腐蚀环境下的混凝土结构构件,应结合对当地环境和既有建筑物的调查,在混凝土表面力加设防腐蚀附加措施或加大混凝土构件的截面尺寸。

思考题

1. 为什么要进行钢筋混凝土结构构件的变形、裂缝宽度验算以及耐久性的设计?

2.《规范》关于配筋混凝土结构的裂缝控制、变形控制是如何规定的?

3. 钢筋混凝土梁的纯弯段在裂缝间距稳定以后,钢筋和混凝土的应变沿构件长度上分布具有哪些特征?

4. 什么叫构件截面抗弯刚度? 其意义如何? 如何建立受弯构件抗弯刚度计算公式?

5. 在受弯构件挠度计算中,什么是"最小刚度原则"?

6. 影响钢筋混凝土梁刚度的因素有哪些? 提高构件刚度的有效措施是什么?

7. 减少受弯构件挠度和裂缝宽度的有效措施有哪些?

8.《规范》中最大裂缝计算公式是如何建立的?

9. 怎样理解受拉钢筋的配筋率对受弯构件的挠度、裂缝宽度的影响?

10. 怎样理解混凝土结构的耐久性? 如何理解混凝土的碳化? 研究混凝土结构耐久性有何意义?

11. 影响混凝土结构耐久性的因素有哪些? 应采取哪些措施保证结构的耐久性?

习 题

1. 某矩形截面简支梁,截面尺寸为 $b \times h = 300 \text{ mm} \times 600 \text{ mm}$,计算跨度 $l_0 = 7.5 \text{ m}$。承受均布荷载,恒荷载 $g_k = 10 \text{ kN/m}$、活荷载 $q_k = 12 \text{ kN/m}$,活荷载的准永久值系数 $\psi_q = 0.5$。混凝土强度等级为 C20,在受拉区配置 HRB400 级钢筋 2⊉16+2⊉20。混凝土保护层

厚度为 $c=30$ mm，梁的允许挠度为 $l_0/200$，允许的最大裂缝宽度的限值 $\omega_{\lim}=0.3$ mm。验算梁的挠度和最大裂缝宽度。

2. 某 I 形截面简支梁，截面尺寸为 $b \times h = 200$ mm $\times 1200$ mm、$b_f = b_f' = 400$ mm，$h_f = h_f' = 200$ mm，计算跨度为 $l_0 = 9.8$ m。承受均布荷载，跨中按照荷载效应准永久组合计算的弯矩值 $M_q = 450$ kN·m。混凝土强度等级为 C30，在受拉区配置 HRB400 级钢筋 4Φ25，在受压区配置 HRB400 级钢筋 6Φ20，混凝土保护层厚度为 $c=35$ mm，梁的允许挠度为 $l_0/300$、允许的最大裂缝宽度的限值 $\omega_{\lim}=0.3$ mm。验算梁的挠度和最大裂缝宽度。

3. 矩形截面轴心受拉构件，截面尺寸为 $b \times h = 200$ mm $\times 200$ mm，配置 HRB400 级钢筋 4Φ16（$A_s = A_s' = 402$ mm²），混凝土强度等级为 C25，混凝土保护层 $c=25$ mm，按荷载效应准永久组合计算的轴向拉力 $N_q = 200$ kN，允许的最大裂缝宽度的限值 $\omega_{\lim}=0.3$ mm，验算最大裂缝宽度是否满足要求。若不满足，应采取什么措施使其满足要求。

4. 矩形截面偏心受拉构件的截面尺寸为 $b \times h = 200$ mm $\times 200$ mm，按荷载效应准永久组合计算的轴向拉力值 $N_q = 150$ kN，偏心距 $e_0 = 30$ mm 混凝土强度等级为 C25，配置 HRB400 级钢筋 4Φ16（$A_s = A_s' = 402$ mm²），混凝土保护层厚度 $c=25$ mm，允许出现的最大裂缝宽度为限值是 $\omega_{\lim}=0.3$ mm。试验算最大裂缝宽度是否符合要求。

5. 受均布荷载作用的矩形截面简支梁，混凝土等级为 C25，采用 HRB400 级钢筋，$h=1.75h_0$，允许挠度值为 $l_0/200$。设可变荷载标准值 Q_k 与永久荷载标准值 G_k 的比值等于 2.0，可变荷载准永久值系数为 0.4，永久荷载与可变荷载的分项系数分别为 1.3 和 1.5。试画出此梁不须作挠度验算的最大跨高比 l/h 与配筋率 ρ 的关系曲线。

6. 矩形截面偏心受压柱 $b \times h = 500$ mm $\times 700$ mm，按荷载效应准永久组合计算的轴向拉力、弯矩值分别为 $N_q = 600$ kN 和 $M_q = 350$ kN·m，混凝土强度等级为 C30，配置 HRB400 级钢筋 4Φ22（$A_s = A_s' = 1520$ mm²），混凝土保护层厚度 $c=35$ mm，柱子的计算长度 $l_0 = 5.0$ m。允许出现的最大裂缝宽度为限值是 $\omega_{\lim}=0.3$ mm。试验算最大裂缝宽度是否符合要求。

附　录

附录 1　混凝土强度标准值、设计值和弹性模量

附表 1-1　混凝土强度标准值(N/mm²)

强度种类	混凝土强度等级												
	C20	C25	C30	C35	C40	C45	C50	C55	C60	C65	C70	C75	C80
f_{ck}	13.4	16.7	20.1	23.4	26.8	29.6	32.4	35.5	38.5	41.5	44.5	47.4	50.2
f_{tk}	1.54	1.78	2.01	2.20	2.39	2.51	2.64	2.74	2.85	2.93	2.99	3.05	3.11

附表 1-2　混凝土强度设计值(N/mm²)

强度种类	混凝土强度等级												
	C20	C25	C30	C35	C40	C45	C50	C55	C60	C65	C70	C75	C80
f_c	9.6	11.9	14.3	16.7	19.1	21.1	23.1	25.3	27.5	29.7	31.8	33.8	35.9
f_t	1.10	1.27	1.43	1.57	1.71	1.80	1.89	1.96	2.04	2.09	2.14	2.18	2.22

附表 1-3　混凝土弹性模量(10⁴N/mm²)

混凝土强度等级	C20	C25	C30	C35	C40	C45	C50	C55	C60	C65	C70	C75	C80
E_c	2.55	2.80	3.00	3.15	3.25	3.35	3.45	3.55	3.60	3.65	3.70	3.75	3.80

注:(1)混凝土的剪切变形模量 G_c 可按相应弹性模量值的 40% 采用,混凝土泊松比 v_c 可按 0.2 采用。

(2)当有可靠试验依据时,弹性模量可根据实测数据确定。

(3)当混凝土中掺有大量矿物掺合料时,弹性模量可按规定龄期根据实测数据确定。

钢筋混凝土结构设计原理

附录2 钢筋强度标准值、设计值和弹性模量

附表 2-1 普通钢筋强度标准值（N/mm²）

牌号	符号	公称直径 d/mm	屈服强度标准值 f_{tk}	极限强度标准值 f_{stk}
HPB300	ϕ	6～14	300	420
HRB400 HRBF400 RRB400	ϕ ϕ^F ϕ^R	6～50	400	540
HRB500 HRBF500	Φ Φ^F	6～50	500	630

附表 2-2 预应力钢筋强度标准值（N/mm²）

种类		符号	公称直径 d/mm	屈服强度标准值 f_{pyk}	极限强度标准值 f_{ptk}
中强度 预应力钢丝	光面 螺旋肋	ϕ^{PM} ϕ^{HM}	5、7、9	620	800
				780	970
				980	1270
预应力螺纹 螺纹钢筋	螺纹	ϕ^T	18、25、32、 40、50	785	980
				930	1080
				1080	1230
消除应力钢丝	光面 螺旋肋	ϕ^P ϕ^H	5	—	1570
				—	1860
			7	—	1570
			9	—	1470
				—	1570
钢绞线	1×3 （三股）	ϕ^S	8.6、10.8、 12.9	—	1570
				—	1860
				—	1960
	1×7 （七股）		9.5、12.7、 15.2、17.8	—	1720
				—	1860
				—	1960
			21.6	—	1860

注：极限强度标准值为 1960 N/mm² 的钢绞线作后张预应力配筋时，应有可靠的工程经验。

牌号	抗拉强度设计值 f_y	抗压强度设计值 f'_y
HPB300	270	270
HRB400、HRBF400、RRB400	360	360
HRB500、HRBF500	435	435

注:(1)对轴心受压构件,当采用 HRB500、HRBF500 级钢筋时,钢筋的抗压强度设计值 f'_y 应取 400 N/mm²。

(2)横向钢筋的抗拉强度设计值 f_{yv} 应按表中 f_y 的数值采用。

(3)当钢筋用作受剪、受扭、受冲切承载力计算时,其数值大于 360 N/mm² 时应取 360 N/mm²。

附表 2 - 4　预应力钢筋强度设计值(N/mm²)

种类	极限强度标准值 f_{ptk}	抗拉强度设计值 f_{py}	抗压强度设计值 f'_{py}
中强度预应力钢丝	800	510	410
	970	650	
	1270	810	
消除应力钢丝	1470	1040	410
	1570	1110	
	1860	1320	
钢绞线	1570	1110	390
	1720	1220	
	1860	1320	
	1960	1390	
预应力螺纹钢筋	980	650	400
	1080	770	
	1230	900	

注:当预应力钢筋的强度标准值不符合附表 2 - 4 的规定时,其强度设计值应进行比例换算。

附表 2 - 5　钢筋弹性模量 E_s(10⁵N/mm²)

牌号或种类	E_s
HPB300	2.10
HRB400、RRB400、HRBF400、HRB500、HRBF500、预应力螺纹钢筋	2.00
消除应力钢丝、中强度预应力钢丝	2.05
钢绞线	1.95

附录3 受弯构件正截面承载力计算用的 ξ 和 γ_s 表

附表 3-1 钢筋混凝土受弯构件配筋计算用的 ξ 表

α_s	0	1	2	3	4	5	6	7	8	9
0.00	0.0000	0.0010	0.0020	0.0030	0.0040	0.0050	0.0060	0.0070	0.0080	0.0090
0.01	0.0101	0.0111	0.0121	0.0131	0.0141	0.0151	0.0161	0.0171	0.0182	0.0192
0.02	0.0202	0.0212	0.0222	0.0233	0.0243	0.0253	0.0263	0.0274	0.0284	0.0294
0.03	0.0305	0.0315	0.0325	0.0336	0.0346	0.0356	0.0367	0.0377	0.0388	0.0398
0.04	0.0408	0.0419	0.0429	0.0440	0.0450	0.0461	0.0471	0.0482	0.0492	0.0503
0.05	0.0513	0.0524	0.0534	0.0545	0.0555	0.0566	0.0577	0.0587	0.0598	0.0609
0.06	0.0619	0.0630	0.0641	0.0651	0.0662	0.0673	0.0683	0.0694	0.0705	0.0716
0.07	0.0726	0.0737	0.0748	0.0759	0.0770	0.0780	0.0791	0.0802	0.0813	0.0824
0.08	0.0835	0.0846	0.0857	0.0868	0.0879	0.0890	0.0901	0.0912	0.0923	0.0934
0.09	0.0945	0.0956	0.0967	0.0978	0.0989	0.1000	0.1011	0.1022	0.1033	0.1045
0.10	0.1056	0.1067	0.1078	0.1089	0.1101	0.1112	0.1123	0.1134	0.1146	0.1157
0.11	0.1168	0.1180	0.1191	0.1200	0.1214	0.1225	0.1236	0.1248	0.1259	0.1271
0.12	0.1282	0.1294	0.1305	0.1317	0.1328	0.1340	0.1351	0.1363	0.1374	0.1386
0.13	0.1398	0.1409	0.1421	0.1433	0.1444	0.1456	0.1468	0.1479	0.1491	0.1503
0.14	0.1515	0.1527	0.1538	0.1550	0.1562	0.1574	0.1586	0.1598	0.1610	0.1621
0.15	0.1633	0.1645	0.1657	0.1669	0.1681	0.1693	0.1705	0.1717	0.1730	0.1742
0.16	0.1754	0.1766	0.1778	0.1790	0.1802	0.1815	0.1827	0.1839	0.1851	0.1864
0.17	0.1876	0.1888	0.1901	0.1913	0.1925	0.1938	0.1950	0.1963	0.1975	0.1988
0.18	0.2000	0.2013	0.2025	0.2038	0.2050	0.2063	0.2075	0.2088	0.2101	0.2113
0.19	0.2126	0.2139	0.2151	0.2164	0.2177	0.2190	0.2203	0.2215	0.2228	0.2241
0.20	0.2254	0.2267	0.2280	0.2293	0.2306	0.2319	0.2332	0.2345	0.2358	0.2371
0.21	0.2384	0.2397	0.2411	0.2424	0.2437	0.2450	0.2463	0.2477	0.2490	0.2503
0.22	0.2517	0.2530	0.2543	0.2557	0.2570	0.2584	0.2597	0.2611	0.2624	0.2638
0.23	0.2652	0.2665	0.2679	0.2692	0.2706	0.2720	0.2734	0.2747	0.2761	0.2775
0.24	0.2789	0.2803	0.2817	0.2831	0.2845	0.2859	0.2873	0.2887	0.2901	0.2915
0.25	0.2929	0.2943	0.2957	0.2971	0.2986	0.3000	0.3014	0.3029	0.3043	0.3057
0.26	0.3072	0.3086	0.3101	0.3115	0.3130	0.3144	0.3159	0.3174	0.3188	0.3203
0.27	0.3218	0.3232	0.3247	0.3262	0.3277	0.3292	0.3307	0.3322	0.3337	0.3352
0.28	0.3367	0.3382	0.3397	0.3412	0.3427	0.3443	0.3458	0.3473	0.3488	0.3504

α_s	0	1	2	3	4	5	6	7	8	9
0.29	0.3519	0.3535	0.3550	0.3566	0.3581	0.3597	0.3613	0.3628	0.3644	0.3660
0.30	0.3675	0.3691	0.3707	0.3723	0.3739	0.3755	0.3771	0.3787	0.3803	0.3819
0.31	0.3836	0.3852	0.3868	0.3884	0.3901	0.3917	0.3934	0.3950	0.3967	0.3983
0.32	0.4000	0.4017	0.4033	0.4050	0.4067	0.4084	0.4101	0.4118	0.4135	0.4152
0.33	0.4169	0.4186	0.4203	0.4221	0.4238	0.4255	0.4273	0.4290	0.4308	0.4325
0.34	0.4343	0.4361	0.4379	0.4396	0.4414	0.4432	0.4450	0.4468	0.4486	0.4505
0.35	0.4523	0.4541	0.4559	0.4578	0.4596	0.4615	0.4633	0.4652	0.4671	0.4690
0.36	0.4708	0.4727	0.4746	0.4765	0.4785	0.4804	0.4823	0.4842	0.4862	0.4881
0.37	0.4901	0.4921	0.4940	0.4960	0.4980	0.5000	0.5020	0.5040	0.5060	0.5081
0.38	0.5101	0.5121	0.5142	0.5163	0.5183	0.5204	0.5225	0.5246	0.5267	0.5288
0.39	0.5310	0.5331	0.5352	0.5374	0.5396	0.5417	0.5439	0.5461	0.5483	0.5506
0.40	0.5528	0.5550	0.5573	0.5595	0.5618	0.5641	0.5664	0.5687	0.5710	0.5734
0.41	0.5757	0.5781	0.5805	0.5829	0.5853	0.5877	0.5901	0.5926	0.5950	0.5975
0.42	0.6000	0.6025	0.6050	0.6076	0.6101	0.6127	0.6153			

附表 3-2　钢筋混凝土受弯构件配筋计算用的 γ_s 表

α_s	0	1	2	3	4	5	6	7	8	9
0.00	1.0000	0.9995	0.9990	0.9985	0.9980	0.9975	0.9970	0.9965	0.9960	0.9955
0.01	0.9950	0.9945	0.9940	0.8835	0.9930	0.9924	0.9919	0.9914	0.9909	0.9904
0.02	0.9899	0.9894	0.9889	0.9884	0.9879	0.9873	0.9868	0.9863	0.9858	0.9853
0.03	0.9848	0.9843	0.9837	0.9832	0.9827	0.9822	0.9817	0.9811	0.9806	0.9801
0.04	0.9796	0.9791	0.9785	0.9780	0.9775	0.9770	0.9764	0.9759	0.9954	0.9749
0.05	0.9743	0.9738	0.9733	0.9728	0.9722	0.9717	0.9712	0.9706	0.9701	0.9696
0.06	0.9690	0.9685	0.9680	0.9674	0.9669	0.9664	0.9658	0.9653	0.9648	0.9642
0.07	0.9637	0.9631	0.9626	0.9621	0.9615	0.9610	0.9604	0.9599	0.9593	0.9588
0.08	0.9583	0.9577	0.9572	0.9566	0.9561	0.9555	0.955	0.9544	0.9539	0.9533
0.09	0.9528	0.9522	0.9517	0.9511	0.9506	0.9500	0.9494	0.9489	0.9483	0.9478
0.10	0.9472	0.9467	0.9461	0.9455	0.9450	0.9444	0.9438	0.9433	0.9427	0.9422
0.11	0.9416	0.9410	0.9405	0.9399	0.9393	0.9387	0.9382	0.9376	0.937	0.9365
0.12	0.9359	0.9353	0.9347	0.9342	0.9336	0.9330	0.9324	0.9319	0.9313	0.9307
0.13	0.9301	0.9295	0.9290	0.9284	0.9278	0.9272	0.9266	0.9260	0.9254	0.9249
0.14	0.9243	0.9237	0.9231	0.9225	0.9219	0.9213	0.9207	0.9201	0.9195	0.9189

钢筋混凝土结构设计原理

α_s	0	1	2	3	4	5	6	7	8	9
0.15	0.9183	0.9177	0.9171	0.9165	0.9159	0.9153	0.9147	0.9141	0.9135	0.9129
0.16	0.9123	0.9117	0.9111	0.9105	0.9099	0.9093	0.9087	0.9080	0.9074	0.9068
0.17	0.9062	0.9056	0.9050	0.9044	0.9037	0.9031	0.9025	0.9019	0.9012	0.9006
0.18	0.9000	0.8994	0.8987	0.8981	0.8975	0.8969	0.8962	0.8956	0.8950	0.8943
0.19	0.8937	0.8931	0.8924	0.9818	0.8912	0.8905	0.8899	0.8892	0.8886	0.8879
0.20	0.8873	0.8867	0.8860	0.8854	0.8847	0.8841	0.8834	0.8828	0.8821	0.8814
0.21	0.8808	0.8801	0.8795	0.8788	0.8782	0.8775	0.8768	0.8762	0.8755	0.8748
0.22	0.8742	0.8735	0.8728	0.8722	0.8715	0.8708	0.8701	0.8695	0.8688	0.8681
0.23	0.8674	0.8667	0.8661	0.8654	0.8647	0.8640	0.8633	0.8626	0.8619	0.8612
0.24	0.8606	0.8599	0.8592	0.8586	0.8578	0.8571	0.8564	0.8557	0.8550	0.8543
0.25	0.8536	0.8528	0.8521	0.8514	0.8507	0.8500	0.8493	0.8486	0.8479	0.8471
0.26	0.8464	0.8457	0.8450	0.8442	0.8435	0.8428	0.8421	0.8413	0.8406	0.8399
0.27	0.8391	0.8384	0.8376	0.8369	0.8362	0.8354	0.8347	0.8339	0.8332	0.8324
0.28	0.8317	0.8309	0.8302	0.8294	0.8286	0.8279	0.8271	0.8263	0.8256	0.8248
0.29	0.8240	0.8233	0.8225	0.8217	0.8209	0.8202	0.8194	0.8186	0.8178	0.8170
0.30	0.8162	0.8154	0.8146	0.8138	0.8130	0.8122	0.8114	0.8106	0.8098	0.8090
0.31	0.8082	0.8074	0.8066	0.8058	0.8050	0.8041	0.8033	0.8025	0.8017	0.8008
0.32	0.8000	0.7992	0.7983	0.7975	0.7966	0.7958	0.7950	0.7941	0.7933	0.7924
0.33	0.7915	0.7907	0.7898	0.7890	0.7881	0.7872	0.7864	0.7855	0.7846	0.7837
0.34	0.7828	0.7820	0.7811	0.7802	0.7793	0.7784	0.7775	0.7766	0.7757	0.7748
0.35	0.7739	0.7729	0.772	0.7711	0.7702	0.7693	0.7683	0.7674	0.7665	0.7655
0.36	0.7646	0.7636	0.7627	0.7617	0.7608	0.7598	0.7588	0.7579	0.7569	0.7559
0.37	0.7550	0.7540	0.7530	0.7520	0.7510	0.7500	0.7490	0.7481	0.7470	0.7460
0.38	0.7449	0.7439	0.7429	0.7419	0.7408	0.7398	0.7387	0.7377	0.7366	0.7356
0.39	0.7345	0.7335	0.7324	0.7313	0.7302	0.7291	0.7280	0.7269	0.7258	0.7247
0.40	0.7236	0.7225	0.7214	0.7202	0.7191	0.7179	0.7168	0.7156	0.7145	0.7133
0.41	0.7121	0.7110	0.7098	0.7086	0.7074	0.7062	0.7049	0.7037	0.7025	0.7012
0.42	0.7000	0.6987	0.6975	0.6962	0.6949	0.6936	0.6924			

附录 4　混凝土结构的环境类别

附表 4-1　混凝土结构的环境类别

环境类别	条件
一	室内干燥环境； 无侵蚀性静水浸没环境
二 a	室内潮湿环境； 非严寒和非寒冷地区的露天环境； 非严寒和非寒冷地区与无侵蚀性的水或土壤直接接触的环境； 严寒和寒冷地区的冰冻线以下与无侵蚀性的水或土壤直接接触的环境
二 b	干湿交替环境； 水位频繁变动环境； 严寒和寒冷地区的露天环境； 严寒和寒冷地区冰冻线以上与无侵蚀性的水或土壤直接接触的环境
三 a	严寒和寒冷地区冬季水位变动区环境； 受除冰盐影响环境； 海风环境
三 b	盐渍土环境； 受除冰盐作用环境； 海岸环境
四	海水环境
五	受人为或自然的侵蚀性物质影响的环境

注：(1) 室内潮湿环境是指构件表面经常处于结露或湿润状态的环境。

(2) 严寒和寒冷地区的划分应符合现行国家标准《民用建筑热工设计规范》(GB 50176) 的有关规定。

(3) 海岸环境和海风环境宜根据当地情况，考虑主导风向及结构所处迎风、背风部位等因素的影响，由调查研究和工程经验确定。

(4) 受除冰盐影响环境是指受到除冰盐盐雾影响的环境；受除冰盐作用环境是指被除冰盐溶液溅射的环境以及使用除冰盐地区的洗车房、停车楼等建筑。

(5) 暴露的环境是指混凝土结构表面所处的环境。

附录 5   混凝土保护层厚度

构件中普通钢筋及预应力筋的混凝土保护层厚度(结构构件中钢筋外边缘至构件表面范围用于保护钢筋的混凝土)应满足附表 5-1 的要求。

1. 构件中受力钢筋的保护层厚度不应小于钢筋的公称直径 d。

2. 设计工作年限为 50 年的混凝土结构,最外层钢筋的保护层厚度应符合附表 5-1 的规定;设计工作年限为 100 年的混凝土结构,最外层钢筋的保护层厚度不应小于附表 5-1 中数值的 1.4 倍。

附表 5-1   普通钢筋的混凝土保护层最小厚度 c(mm)

环境类别	板、墙、壳	梁、柱、杆
一	15	20
二 a	20	25
二 b	25	35
三 a	30	40
三 b	40	50

注:(1)混凝土强度等级不大于 C25 时,表中保护层厚度数值应增加 5 mm。

(2)钢筋混凝土基础宜设置混凝土垫层,基础中钢筋的混凝土保护层厚度应从垫层顶面算起,且不应小于 40 mm。

附录6　纵向受力钢筋的最小配筋率

钢筋混凝土结构构件中纵向受力普通钢筋的配筋率不应小于附表6-1规定的数值。

附表6-1　纵向受力普通钢筋的最小配筋率(%)

受力类型			最小配筋百分率
受压构件	全部纵向钢筋	强度等级 500 MPa	0.50
		强度等级 400 MPa	0.55
		强度等级 300 MPa	0.60
		一侧纵向钢筋	0.20
受弯构件、偏心受拉、轴心受拉构件一侧的受拉钢筋			0.2 和 $45f_t/f_y$ 中的较大值

注：(1)当采用C60以上强度等级的混凝土时，受压构件全部纵向普通钢筋最小配筋率应按表中规定增加0.10%。

(2)除悬臂板、柱支承板之外的板类受弯构件，当纵向受拉钢筋采用强度等级500 MPa的钢筋时，其最小配筋率应允许采用0.15%和$0.45f_t/f_y$中的较大值。

(3)对于卧置于地基上的钢筋混凝土板，板中受拉普通钢筋的最小配筋率不应小于0.15%。

(4)偏心受拉构件中的受压钢筋，应按受压构件一侧纵向钢筋考虑。

(5)受压构件的全部纵向钢筋和一侧纵向钢筋的配筋率以及轴心受拉构件和小偏心受拉构件一侧受拉钢筋的配筋率均应按构件的全截面面积计算。

(6)受弯构件、大偏心受拉构件一侧受拉钢筋的配筋率应按全截面面积扣除受压翼缘面积$(b_f'-b)h_f'$后的截面面积计算。

(7)当钢筋沿构件截面周边布置时，"一侧纵向钢筋"系指沿受力方向两个对边中一边布置的纵向钢筋。

附录 7 钢筋的公称截面面积、计算截面面积及理论重量

附表 7-1 钢筋的计算截面面积及理论重量

公称直径 (mm)	不同根数钢筋的计算截面面积（mm²）									单根钢筋理论 重量（kg/m）
	1	2	3	4	5	6	7	8	9	
6	28.3	57	85	113	142	170	198	226	255	0.222
8	50.3	101	151	201	252	302	352	402	453	0.395
10	78.5	157	236	314	393	471	550	628	707	0.617
12	113.1	226	339	452	565	678	791	904	1017	0.888
14	153.9	308	461	615	769	923	1077	1231	1385	1.21
16	201.1	402	603	804	1005	1206	1407	1608	1809	1.58
18	254.5	509	763	1017	1272	1527	1781	2036	2290	2.00(2.11)
20	314.2	628	942	1256	1570	1884	2199	2513	2827	2.47
22	380.1	760	1140	1520	1900	2281	2661	3041	3421	2.98
25	490.9	982	1473	1964	2454	2945	3436	3927	4418	3.85(4.10)
28	615.8	1232	1847	2463	3079	3695	4310	4926	5542	4.83
32	804.2	1609	2413	3217	4021	4826	5630	6434	7238	6.31(6.65)
36	1017.9	2036	3054	4072	5089	6107	7125	8143	9161	7.99
40	1256.6	2513	3770	5027	6283	7540	8796	10053	11310	9.87(10.34)
50	1963.5	3928	5982	7856	9820	11784	13748	15712	17676	15.42(16.28)

注：括号内为预应力螺纹钢筋的数值。

附表 7-2 每米板宽度各种钢筋间距时的钢筋截面面积

钢筋 间距 / mm	当钢筋直径（mm）为下列数值时的钢筋截面面积（mm²）										
	6	6/8	8	8/10	10	10/12	12	12/14	14	14/16	16
70	404	561	719	820	1121	1369	1616	1908	2199	2536	2827
75	377	524	671	859	1047	1277	1508	1780	2053	2367	2681
80	354	491	629	805	981	1198	1414	1669	1924	2218	2513
85	333	462	592	758	924	1127	1331	1571	1811	2088	2365
90	314	437	559	716	872	1064	1257	1484	1710	1972	2234
95	298	414	529	678	826	1008	1190	1405	1620	1868	2116
100	283	393	503	644	785	958	1131	1335	1539	1775	2011
110	257	357	457	585	714	871	1028	1214	1399	1614	1828
120	236	327	419	537	654	798	942	1112	1283	1480	1676

钢筋间距/mm	当钢筋直径（mm）为下列数值时的钢筋截面面积（mm²）										
	6	6/8	8	8/10	10	10/12	12	12/14	14	14/16	16
125	226	314	402	515	628	766	905	1068	1232	1420	1608
130	218	302	387	495	604	737	870	1027	1184	1366	1547
140	202	281	359	460	561	684	808	954	1100	1268	1436
150	189	262	335	429	523	639	754	890	1026	1183	1340
160	177	246	314	403	491	599	707	834	962	1110	1257
170	166	231	296	379	462	564	665	786	906	1044	1183
180	157	218	279	358	436	532	628	742	855	985	1117
190	149	207	265	339	413	504	595	702	810	934	1058
200	141	196	251	322	393	479	565	668	770	888	1005
220	129	178	228	292	357	436	514	607	700	807	914
240	118	164	209	268	327	399	471	556	641	740	838
250	113	157	201	258	314	383	452	534	616	710	804
260	109	151	193	248	302	368	435	514	592	682	773
280	101	140	180	230	281	342	404	477	550	634	718
300	94	131	168	215	262	320	377	445	513	592	670
320	88	123	157	201	245	245	353	417	481	554	628

注：表中钢筋直径中的 6/8,8/10,… 是指两种直径的钢筋间隔放置。

附录 8　民用建筑楼面均布可变荷载的标准值及其组合值、频遇值和准永久值系数

附表 8-1　民用建筑楼面均布可变荷载的标准值及其组合值、频遇值和永久值系数

项次	类别	标准值/(kN/m²)	组合值系数 ψ_c	频遇值系数 ψ_f	准永久值系数 ψ_q
1	（1）住宅、宿舍、旅馆、医院病房、托儿所、幼儿园	2.0	0.7	0.5	0.4
	（2）办公楼、教室、医院门诊室	2.5	0.7	0.6	0.5
2	食堂、餐厅、试验室、阅览室、会议室、一般资料档案室	3.0	0.7	0.6	0.5
3	礼堂、剧场、影院、有固定座位的看台、公共洗衣房	3.5	0.7	0.5	0.3
4	（1）商店、展览厅、车站、港口、机场大厅及其旅客等候室	4.0	0.7	0.6	0.5
	（2）无固座位的看台	4.0	0.7	0.5	0.3
5	（1）健身房、演出舞台	4.5	0.7	0.5	0.3
	（2）运动场、舞厅	4.5	0.7	0.6	0.3
6	（1）书库、档案库、储藏室（书架高度不超过 2.5m）	6.0	0.9	0.9	0.8
	（2）密集柜书库（书架高度不超过 2.5m）	12.0	0.9	0.9	0.8
7	通风机房、电梯机房	8.0	0.9	0.9	0.8
8	厨房　（1）餐厅	4.0	0.7	0.7	0.7
	（2）其他	2.0	0.7	0.6	0.5
9	浴室、卫生间、盥洗室	2.5	0.7	0.6	0.5
10	走廊、门厅　（1）宿舍、旅馆、医院病房、托儿所、幼儿园、住宅	2.0	0.7	0.5	0.4
	（2）办公楼、餐厅、医院门诊部	3.0	0.7	0.6	0.5
	（3）教学楼及其他可能出现人员密集的情况	3.5	0.7	0.5	0.3
11	楼梯　（1）多层住宅	2.0	0.7	0.5	0.4
	（2）其他	3.5	0.7	0.5	0.3
12	阳台　（1）可能出现人员密集的情况	3.5	0.7	0.6	0.5
	（2）其他	2.5	0.7	0.6	0.5

　　注：（1）本表所给各项活荷载适用于一般使用条件，当使用荷载较大、情况特殊或有专门要求时，应按实际情况采用。

　　（2）采用等效均布活荷载方法进行设计时，应保证其产生的荷载效应与最不利堆放情况等效；建筑楼面和屋面堆放物较多或较重的区域，应按实际情况考虑其荷载。

　　（3）当采用楼面等效均布活荷载方法设计楼面梁时，表中的楼面活荷载标准值的折减系数取值不应小于下列规定值：

① 表中第 1(1) 项当楼面梁从属面积不超过 25 m²(含)时,不应折减;超过 25 m² 时,不应小于 0.9。

② 表中第 1(2) ～ 7 项当楼面梁从属面积不超过 50 m²(含)时,不应折减;超过 50 m² 时,不应小于 0.9。

③ 表中第 8 ～ 12 项应采用与所属房屋类别相同的折减系数。

(4) 当采用楼面等效均布活荷载方法设计墙、柱和基础时,折减系数取值应符合下列规定:

① 表中第 1(1) 项单层建筑楼面梁的从属面积超过 25 m² 时不应小于 0.9,其他情况应按附表 8.2 规定采用。

② 表中第 1(2) ～ 7 项应采用与其楼面梁相同的折减系数。

③ 表中第 8 ～ 12 项应采用与所属房屋类别相同的折减系数。

附表 8 - 2　活荷载按楼层的折减系数

墙、柱、基础计算截面以上的层数	2 ～ 3	4 ～ 5	6 ～ 8	9 ～ 20	> 20
计算截面以上各楼层活荷载总和的折减系数	0.85	0.70	0.65	0.60	0.55

钢筋混凝土结构设计原理

附录9 结构施工图平法表示简介

平面整体表示法,简称平法,由山东大学陈青来教授开发。平法的表达形式,主要是把结构构件的尺寸和配筋等按照平面整体表示法制图规则,整体直接表达各类构件的结构平面布置图上,再与标准构造详图相结合,构成一套新型完整的结构施工图。当前采用的国家建筑标准设计图集是《混凝土结构施工图平面整体表示方法制图规则和构造详图》(16G101),它是设计者完成柱、墙、梁、基础等平法施工图的依据。

"平法"主要为方便设计,提高设计效率,其实质是把结构设计师的创造性劳动与重复性劳动区分开来。一方面,把结构设计中的重复性部分,做成标准化的节点构造;另一方面,把结构设计中的创造性部分使用标准化的设计表示法 ——"平法"进行设计,从而达到简化设计的目的。本附录仅简要介绍钢筋混凝土梁、板、柱的基本平法表示规则。

附录9.1 梁的平法表示规则

梁平法施工图是在梁平面布置图上采用平面注写方式或截面注写方式表达。平面注写包括集中标注与原位标注,集中标注表达梁的通用数值,原位标注表达梁的特殊数值。当集中标注中的某项数值不适用于梁的某部位时,则将该项数值原位标注,施工时,原位标注取值优先。

1. 梁的编号

梁的编号由梁类型代号、序号、跨数及有无悬挑代号(A、B分别表示一端悬挑和两端悬挑)几项字符组成,如 WKL8(5B)表示序号为8的5跨屋面框架梁,其两端均有悬挑。梁代号如附表9-1所示:

附表9-1 不同类型梁代号

梁类型	代号	梁类型	代号
楼层框架梁	KL	托柱转换梁	TZL
楼层框架扁梁	KBL	非框架梁	L
屋面框架梁	WKL	悬挑梁	XL
框支梁	KZL	井字梁	JZL

2. 梁的集中标注

梁的集中标注包括5项必注和1项选注内容,即编号、截面尺寸、箍筋、梁上部通长钢筋或架立钢筋、梁侧纵向构造钢筋或受扭纵筋和梁顶面标高高差(选注)。

(1)梁编号

按"代号、序号、(跨数或跨数A或跨数B)"格式编写,其中A、B分别表示一端悬挑和两端悬挑。如 WKL3(4A)表示序号为3的4跨屋面框架梁,一端带有悬挑。

(2)截面尺寸

等截面梁以"$b \times h$"标注;当梁加腋时,应在平面图中标注。对于竖向加腋梁以"$b \times h Y c_1 \times c_2$"标注,其中 c_1、c_2 分别为腋长和腋宽[附图9-1(a)];当为水平加腋时,应以"PY"

代替"Y"标注[附图 9-1(b)]。

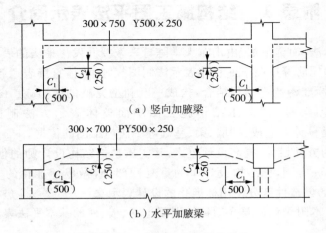

附图 9-1　加腋梁尺寸标注方法

（3）箍筋

箍筋需注明钢筋等级、直径、加密区及非加密区间距及肢数,箍筋加密区和非加密区的不同间距及肢数用"/"分开;当加密区与非加密区的肢数相同时,仅需将肢数在括号内注写一次。如Φ8@100/200(4)表示直径为 8 mm 的 HRB400 级箍筋,加密区和非加密区间距分别为 100 和 200,肢数均为 4;Φ8@100(4)/200(2)表示加密区和非加密区的肢数分别为 4 和 2,其余同前。

（4）梁上部通长钢筋或架立筋

通长钢筋可为相同或不同直径,采用搭接、机械连接或焊接的钢筋,其标注规格与根数应根据结构受力要求及箍筋肢数等构造要求而定。当同排纵筋中既有通长筋又有架立筋时,应用"+"将通长筋和架立筋相连,角部纵筋的规格、数量注写在"+"前,架立筋注写在"+"后的括号内;若全部采用架立筋,直接将其注写在括号内即可。如2Φ18用于双肢箍,2Φ18＋(2ϕ22)用于四肢箍,则表示 2Φ18 为通长筋,2ϕ22 为架立筋。

当梁的上、下部纵筋为全跨相同,且多数跨配筋相同时,此项可加注下部纵筋的配筋值,采用";"区分上、下部纵筋的配筋值,少数跨不同时,通过加注原位标注表达。如2Φ20;4Φ25 表示梁的上、下部分别配置了 2Φ20 和 4Φ25 的通长筋。

（5）梁侧面纵向构造钢筋或受扭钢筋配置

第 5 章已介绍过梁纵向构造钢筋的设置要求:当梁腹板高度 $h_w \geqslant 450$ mm 时,梁两侧面需对称配置间距不宜大于 200 mm 的纵向构造钢筋。此该类钢筋标注以"G"开头,同时标注钢筋规格和数量。如 G6Φ20 表示梁两侧共对称配置了 6Φ20 的纵向构造钢筋。

对于梁侧对称配置受扭纵向钢筋以"N"开头标注,同时标注钢筋规格和数量。如 N6Φ20,表示梁两侧共对称配置了 6Φ20 的受扭纵向钢筋。

（6）梁顶面标高高差

梁顶面标高高差是指相对于结构层楼面标高的高差值,对于位于结构夹层梁是指相对于结构夹层楼面标高的高差。该项标注内容为选注项,有高差时注写入括号内,无高差时不标注。当梁顶面高于所在结构层的楼面标高时,其标高高差为正值,反之为负值。如某结构层的楼面标高为 18.960 m,该层某梁顶面标高高差注明(＋0.030),表明该梁的顶面标高实际值为 18.990 m。

3. 梁的原位标注

(1)梁支座上部纵筋

该部位含通长筋在内的所有纵筋。

① 当上部纵筋多于一排时,用"/"将各排纵筋自上而下分开。如梁支座上部纵筋注写为 5 Φ 20 3/3/2,则表示上部纵筋从上而下的三排钢筋分别为 3 Φ 20、3 Φ 20 和 2 Φ 20。

② 当同排纵筋有两种直径时,以"角部纵筋＋中部纵筋"形式注写。如梁支座上部有 5 根纵筋,2 Φ 28 置于梁截面角部,3 Φ 20 位于中部,在梁支座上部应注写为 2 Φ 28＋3 Φ 20。

③ 当梁中间支座两侧的上部纵筋不同时,应在支座两侧分别注写;当梁中间支座两侧的上部纵筋相同时,可仅在支座一侧标注(附图 9 - 2)。

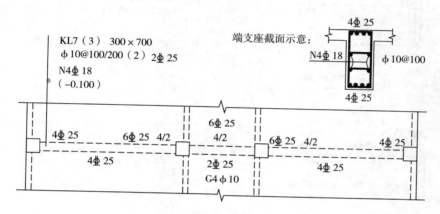

附图 9 - 2　不等跨梁的标注方法

(2)梁下部纵筋

① 与上部纵筋类似,当下部纵筋多于一排时,用"/"将各排纵筋自上而下分开。

② 当同排纵筋有两种直径时,以"角部纵筋＋中部纵筋"形式注写。

③ 当梁下部纵筋不全部伸入支座时,将梁支座下部纵筋减少的数量写在括号内。如梁下部纵筋注写为 2 Φ 25＋4 Φ 20(－4)/3 Φ 28,表示上排纵筋为 2 Φ 25 和 4 Φ 20,其中 2 Φ 25 为角部纵筋,4 Φ 20 中部纵筋不伸入支座;下排纵筋为 3 Φ 28,全部伸入支座。

④ 当梁的集中标注中已按规定分别注写了梁上部和下部均为通长的纵筋值时,无需在梁下部重复做原位标注。

⑤ 当梁设置竖向加腋时,加腋部位下部斜纵筋应在支座下部以"Y"开头注写在括号内[附图 9 - 3(a)]。当梁设置水平加腋时,水平加腋内上、下部斜纵筋应在加腋支座上部"Y"开头注写在括号内,上、下部斜纵筋"/"分开[附图 9 - 3(b)]。

(3)当在梁上集中标注的内容(截面尺寸、箍筋、上部通长筋或架立筋,梁两侧对称布置的纵向构造钢筋或受扭纵向钢筋,以及梁顶面标高高差中的某一项或几项数值)不适用于某跨或某悬挑部分时,则将其不同数值原位标注在该跨或该悬挑部位。

当在多跨梁的集中标注中已注明加腋,而该梁某跨的根部无需加腋时,则应在该跨原位标注等截面"$b \times h$",以修正集中标注中的加腋信息[附图 9 - 3(a)]。

(4) 附加箍筋或吊筋应在平面图中的主梁绘出,并用线引注总配筋值(附加箍筋的肢数注在括号内)。当多数附加箍筋或吊筋相同时,可在梁平法施工图上统一注明,少数与统一注明值不同时,再原位引注。

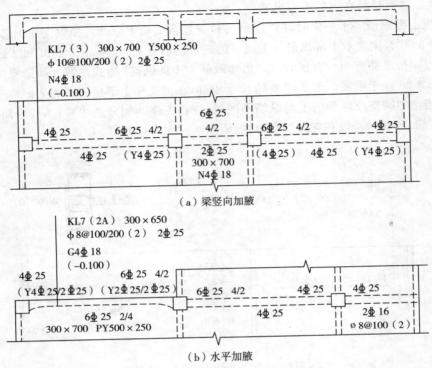

(a) 梁竖向加腋

(b) 水平加腋

附图 9 - 3　梁竖向加腋(a)、水平加腋(b)的标注示例

附录9.2　柱平法表示规则

1. 柱平法施工图表示方法

柱平法施工图是指在柱平面布置图上,根据设计结果采用列表注写方式和截面注写方式表达柱截面及配筋的方法。

柱平面布置图,可采用适当比例单独绘制,也可与剪力墙平面布置图合并绘制;在平法施工图中,应按规定注明各结构层的楼面标高、结构层高及相应的结构层号。

2. 列表注写方式

列表注写方式指在平面布置图上分别在同一编号的柱中选择一个(有时需要选择几个)截面标注几何参数代号;在柱表中注写柱号、柱段起止标高、几何尺寸与配筋的具体数值,配以各种柱截面形状及其箍筋类型图的方式表达柱平法施工图。

柱列表注写内容包括柱编号、柱的起止标高、截面尺寸、柱纵筋、箍筋类型号、箍筋规格(强度等级、直径、间距)。

(1) 柱编号

编号由代号和序号组成,不同类型柱代号见附表 9 - 2。

附表 9-2　　不同类型柱代号

梁类型	代号	梁类型	代号
框架柱	KZ	梁上柱	LZ
转换柱	ZHZ	剪力墙上柱	QZ
芯柱	XZ		

注:编号时,当柱的总高、分段截面尺寸和配筋均对应相同,仅截面与轴线的关系不同时,仍可将其编为同一柱号,但应在图中注明截面与轴线的关系。

（2）柱的起止标高

自柱根部向上,以变截面位置或截面不变但配筋改变处分段界限分别注写。框架柱和转换柱的根部标高是指基础底面标高;芯柱的根部标高是指根据结构实际需要而定的起始位置标高;梁上柱根部标高是指梁顶面标高;剪力墙上柱的根部标高是指墙顶面标高。

（3）截面尺寸

矩形柱以"$b \times h$"形式注写截面尺寸及与轴线关系的几何参数代号 b_1、b_2 和 h_1、h_2 的具体数值,需对应于各段柱分别注写($b = b_1 + b_2$,$h = h_1 + h_2$);圆柱采用其直径数字前加"d"表示($d = b_1 + b_2 = h_1 + h_2$);当截面的某一边收缩变化至与轴线重合或偏移到轴线另一侧时,b_1、b_2、h_1、h_2 中的某项为零或为负值。

（4）柱纵筋

当纵筋直径相同、各边根数相同时,将纵筋注写在"全部纵筋"一栏中。此外,柱纵筋分角筋、截面 b 边中部筋和 h 边中部筋三项分别注写。

对于采用对称配筋的矩形截面柱,可仅注写一侧中部筋,对称边省略不注。

（5）箍筋类型号及箍筋肢数

在箍筋类型栏内注写按规定绘制的柱截面形状及其箍筋类型号。

（6）注写柱箍筋,包括钢筋级别、直径与间距

当为抗震设计时,用"/"区分柱端箍筋加密区与柱身非加密区长度范围内箍筋的不同间距。如Φ8@100/200 表示为 HRB400 级钢筋箍筋,直径为 8,加密区间距为 100,非加密区间距为 200。当箍筋沿柱全高为相同间距时,不使用"/",如Φ8@150,表示箍筋为 HRB400 级钢筋,直径为 8,沿柱全高加密;当圆柱采用螺旋箍筋时,需在箍筋前加"L",如 LΦ8@100/200,表示采用 HRB400 级螺旋箍筋,直径为 8,加密区间距为 100,非加密区间距为 200。

3. 截面注写方式

各标准层绘制的柱平面布置图的柱截面上分别在同一编号的柱中选择一个截面直接注写截面尺寸和配筋具体数值的方式表达柱平法施工图。

柱截面注写方式中,柱编号、截面尺寸的几何参数代号等的规定均与柱列表注写方式相同。

绘图时,应注意以下几点规定:

（1）当柱的分段截面尺寸和配筋均相同,仅分段截面与轴线的关系（偏心柱情况）不同时,可将其编为同一柱号。

（2）设计时,从相同编号的柱中选择一个截面,按需要的比例原位放大绘制柱截面配筋图,并在各配筋图上柱编号后注写截面尺寸"$b \times h$"、角筋或全部纵筋(当纵筋采用同一种钢筋直径时)、钢筋的具体数值,此外,还需在柱截面配筋图上标注柱截面与轴线关系 $b1$、$b2$、$h1$、$h2$。

（3）当柱纵筋采用两种直径时,将截面各边中部纵筋的具体数值写在柱截面侧边;当矩形截面柱采用对称配筋时,仅在柱截面一侧注写中部纵筋,对称边无须注写。

附录9.3 有梁楼盖板平法表示规则

有梁楼盖板是指以梁为支座的楼面板与屋面板。有梁楼盖板施工图为在楼面板和屋面板布置图上采用平面注写的方式表达楼板尺寸及配筋。

结构面的坐标方向按以下约定:

（1）当轴网正交布置时、图面自左至右为 X 向,从下而上为 Y 向;

（2）当轴网转折时,局部坐标方向顺轴网转折角度做相应转折;

（3）当轴网向心布置时,切向为 X 向,径向为 Y 向;

（4）对于平面布置较为复杂的区域,如轴网转折交界区域、向心布置的核心区域等,平面坐标方向一般是由设计者另行规定并在图中明确标明。

1. 板块集中标注

板块集中标注主要包括注写板块编号、板厚、贯通纵筋及板顶面标高高差。所有板块应逐一编号,相同编号的板块选其中一块进行集中标注,其他板块仅需在圆圈内注写编号。

（1）板块代号

不同类型板代号如附表 9-3 所示。

附表 9-3 不同类型板代号

板类型	代号
楼面板	LB
屋面板	WB
悬挑板	XB

（2）板厚

以"$h = \times\times\times$"格式注写,当悬挑板的端部和根部厚度不同时,用"/"分隔根部与端部的高度值,以"$h = \times\times\times / \times\times\times$"格式注写。但若设计中已在图中统一注明了板厚,此项可不用标注。

（3）下部纵筋和上部贯通纵筋

板平面标注中,按板的下部纵筋和上部贯通纵筋分别标注,当板上部不设贯通纵筋时无须标注。上部纵筋和下部贯通钢筋分别用"B"和"T"表示;下部与上部采用"B&T"表示。

X 和 Y 向的贯通钢筋分别以"X"和"Y"开头,X、Y 向纵筋配置相同时,以"X&Y"开头表示。

对单向板,另外一向贯通的分布筋设计中一般不标注,而在图中统一注明。当在某些板块内(如悬挑板的下部)配置构造钢筋时,则 X 向和 Y 向分别以"Xc"和"Yc"开头注写。

（4）板面标高高差

板面标高高差指相对于结构层楼面标高的高差,板面无高差时不标注,有高差时应标注在括号内。当板块的类型、板厚和纵筋均相同时,板块的编号不变。同一编号的板面标高、跨度、平面形状及板支座上部非贯通钢筋可以不同。

2. 板支座原位标注法

板支座原位标注内容包括板支座上部非贯通纵筋和悬挑上部受力钢筋。板支座原位标注的钢筋,应在配置相同跨的第一跨标注,当在梁悬挑部位单独配置时,则在原位标注。

在配置相同跨的第一跨(或梁悬挑部位)时,垂直于板支座(梁或墙)绘制一段适宜长度的中粗线(当该钢筋通长设置在悬挑板或短跨板上部时,中粗实线段应画至对边或贯通短跨),以该线段代表支座上部非贯通纵筋,并在其上方注写钢筋编号、配筋值、横向连续布置的跨数(注写在括号内,如果仅一跨无须标注),以及是否横向布置到梁的悬挑端。

板支座上部非贯通筋自支座中心线向跨内的伸出长度,应注写在线段下方。当中间支座上部非贯通纵筋向支座两侧对称伸出时,可仅在支座一侧线段下方标注伸出长度,另一侧不标注;当支座两侧非对称延伸时,应分别在支座两侧线段下方注写延伸长度。

对线段画至对边贯通全跨或贯通全悬挑长度的上部通长纵筋,贯通全跨或伸出至全悬挑一侧的长度值不注写,只注明非贯通筋另一侧的伸出长度值。

当板支座为弧形,支座上部非贯通筋呈放射状分布时,应注明配筋间距的度量位置并加注"放射分布"字样(附图 9-4)。

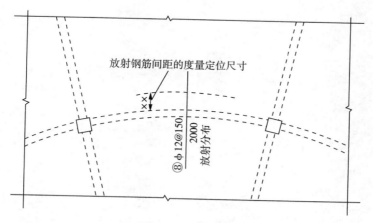

附图 9-4　弧形支座板标注配筋间距要求加注"放射分布"字样

在平面布置图中,不同部位的板支座上部非贯通纵筋和悬挑板上部受力钢筋,一般仅在一个部位注写;对于其他相同的非贯通纵筋,则仅在代表钢筋的线段上注写编号及横向连续布置的跨度数即可。与板支座上部非贯通纵筋垂直且绑扎在一起的构造钢筋或分布钢筋,须在图上注明。

当板的上部已经配置有贯通纵筋,但需要增配板支座上部非贯通纵筋时,应结合已经配置的同向贯通纵筋的直径与间距采用"隔一布一"方式配置。"隔一布一"方式为非贯通纵筋的标注间距与贯通纵筋相同,两者组合后的实际间距为各自标注间距的1/2。如板上部已配置贯通筋ϕ14@200,该跨同向配置的上部支座非贯通纵筋为表示在该支座上部设置的纵筋实际为ϕ14@100,其中1/2为贯通筋,另外1/2为非贯通筋。

钢筋混凝土结构设计原理

参考文献

[1] 中华人民共和国住房和城乡建设部．混凝土结构设计规范:GB 50010—2010[S]．北京:中国建筑工业出版社,2010.

[2] 中华人民共和国住房和城乡建设部．工程结构通用规范:GB 55001—2021[S]．北京:中国建筑工业出版社,2021.

[3] 中华人民共和国住房和城乡建设部．混凝土结构通用规范:GB 55008—2021[S]．北京:中国建筑工业出版社,2021.

[4] 中华人民共和国住房和城乡建设部．建筑结构可靠性设计统一标准:GB 50068—2018[S]．北京:中国建筑工业出版社,2018.

[5] 中华人民共和国住房和城乡建设部．建筑结构荷载规范:GB 50009—2012[S]．北京:中国建筑工业出版社,2012.

[6] 叶列平．混凝土结构．上册[M]．北京:清华大学出版社,2012.

[7] 哈尔滨工业大学,大连理工大学,北京建筑大学,等．混凝土及砌体结构．上册[M].2版．北京:中国建筑工业出版社,2015.

[8] 程文瀼,王铁成,颜德姮．混凝土结构．上册:混凝土结构设计原理[M].5版．北京:中国建筑工业出版社,2012.

[9] 中交公路规划设计院有限公司．公路钢筋混凝土及预应力混凝土桥涵设计规范:JTG 3362—2018[S]．北京:人民交通出版社股份有限公司,2018.

[10] 梁兴文,王社良,李晓文,等．混凝土结构设计原理[M].2版．北京:科学出版社,2007.

[11] 朱彦鹏．混凝土结构设计原理[M].2版．重庆:重庆大学出版社,2004.

[12] 刘文锋．混凝土结构设计原理[M].2版．北京:高等教育出版社,2015.

[13] 杨鼎久．建筑结构[M].2版．北京:机械工业出版社,2016.

[14] 朱彦鹏,蒋丽娜,张玉新．混凝土结构设计原理[M].2版．重庆:重庆大学出版社,2002.

[15] 邓广,何益斌．建筑结构[M].2版．北京:中国建筑工业出版社,2017.

[16] 王立成．混凝土结构设计原理[M].2版．大连:大连理工大学出版社,2020.

[17] 叶见曙．结构设计原理[M].5版．北京:人民交通出版社股份有限公司,2021.

[18] 过镇海．钢筋混凝土原理[M].3版．北京:清华大学出版社,2013.

[19] 吕晓寅,刘林．混凝土建筑结构设计[M]．北京:中国建筑工业出版社,2013.

[20] 蓝宗建．混凝土结构．上册．北京:中国电力出版社,2012.

[21] 罗福午,邓雪松．建筑结构[M].2版．武汉:武汉理工大学出版社,2015.

[22] 侯治国,周绥平. 建筑结构[M]. 3 版. 武汉:武汉理工大学出版社,2015.

[23] 陈青来. 钢筋混凝土结构平法设计与施工规则[M]. 2 版. 北京:中国建筑工业出版社,2018.

[24] 中国建筑标准设计研究院. 平面整体表示方法制图规则和构造详图(现浇混凝土框架、剪力墙、梁、板):16G101—1[S]. 北京:中国计划出版社,2017.

[25] 藤智明,朱金铨. 混凝土结构及砌体结构. 上册[M]. 3 版. 北京:中国建筑工业出版社,2004.

[26] 侯治国. 混凝土结构[M]. 3 版. 武汉:武汉理工大学出版社,2006.

[27] 东南大学,天津大学,同济大学. 混凝土结构. 上册:混凝土结构设计原理[M]. 3 版. 北京:中国建筑工业出版社,2007.

[28] 沈蒲生. 混凝土结构设计原理[M]. 3 版. 北京:高等教育出版社,2007.

[29] 吴培明. 混凝土结构. 上册[M]. 武汉:武汉理工大学出版社,2002.

[30] 徐有邻,周氏. 混凝土结构设计规范理解与应用. 北京:中国建筑工业出版社,2002.

[31] 沈蒲生,罗国强. 混凝土结构疑难释义[M]. 2 版. 北京:中国建筑工业出版社,1998.

[32] 童岳生. 钢筋混凝土基本构件[M]. 西安:陕西科学技术出版社,1989.

[33] 童岳生,梁兴文. 钢筋混凝土构件设计[M]. 北京:科学技术文献出版社,1995.

[34] 王铁成,田稳苓. 混凝土结构基本构件设计原理[M]. 北京:中国建材工业出版社,2002.

[35] 中华人民共和国住房和城乡建设部. 混凝土结构耐久性设计标准:GB/T 50476—2019[S]. 北京:中国建筑工业出版社,2019.

钢筋混凝土结构设计原理